网络安全与流量大数据丛书

加密流量精细化分析和识别关键技术

吴　桦　胡劲松　程　光　胡晓艳　著

东南大學出版社
SOUTHEAST UNIVERSITY PRESS
·南京·

内 容 提 要

伴随着国内外网络安全法律法规的完善，用户网络安全意识的兴起，用户隐私保护以及数字信息版权保护和网络游戏的反作弊等需求，网络流量加密呈现出必然的增长趋势。这一趋势虽然有利于保护用户的隐私与安全，但是也给流量分析带来了巨大的挑战。

本书面向因特网中加密流量真实场景，研究对加密流量进行精细化分析和识别的关键技术，包括加密视频识别、网站网页识别、用户行为识别等，旨在帮助读者全面掌握各类技术面临的挑战、最新方法及适用范围。本书适用于高等院校、科研院所进行网络安全相关技术的教学和研究，对相关领域的开发人员也具有参考价值。

图书在版编目（CIP）数据

加密流量精细化分析和识别关键技术 / 吴桦等著. 南京：东南大学出版社，2024. 11. -- ISBN 978 - 7 - 5766 - 1678 - 1

Ⅰ. TP393

中国国家版本馆 CIP 数据核字第 2024T9U436 号

责任编辑：张　煦　责任校对：韩小亮　封面设计：王　玥　责任印制：周荣虎

加密流量精细化分析和识别关键技术

Jiami Liuliang Jingxihua Fenxi He Shibie Guanjian Jishu

著　　者：吴　桦　胡劲松　程　光　胡晓艳
出版发行：东南大学出版社
出 版 人：白云飞
社　　址：南京市四牌楼 2 号　（邮编：210096　电话：025 - 83794844）
网　　址：http://www.seupress.com
电子邮件：101004845@seu.edu.cn
经　　销：全国各地新华书店
印　　刷：广东虎彩云印刷有限公司
开　　本：700 mm×1000 mm　1/16
印　　张：20.75
字　　数：329 千字
版　　次：2024 年 11 月第 1 版
印　　次：2024 年 11 月第 1 次印刷
书　　号：ISBN 978 - 7 - 5766 - 1678 - 1
定　　价：89.00 元

本社图书若有印装质量问题，请直接与营销部调换。电话：025 - 83791830

前 言

随着信息安全和隐私需求的提升，网络通信加密技术的普及，网络流量中加密流量占据了主导地位。加密流量虽然满足了正常用户通信的隐私保护需求，但是网络管理部门无法通过传统的报文解析方法分析网络流量、感知用户行为，这给网络管理带来了新的困难。此外，因为加密传输隐藏了恶意信息的传输行为，网络监管部门也面临着新的挑战。

对加密流量的分析已有较多的研究，根据应用场景和数据来源的不同，分析目标有多种类型。本书关注细粒度的分析目标，介绍从网络接入点采集的流量中对加密信息进行精细化分析和识别的方法。精细化的分析可以给出较为细致的用户画像，基于网络接入点采集数据的分析无需应用服务商的配合，也无需自治域外网络管理者的配合，实时监管自治域内的有害信息成为可能。

本书介绍的加密流量精细化分析和识别方法均使用因特网真实数据进行训练分析。本书的方法在设计开发过程中尽量考虑方法的通用性和泛化能力，但是，当应用软件版本、网络协议类型和版本、数据应用环境等关键因素发生较大的变化时，方法应该做适应性的优化更新。本书旨在为相关领域研究人员提供研究思路，在使用加密流量精细化分析和识别技术进行网络空间安全治理方面起到抛砖引玉的作用。

第 1 章介绍了本书的选题背景和意义，详述了本领域研究面临的主要挑战，并给出本书的目的。

第 2 章面向当前加密流量占比最高的视频应用有可能传播有害视频的场景，介绍了在大型指纹库场景中识别 HTTP/1.1 协议加密传输的视频内容的方法。首先介绍了加密视频识别的基础技术理论,然后给出了一种精准复原 HTTP/1.1 协议传输的应用数据单元长度的方法 HHTF,基于该方法实现了大型明文指纹库的加密视频识别并进行了实验验证。

第 3 章面向逐步增多的使用 HTTP/3 协议传输加密视频的场景,介绍了从 HTTP/3 流中提取音视频片段组合长度特征并对其进行修正的方法,然后给出了基于指纹匹配的视频识别方法。通过在不同规模指纹库中的实验验证了方法的准确性和时间效率。

第 4 章面向主干网中存在的单向流场景,介绍了基于单向流的视频内容识别方法。介绍了从单向流中获取加密视频分段长度并进行长度修正,进而基于视频指纹进行匹配识别的方法。通过实验验证了方法的准确性,评估了流量下载时间对识别准确率的影响。

第 5 章面向需要快速过滤视频流量的高速网络管理场景,介绍了高速网络流量处理技术,提出了基于复合特征的高速网络视频流量识别方法,通过实验验证方法,分别评估了数据流长度和分组采样率对识别结果的影响。

第 6 章面向用户通过 VPN 访问视频,需要识别用户访问的视频平台的场景,提出了 VPN 加密视频流平台来源识别方法,通过实验验证了该方法在具有海量背景流时的有效性,以及在高速网络场景中的实时性。

第 7 章面向需要对视频应用的用户提供精细化服务质量保障的场景,提出了一种基于 HTTP/2 传输特征的加密视频分辨率识别方法,通过实验首先验证了视频指纹抗干扰还原的有效性,然后验证了细粒度的分辨率识别结果。

第 8 章面向在高速网络中快速识别网站方法行为的需求场景,提出了面向报文采样的网站指纹识别方法,通过实验验证了方法在采样场景和非采样场景下的识别性能,表明该方法具备一定的通用性。

第 9 章面向互联网中细粒度的网页识别需求,提出了基于 TLS 分片频率特征的细粒度网页精准识别方法,实现了对细粒度网页的精准识别,并在真实世界的网页数据集上验证了该方法的有效性。

第 10 章面向用户行为识别需求场景,提出了一种基于多维复合加密流量特征的 Instagram 用户行为识别方法,实现了对 Instagram 这类使用

RESTful 架构的应用用户行为进行识别，并通过实验验证了该方法的有效性。

第 11 章面向加密流量中识别社交软件用户行为的需求场景，提出了控制服务的概念和提取方法，分析了控制服务的流量特征，设计了面向加密流量的社交软件用户行为识别方法，并在真实世界的 Whats App 用户行为数据集上验证了该方法的有效性。

本书主要汇总和集成了作者近年来在加密流量分析领域的研究成果，同时保留了作者指导学生参与的科研项目相关科研成果和论文。在编写过程中，东南大学的赵航宇、刘嵩涛、于振华、倪珊珊、朱伟伟、乐鑫、陆安婷、李欣、王刚、吴秋艳、王磊、罗浩、胡楠、汪晓慧、李园章、边煦琼、赵琛、杨骏、李欣、陈清等研究生一起参与了本书的编写和修订工作，全书由吴桦统稿。

本书得到了国家重点研发计划项目课题“海量公害网页、图片、视频流量识别技术(2021YFB3101403)”和东南大学优势学科建设网络空间安全项目(4209012402)的支持，在此一并表示感谢！

吴 桦

2024 年 11 月南京东南大学九龙湖校区

目录

第1章 绪论

1.1 选题背景及意义

加密流量分析是网络安全领域的重要研究方向。随着网络通信加密化的普及，加密流量在网络流量中所占比例日益增加，这使得传统的流量分析技术难以有效识别和监控这些加密流量。加密流量的增加不仅对网络监管造成影响，而且还可能隐藏着恶意活动，如网络攻击、数据泄露等，给网络安全带来严重威胁。因此，研究如何有效分析加密流量中的网络行为，对于网络安全防护和管理具有重要意义。在加密流量大势所趋的形势下准确而高效地分析加密流量，在监管部门难以有效应对加密流量的情况下，实现对网络业务、应用和功能的精细化分类，将为加密流量环境下的网络安全治理提供理论突破与技术支撑。

对加密流量的分析，根据其最终目的和应用场景，可以分为多个粒度。互联网服务提供商（Internet Service Provider，ISP）需要在骨干网大流量环境下对加密流量的业务进行全面分类，以实现网络基础设施资源的合理化调配，使加密流量业务分类成为研究热点；随着互联网应用的膨胀式增长，ISP需要对特定的加密应用进行QoS保障，监管部门则需要进行应用行为管理和非法应用的挖掘，使加密流量应用分类成为热点研究方向和难点所在。随着业务的发展和应用的聚合，一个应用可包含多种业务下的不同功能，针对这种现象ISP服务商也在积极探求精细化的应用流量分类方法。同时，监管部门用户画像需要更细粒度信息，从加密流量中识别其承载的应用层内容。

加密流量内容识别技术是指通过分析加密流量的特征，来推断其内容或用途的技术。由于加密流量的数据在传输过程中被加密算法处理，其原始内容被隐藏起来，因此传统的基于内容的识别方法不再适用。加密流量内容识别通常依赖于流量的统计特征、行为模式或其他间接信息来进行推断。加密流量内容识别面临多种挑战，包括新型加密协议的不断出现、加密流量的标注困难、加密流量的动态变化和复杂性等。这些挑战要求研究者不断探索新的技术和方法，以提高识别的准确性和效率。

随着网络加密技术的广泛应用，加密流量已成为保护用户隐私和企业机密的重要手段，然而这也为网络犯罪分子提供了隐蔽行动的空间。通过对加密流量进行精细化分析和识别，我们不仅能够及时发现和预防潜在安全威胁，还能有效管理和优化网络资源，确保合法用户的通信安全与网络服务的顺畅运行。此外，对加密流量的精细化分析和识别还有助于法律执行机构追踪和打击网络犯罪，维护网络空间的法治秩序，促进网络环境的清朗和谐，对于构建安全可信的网络生态系统具有不可或缺的战略意义。

1.2 面临的挑战

1.2.1 加密流量样本数据集构建

由于内容被加密变得不可见，加密流量分析主要通过不依赖于数据包载荷内容的特征进行分析。这些特征通常是流量的统计特征，通过机器学习和深度学习模型来训练和识别加密流量的模式。

使用机器学习和深度学习必须使用合适的样本数据集训练和测试模型。样本数据集是训练机器学习和深度学习模型的基础。通过向模型提供大量标记或未标记的数据，模型可以学习数据中的模式和特征。这种学习过程依赖于数据集的规模、质量和多样性。一个丰富和多样的数据集能够帮助模型更好地泛化，从而在实际应用中表现得更好。除了用于训练，数据集还被用于验证和测试模型的性能。样本数据集的质量和规模直接影响模型的性能、泛化能力和实际应用效果。在加密流量分析过程中，数据集的选择和处理至关重要，直接决定了模型的有效性和应用价值。

此外，样本数据集的时效性是一个重要的考量因素，尤其在快速变化的网络环境中，数据集的时效性直接影响其在研究和实际应用中的有效性。加密协议不断更新，以修复安全漏洞和改进性能。例如，TLS 1.3 引入了多个新的加密套件和加密机制，相较于之前的版本有了显著变化。因此，一个包含旧版协议流量的数据集可能无法反映当前网络中使用的新协议特征。随着网络需求的变化和新应用的开发，新协议不断涌现。例如 QUIC 协议作为一种新的传输协议，相较于传统的 TCP 有着不同的流量特征和加密方式。如果数据集中没有包含这些新协议的流量，则可能会影响研究结果的泛化能力和实际应用效果。为了保持加密流量样本数据集的时效性，必须对数据集进行定期更新和维护。这需要持续的资源投入来收集新的流量样本。

构建样本数据集的成本是巨大的，因此，现有研究往往使用公开样本数据集进行加密流量分析。尽管这些数据集为研究提供了重要的基础，但由于公开数据集往往发布时间过早，导致数据集无法包含更新后的协议版本和新的协议类型，不包含当前互联网中被实际应用的软件版本和新的软件，也无法体现因特网中的应用数据分发架构，因此仅仅基于公开样本数据集训练的模型往往无法实际应用。

在加密流量分析研究中，更新和扩充样本数据集是确保研究成果能够落地应用的基本保障。但是，构建加密流量样本数据集具有相当大的挑战性，主要集中在数据获取方法、数据获取所需的巨大工作量、隐私保护、法律合规性以及数据集的有效性和多样性等方面。

1.2.2 加密流量分析模型的泛化能力

由于无法分析报文的载荷内容，加密流量的分析方法通常通过统计得到流量的统计值，利用机器学习算法或者深度学习方法训练得到分析模型。

对流量进行统计得到流量特征的过程在加密流量分析过程中至关重要。特征的选择直接影响模型的性能。高质量的特征能够提升模型的准确性、精度、召回率等各项指标，使模型更有效地进行预测或分类。反之，不相关或低质量的特征可能会引入噪声，降低模型的性能。合理选择特征可以减少模型的复杂性，降低计算成本。去除冗余或不重要的特征不仅能使模型更简单，还能加快训练和预测的速度，尤其在处理大规模数据时更为重要。此外，当模型的特征过多或包含许多无关特征时，模型可能会过度拟合训练数据，表现出很好的训练效果，但在实际应用中却无法泛化到新数据上。因此，需要选择关键特征，以帮助模型更好地概括数据中的模式，提升其泛化能力。

但是，数据在因特网中传输会受到众多因素的影响，这些影响因素具有一定的随机性和特异性，随机性因素将引入噪声数据和不可控变量，导致选择出非有效特征；特异性因素将引入场景特有的特征，将导致模型过拟合。

现有的加密流量分析方法大多基于数据包构造流量特征，缺乏对影响流量特征因素的分析，也缺乏有针对识别目标进行的特征设计。通过通用筛选方式得到的加密流量特征难以准确表征流量应用层的特点，基于此类特征训练得到的模型容易产生过拟合现象，降低其在真实网络环境部署时的泛化能力。此外，受限于数据集的采集，现有的加密流量分析方法较少考虑复杂传输场景对流量特征的影响。这使得它们的模型可能在特定的稳定网络环境下表现良好，但在网络环境发生变化时识别能力显著下降。

1.2.3 协议类型多样化

现有方法通过加密流量的统计特征对加密流量进行分析，其原因在于协议规范是稳定的，因此协议承载的信息能通过人工智能技术进行分析。但是，基于协议稳定性的加密流量分析面临着协议类型多样化的困难。

在因特网中，协议是采用分层模型进行设计的，这意味着每一层都有特定的功能和任务。在这种分层架构中，数据通过各个层逐级处理、封装和传输。每一层协议在处理数据时，都会对数据进行一定的修改，包括添加头部信息、进行加密、校验等操作。这些操作不仅影响数据的封装方式，还会对流量的统计特征产生影响。

因此，协议的分层设计不仅让因特网的通信具有模块化和可扩展性，也使得数据在各层的处理方式对流量的统计特征产生多重影响，从数据包大小、传输频率到拥塞状态下的流量行为等都受到各层协议的变化所左右。

对具体的网络应用来说，除了网络层协议，其他各层都可能存在多种协议。例如，为了满足不同应用场景和不同的功能需求，视频传输协议包括实时传输协议（Real-time Transport Protocol，RTP）、实时消息传递协议（Real-Time Messaging Protocol，RTMP）、HTTP实时流协议（HTTP Live Streaming，HLS）、动态自适应流媒体传输（Dynamic Adaptive Streaming over HTTP，DASH）、实时流协议（Real-Time Streaming Protocol，RTSP）等，特定的视频分发平台根据设计宗旨选用其中一些协议，而这些协议都会影响该平台的流量特征。因此，对特定应用的分析需要涵盖该应用涉及的所有协议数据样本。

1.2.4 协议的快速演进

随着互联网的发展，新的应用场景和挑战不断涌现，传统的网络协议在某些情况下难以满足这些新需求，因此网络协议需要持续演进，以满足网络应用性能和安全等方面的需求。

例如，随着高清视频、虚拟现实、增强现实和其他大流量应用的兴起，数据传输量大幅增加。传统协议设计未必能够高效利用带宽，而新的协议需要更好地支持自适应比特率、并发连接和大数据流的高效传输。QUIC协议基于UDP，为了减少连接建立的延迟，提高了传输效率。已经有一些平台使用QUIC协议替代了基于TCP的HTTPS。

随着网络攻击手段的多样化，传统的网络协议在安全性上可能无法应对现代网络威胁，如中间人攻击、数据泄露等。因此，协议演进往往会引入更强的加密、认证和数据保护机制。比如，HTTPS 和 TLS 协议的广泛应用，增强了数据传输过程中的隐私和安全性。

除了使用新的协议，已经被广泛应用的协议也在不断演进。以广泛应用的 HTTP 协议为例，HTTP 协议自诞生以来，经历了多个重要的版本演进，逐步提高了网络通信的效率、可靠性和安全性。最早的版本是 HTTP/0.9，发布于 1991 年，最初仅支持 GET 请求，并且只能传输纯文本 HTML 页面。HTTP/1.0 于 1996 年发布，标志着 HTTP 的首次重大升级。此版本引入了更多的请求方法(如 POST、HEAD)，支持响应的状态码和头部信息，允许传输多种数据类型(如图片和文件)。然而，HTTP/1.0 每次请求仍然需要建立单独的 TCP 连接，导致了明显的性能开销。为解决这些性能问题，HTTP/1.1 在 1997 年推出，它引入了持久连接，允许在一个 TCP 连接上发送多个请求，减少了连接开销。管道化功能允许客户端在收到响应之前发送多个请求，从而提高了通信效率。此版本还增强了缓存控制，通过 Cache-Control 头来优化缓存策略。随着互联网应用的快速增长，HTTP/2 于 2015 年发布，旨在解决 HTTP/1.1 的性能瓶颈。HTTP/2 采用二进制分帧技术，改进了数据传输的解析方式，并通过多路复用技术允许多个请求共享一个 TCP 连接，避免了 HTTP/1.1 中的队头阻塞问题。此外，HTTP/2 使用头部压缩减少了数据传输量，并引入了服务器推送功能，提高了响应速度。为了进一步提升传输效率，基于 UDP 的 HTTP/3 正在推广中。HTTP/3 依赖于 QUIC 协议，利用 UDP 的低延迟特性，解决了 TCP 的连接建立和队头阻塞问题。QUIC 支持 0-RTT 握手，使得连接速度更快，同时自带 TLS 加密功能，增强了安全性。目前，HTTP/1.1、HTTP/1.2 和 HTTP/3 都在互联网中并存被使用。

协议的每次演进都可能改变已有加密流量分析模型所使用的特征值，随着协议升级，特征如握手过程、加密算法、数据包长度分布和传输模式等都会发生变化，这使得之前基于这些特征值的流量分析模型可能不再适用。这无疑为设计广泛可用的加密流量分析方法带来了挑战。一个广泛适用的加密流量分析方法，必须能够适应和预测协议的演进。使得分析模型能够在新的协议版本下仍然有效，并通过不断更新模型来应对变化的特征值。

1.2.5 海量的网络流量

近年来，全球互联网用户数量和网络流量都实现了显著增长。例如，根据国际电信联盟（ITU）发布的数据显示，全球互联网用户从2010年的约20亿增加到2020年的超过46亿，预计到2030年将达到近80亿。这一增长趋势直接推动了网络流量的激增。同时，随着移动设备的普及和5G等新一代无线通信技术的推出，移动互联网流量占比也在不断上升。这种趋势给网络管理和网络安全领域带来了前所未有的挑战，尤其是在流量识别和分类方面。

海量的流量对加密流量识别带来的挑战是数据处理能力的要求。加密流量的特点是数据内容被加密，使得传统的基于特征匹配的流量分析方法难以有效识别。因此现有方法通常是基于数据流统计特征进行侧信道分析。但是，随着网络流量的激增，将网络报文准确进行组流并快速提取特征，对设备的处理能力提出了更高的要求。网络流量每天产生的海量数据使得特征提取方法面临严重的性能问题。特征提取需要对大量数据包进行处理与分析，在应对这种规模时，计算和存储资源要求极高。如何高效地处理如此庞大的数据，成了特征提取的首要难题。

在许多应用场景中，特征提取需要具备实时处理能力。例如，在入侵检测和恶意行为监控中，网络流量的特征需要被即时提取和分析，以便及时发现潜在威胁。因此，海量流量的处理不仅要求算法足够高效，还要求具备低延迟和高吞吐量。在特征提取过程中，除了尽量提高处理器和内存等硬件配置，也要尽量减少需要提取的特征数目，降低特征提取的算法复杂度，优化算法以应对海量流量带来的实时性挑战。

此外，与静态数据集不同的是，互联网中海量网络流量种类繁多，既包括视频、音频、文件传输等大流量业务，也包括即时通信、物联网设备产生的小流量数据。这些不同类型的流量具有各自不同的特性和模式，如何从多样的流量中提取出适用于多种场景的特征是一个巨大的挑战。

为了应对海量流量对加密流量识别带来的挑战，我们需要研究和开发更加高效的数据处理算法，提高网络设备对数据的处理能力，以应对海量流量的挑战。其次，我们需要针对海量的加密流量研究新的特征提取技术，提高对加密流量的识别能力。结合多种算法优化技术，构建多层次的流量识别体系，实现对加密流量的精确识别。

1.3 本书的目的和价值

对加密流量进行精细化分析和识别是实施精细化网络管理的前提。互联网的全球性和其路由策略的自治特性使得应用信息的传播跨越管理边界，这由互联网的体系结构所决定，也是当前网络管理难题的根源。随着互联网与社会生活的紧密结合，信息来源的复杂多样性带来了新的网络安全挑战，尤其是有害信息的传播，迫切需要在现有互联网架构上开发有效的监管技术。本书研究从网络接入点采集的流量中对加密信息进行精细化分析和识别的方法，基于网络接入点采集数据的分析无需应用服务商的配合，克服了自治域管理权限的限制，使得实时监管自治域内的有害信息成为可能。

本书包括了加密流量精细化分析和识别的最新解决方案，涉及加密视频识别、网站网页识别、用户行为识别等多个应用场景，旨在帮助读者全面掌握各类技术面临的挑战、最新方法及适用范围。本书针对加密流量精细化分析和识别技术所面临的挑战和限制因素，提出一系列创新性的解决方案和优化策略，并通过实验验证其有效性。这些创新性的研究成果将为后续的学术研究和实际应用提供有益的参考和借鉴。

本书的编写宗旨在于为加密流量精细化分析和识别关键技术领域提供一本全面而深入的学术著作，旨在满足学术界、工业界以及政府机构对加密流量精细化识别技术日益增长的需求。

第2章 大型指纹库场景中识别 HTTP/1.1 协议加密传输的视频

2.1 研究背景

随着通信技术的不断进步和移动互联网的普及，网络交互环境日益丰富，互联网应用种类日渐繁多，互联网已经融入社会生活的各个层面。伴随着用户对视频内容消费次数的显著增加，视频在互联网总流量中所占的比例也在持续上升。Sandvine 的 2023 年全球互联网现象报告显示，由于流媒体视频的广泛使用以及游戏、云计算、VPN、在线市场和视频会议等多个应用领域的流量增长，全球互联网流量在 2023 年增加了 23%。其中，视频流量的增长尤为显著，在 2022 年增加了 24%，在 2023 年已经占到了总互联网流量的 65.93%，视频应用如今已成为各类应用不可或缺的一部分。为了维护用户的安全与隐私，互联网上的主要视频平台已经逐渐采取了视频流量的加密传输措施。在这种背景下，包含不当内容的有害视频能够迅速地传播，并渗透到社会生活的多个领域中，因此，快速识别互联网上传输的有害视频是实现网络空间有效管理的关键先决条件。鉴于互联网上视频的数量庞大,开展面向海量视频的识别技术研究变得尤为重要。

本章的研究围绕加密视频内容识别展开。对加密视频内容的识别目标是通过数据传输特征获知被传输视频的内容标签,而不是对视频的画面内容进行分析,以下简称为加密视频识别。由于应用层信息被加密无法直接分析,侧信道是对加密数据分析的一种常见途径,现有加密视频识别研究的基本思路是从网络层和传输层协议头部信息中提取出应用数据单元(Application Data Unit,ADU)的特征。ADU 是应用层信息被传输的数据单元[1],在 HTTP 传输协议中每个 HTTP 请求的资源就是一个 ADU。对视频来说,一个视频可能是由 1 个或者多个 ADU 组成,这些 ADU 的数据量和序列关系与视频内容相关,因此 ADU 的长度和传输顺序构成了视频的应用层信息的指纹,观测者有可能从这些 ADU 的特征识别出视频。但是,虽然视频的应用层 ADU 序列相对稳定,但是使用不同传输协议传输时,加密的视频传输数据特征与其使用的应用层协议密切相关,加密视频识别必须区分不同的应用层协议设计不同的识别算法。本章我们关注如何识别使用 HTTP/1.1 协议加密传输的视频。

2.2 加密视频识别基础理论

2.2.1 基于流量分析的加密视频识别原理

目前业界对视频内容进行识别的方法大多通过视频平台对图像进行识别。视频平台在进行内容审核时,往往采用人工审核或人工智能识别两种方式。人工审核指的是审核员根据平台的政策和规定通过观看视频的方式进行审核。人工审核方式不仅工作量大,耗时长,并且很难实现快速识别。人工智能识别是指利用深度学习方法,通过计算机视觉技术实现对视频中的目标对象、场景或行为的精准检测与分类。使用深度学习方法进行视频识别时,为了确保识别的准确性,不仅需要规模足够大的样本数据集,而且

需要这些数据在包含不同识别内容的多样化标签，同时，深度学习过程需要大量的存储空间和计算资源，这些原因导致中小型视频平台难以承担使用人工智能识别进行视频审核的成本。此外，立足于多视频平台全网协作的视频审核方案很难在实际中部署。

本节基于流量分析的加密视频识别方法从传输视频的网络流量中识别出有害视频，这类方法不需要多方协作，只要在主干接入点部署流量采集点就可以应用，具有很强的实用性。

因为从加密流量中无法提取加密视频应用层的内容，对加密视频的识别主要的可利用特征是 ADU 的长度特征和传输顺序。现有的加密视频分发平台都使用了 HTTP 自适应流媒体技术(HTTP Adaptive Streaming, HAS)，如 MPEG 与 3GPP 提出的基于 HTTP 的动态自适应流媒体技术 DASH(Dynamic Adaptive Streaming over HTTP)[2]，以及苹果公司的 HLS(HTTP Live Streaming)[3]方案。为了使得视频能够在播放过程中进行自适应切换，这些技术都是将视频文件按照视频的等长播放时间切成一系列的视频 ADU，以便客户端根据传输环境选择下载不同分辨率的视频。这些被切片的视频 ADU 播放时长是固定的，由于视频内容的不同，按序切分的 ADU 数据长度不一样，这样的顺序和长度就构成了一个视频的明文指纹，在实际传输时，由于应用数据被 HTTP 协议和 TLS(Transport Layer Security)协议封装，传输数据量要比明文数据量略大，构成传输指纹。图 2.1 即为 Facebook 视频“Avenger4: Endgame”分辨率为 360P 的明文指纹和传输指纹。

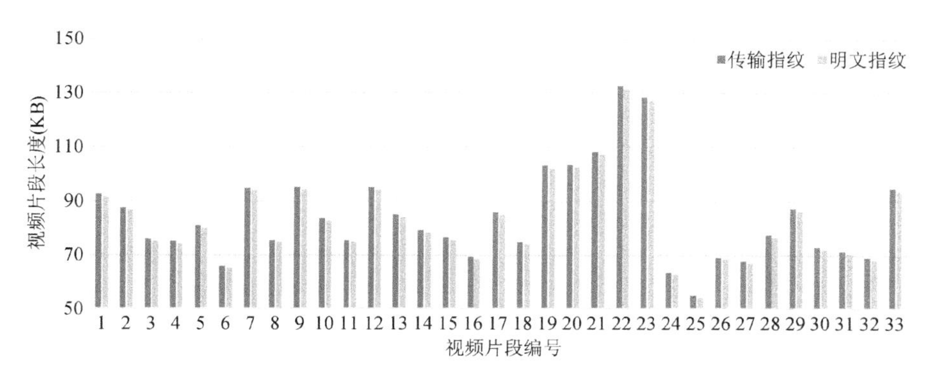

图 2.1 视频明文指纹和传输指纹

这些视频片段在用户观看视频时是按序传输的。图 2.2 为使用 DASH 传输机制的示意图，客户端首先获取视频描述文件（Media Presentation Description，MPD），解析后发起 HTTP 请求，每次请求的内容为 1 个视频 ADU，通过按序请求视频 ADU 可以在视频播放器完成播放。这些视频 ADU 在播放过程传输的 ADU 长度和传输顺序可以构成一个视频的传输指纹。

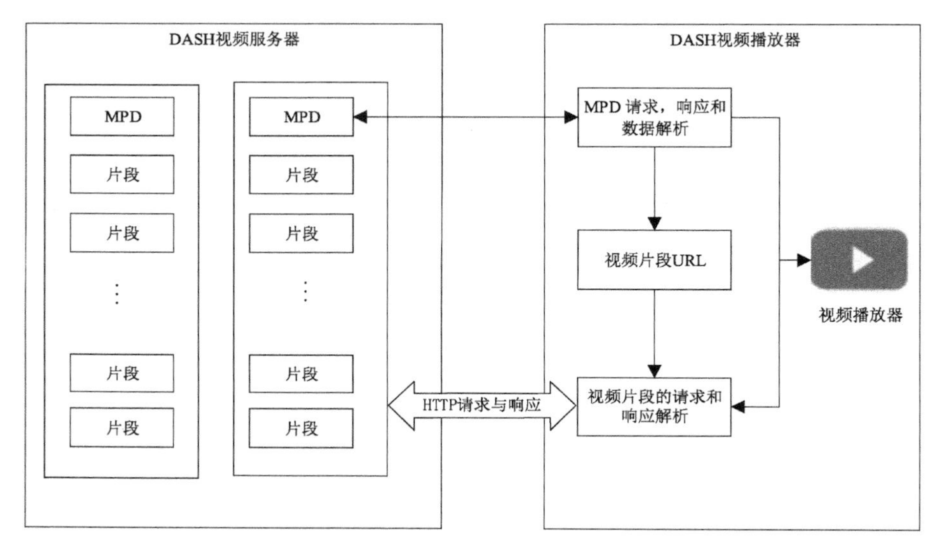

图 2.2　DASH 视频传输

加密视频的识别过程就是将已知的视频明文指纹与视频播放过程中的加密传输指纹 ADU 进行匹配，由于加密协议封装会导致 ADU 长度变化，不同内容的 ADU 加密后也可能具有相同的长度，这导致匹配结果是有误差的。因此需要给出匹配算法的评估指标，当匹配算法的评估指标在允许范围内，就可以认为加密传输的视频就是已知的视频。

但是，观看过程可能会发生分辨率自适应切换事件和用户手动改变播放进度事件，因为同一个视频不同分辨率的指纹是不一样的，切换分辨率就改变了播放视频所对应的明文指纹，同样改变播放进度也会导致视频的 ADU 不按顺序传输，对应明文指纹发生变化，这些情况导致在现实中明文指纹和传输指纹很难全程匹配，这些情况下只有局部匹配是可能的。因此

在实际进行匹配时，并不是将视频播放过程中的所有 ADU 进行匹配，而只是使用部分 ADU 与指纹库匹配，而且需要匹配的 ADU 数量越少越好。

在数据被加密传输的背景下，大部分研究中获得 ADU 的长度特征都是利用了 HTTP/1.1 非流水线模式传输特点[1]。在使用 HTTP/1.1 非流水线模式的 TCP 连接中，服务器响应给客户端的 ADU 是按照客户端的请求顺序发送的，对同一个请求的响应数据包序列其 TCP 头部的响应序列号是一样的，通过分析 TCP 报头信息，将属于同 1 个 ADU 的响应数据包负载长度进行加总，就可以得到 1 个 ADU 的 1 次加密传输的数据长度。自适应流媒体传输过程中 1 个视频 ADU 就是视频的一个片段。统计视频播放过程中的所有 ADU 加密传输的长度和顺序，就可以得到这次播放的视频传输指纹。

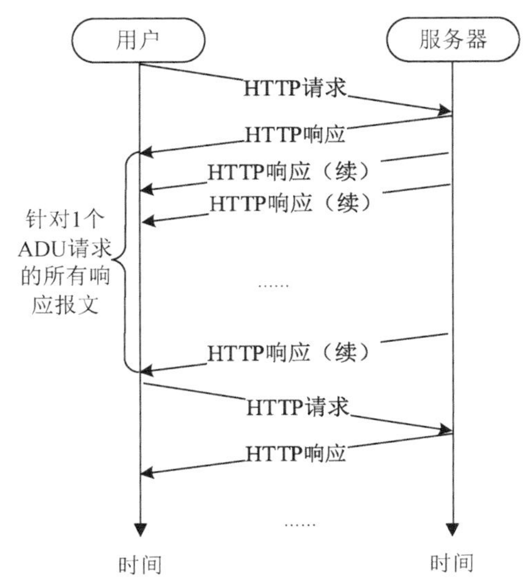

图 2.3　HTTP1.1 协议中 ADU 请求与响应

有了视频的明文指纹和传输指纹以后，将视频传输指纹与视频指纹库中明文指纹进行匹配，如果两者匹配成功，就可以识别出用户播放的视频内容。因此我们需要明确指纹库的构建方式。

在加密视频识别领域中已有文献对指纹库和指纹并没有统一的定义，为了明确本节陈述的内容，本节给出如下的名词定义：

定义 1. 明文指纹库：用视频明文信息构建的指纹库。

定义 2. 明文指纹：明文指纹库中的视频指纹。

定义 3. 密文指纹库：用视频密文传输实例构建的指纹库。

定义 4. 密文指纹：密文指纹库中的视频指纹。

定义 5. 传输指纹：视频 ADU 被加密传输时，从传输密文的侧信道提取的长度指纹。

定义 6. 修正指纹：使用视频明文信息构建的指纹库识别时，为了使得传输指纹更接近明文指纹，对传输指纹进行修正后的指纹。

现有的识别方法在构建视频指纹库时使用了两类方法分别构建明文指纹库和密文指纹库。第一类方法是通过带外的方法获得视频明文信息，如中间人代理获得视频描述文件，这些描述文件是服务器提供给播放器的对每个视频 ADU 的描述，是对片段明文属性的描述，可以用来构建明文指纹库；第二类方法是直接在终端播放特定视频，同时中间结点采集对应的传输数据，将终端记录的视频名称和同时采集到的加密传输数据构成一个传输实例，将视频名称及播放时加密数据的传输特征存储到数据库中构建指纹库，这个指纹库里存储的是视频传输指纹，是对一次加密传输实例的描述，因此为密文指纹库。

基于上述定义和两类指纹库的构建方法，现有加密视频识别的基本方法分为两大类，如图 2.4 所示。

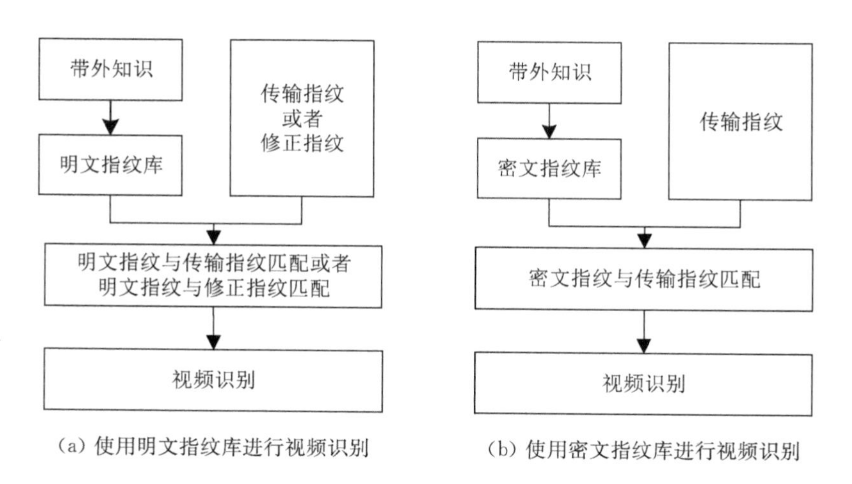

图 2.4　加密视频识别方法

如图 2.4 所示，根据指纹库构建方式的不同，加密视频识别方法分为两类。图 2.4(a)是使用视频明文信息构建的指纹库，利用带外知识为视频指纹打上内容标签，从侧信道提取的传输指纹进行修正后与明文指纹进行匹配，基于匹配结果识别视频。这类识别方法也包括对传输指纹不进行任何修正就将其与明文指纹匹配的方法；图 2.4(b)中使用视频密文传输实例构

建指纹库，也是使用带外知识为指纹打上内容标签，从侧信道提取的传输指纹与密文指纹进行匹配，基于匹配结果确定是否识别出视频。

2.2.2 评估测度

为了对加密视频识别的效果进行评价，需要选择合适的性能指标。加密视频识别属于二分类任务，我们已知对二分类问题的预测，可以得到四种结果，分别为 TP(True Positive)、FP(False Positive)、FN(False Negative)、TN(True Negative)。其中，TP 表示真阳样本数；TN 表示真阴样本数；FP 表示假阳样本数；FN 表示假阴样本数。在加密视频识别算法评价中，使用准确率(Accuracy)，精确率(Precision)，召回率(Recall)，假阳率(False Positive Rate)可以全面评价算法的有效性。计算公式分别为：

准确率的公式为：$$A = \frac{TP + TN}{TP + TN + FP + FN}$$ 公式 2.1

精确率的公式为：$$P = \frac{TP}{TP + FP}$$ 公式 2.2

召回率的公式为：$$R = \frac{TP}{TP + FN}$$ 公式 2.3

假阳率的公式为：$$FPR = \frac{FP}{FP + TN}$$ 公式 2.4

准确率、精确率、召回率、假阳率必须联合使用以全面评测算法的可用性，如果对算法结果只评测其中个别指标，即使个别指标结果很好，其他关键指标没有评测，算法的实用性也无法保证。

2.2.3 相关工作

本节首先对已有研究成果结合图 2.4 中指纹库的不同构建方法分类阐述，然后讨论这两种方法构建的指纹库的区别，从而确定本章研究的指纹库构建方法。

图 2.4(a)中使用明文信息构建明文指纹库是最直接的方法。首先分析使用明文指纹库的相关文献。

Reed 等[4]开发了一个能够识别加密 Netflix 视频的系统。该系统使用中间人代理获得的视频描述信息构建明文指纹库，对加密视频识别时，通过 adudump[1]提取的加密 ADU 特征构建视频传输指纹。但是通过 adudump 提取的传输指纹与明文指纹库中的明文指纹长度上存在偏移。Reed 等考虑到这个问题，指出 HTTP 头部和 TLS 协议开销会对数据造成影响，通过将匹配窗口放大到 30 个 ADU，以及对 ADU 特征进行一些修正，将这个影响尽量降低。该文献在一个包括 330 364 个 Netflix 视频指纹库中做了 200 次识别测试，测试结果为 199 次正确识别出视频，即该方法召回率是 99.5%，但是该文献没有给出其他的评测指标。Reed 等的另一篇论文在 802.11 无线网络中识别加密的 Netflix 视频流[5]，但是该文献的测试指纹库只有不到 100 个视频，进行了 25 次识别全都识别出视频，因此召回率为 100%，除此之外没有给出其他评测指标。这篇论文数据库规模太小，该文也指出该方法的误判率随着指纹库规模增大会增大，无法应用到实际场景。这两篇论文都要求加密视频数据采集达到 30 个 ADU 才能进行匹配，即采集 30 个连续的 ADU，并且在此期间没有分辨率切换及人工跳转才能用于视频识别。

Stikkelorum 等[6]用有限状态机进行视频识别，使用文献[4]中的修正方法对 ADU 特征进行修正，修正后的视频传输指纹与明文指纹库进行匹配。这篇文献的指纹库只包括 20 个 YouTube 视频，测试结果也只是在这 20 个视频的指纹库里依次识别 5 个视频并只给出召回率，从指纹库的规模和算法的评估结果看，该文献成果不具有实用性。

图 2.4(b)中使用加密传输的信息构建密文指纹库也是常用的指纹库构建方法，通常用于无法获得明文指纹的场景中。

Gu 等人[7-8]提出一种从侧信道识别视频的方法，指纹数据来源于传输过程中的吞吐量变化，因此属于密文指纹，传输指纹是从视频播放时的数据侧信道中提取的，因此这个方法本质上是将密文指纹与传输指纹进行匹配。测试时指纹库有 200 个视频，召回率为 90%，并没有给出假阳率，该方法要求采集可播放 3 分钟的密文数据，对应 Facebook 数据为 90 个 ADU。同时，该方法的测试数据是实验网采集，而现实场景中的背景流会干扰该算法假设的视频流固定传输模式，该文献的结论也指出该方法无法识别出 ADU，

因此尚无法应用在大规模指纹库场景中。

文献[9]提出了一种识别 Netflix 交互视频用户动作的方法，指纹库是通过用户实际操作的动作结合动作发生时抓取的密文构建，属于密文指纹库，传输指纹来自客户端 TLS 记录协议长度，使用的是密文指纹与传输指纹进行匹配的方法。该文献针对一个交互视频中的 10 个选择点构建指纹库，测评结果是该算法达到 96%的召回率。由于指纹库太小，没有给出假阳率，该成果也无法推广到大规模指纹库。

文献[10]认为一个视频的指纹是固定的，因此多次下载模式是固定的。但是该文献并没有使用指纹库，该方法对一个视频的播放模式进行机器学习训练分类器，对不同的视频需要训练不同的分类器，再提取监听到的视频播放特征进行分类识别。这篇文献方法需要对每个视频训练一个分类器，代价太高，而且一个重要的假设是同一个视频在网络上的传输模式是固定，这个假设在广域网上并不成立，主干网上单个应用流得到的可用带宽是波动的，导致每次的传输模式并不是固定的，该文献对数据采集环境要求较高，因此并不适合在大规模网络上应用。

总体看来，文献[7-10]的密文指纹构建密文指纹库的方法都面临两个问题：(1)密文指纹库存在指纹库内容不确定，方法各不相同导致结果无法具有通用性；(2)每次对 ADU 加密后的长度并不能保证不变，引起不确定性的因素包括 HTTP 头部信息每次传输都有可能会变化，每次传输时服务器的性能状态不一样也会导致 TLS 片段数目不一样，相应会添加不确定数目的 TLS 片段头部[11]，这些不确定因素造成一个 ADU 的密文长度会有多种，使用不确定的长度构建指纹库会为后续匹配带来误差。为了避免使用不确定性信息构建指纹库，本章研究使用明文指纹构建视频指纹库的方法。

由现有文献分析可见，无论使用明文指纹库还是密文指纹库，现有文献在视频内容识别领域内所做的研究都处于初始的探索阶段，存在的问题也比较相似：(1)主要研究点集中在各种匹配算法的优化研究上，但是没有文献深入研究匹配算法的输入数据是否合理可信，待匹配的信息来源比较混乱，这必然降低了这些方法的通用性及其评测结果的准确性。(2)对算法结果的评测指标不全面，这一问题在已有文献中体现为对算法的评测指标主要为识别的召回率，而假阳率只在个别使用小型指纹库测试的文献中被提到，但是指纹库很小的情况下假阳率是没有参考价值的。(3)测试指纹库普遍比较小，评测结论不一定适用于大型指纹库。这些问题说明这些加密视频识别研究成果只是初步的尝试，尚无法解决在真实场景中的加密视频识别问题，也说明了在加密流量比例逐步提升的现实场景下网络安全和网络管理面临的困难。

2.2.4 本章的研究内容

本章针对加密流量识别研究中的关键问题展开工作，研究加密视频传输指纹的精准还原方法及其在加密视频识别方面的应用价值。这两个研究内容的关系如图 2.5 所示：

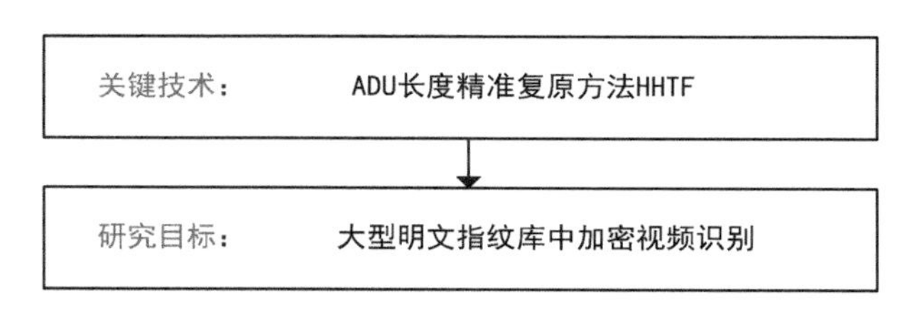

图 2.5　本章的关键研究点

ADU 长度精准复原方法 HHTF 可以从加密传输的 ADU 复原出 ADU 明文长度，这是本章的关键技术创新点，这一技术大大提高了加密视频识别结果的准确率、精确率、召回率，降低了假阳率。使用本章的方法后进行加密视频识别能够实现大型明文指纹库场景中加密视频的准确识别。

2.3 ADU 长度精准复原方法 HHTF

对单个 ADU 的长度精准复原是 ADU 匹配的前提，本节给出了对单个 ADU 长度进行精准复原的方法，该方法的关键点在于特征的提取考虑了 HTTP 头部和 TLS 片段这两个关键因素，因此在下文中简写为 HHTF

（HTTP Head & TLS Fragmentation）方法。

本节首先给出复原方法的总体架构，然后着重阐述了 TLS 加密数据长度偏移的基本原理，基于这个基本原理给出了特征提取的方法，使用提取的特征进行模型拟合得到 HHTF 修正方法的参数，并讨论了 HHTF 方法的适用性。

2.3.1　加密应用数据单元长度精准复原方法架构

图 2.6 为本章研究提出的加密应用数据单元长度精准复原方法架构图：

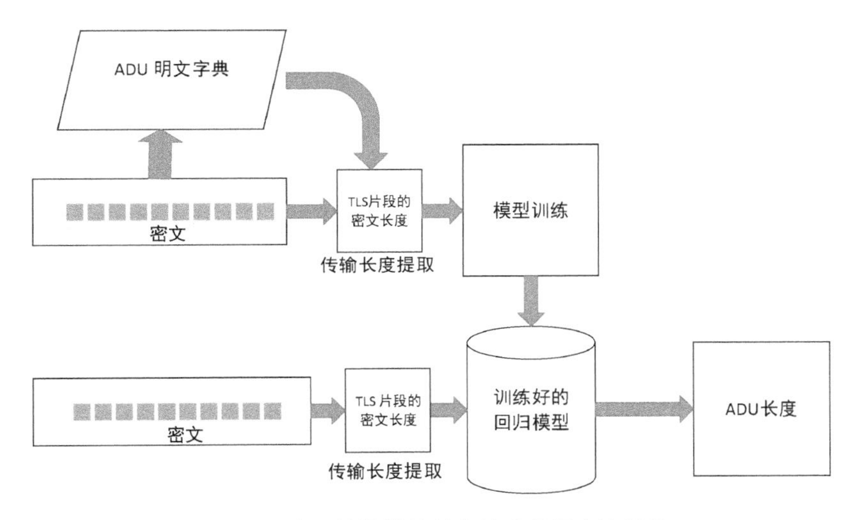

图 2.6　应用数据单元长度精准复原方法架构

首先通过代理等带外方式采集应用的明文数据信息，并提取其长度信息构成 ADU 明文字典。需要指出，此处的 ADU 明文字典与图 2.4 的视频明文指纹是不同的。此处研究的是单个 ADU 长度的复原方法，明文字典里存储的是应用层单个 ADU 的长度，只有数据量特征，而图 2.4 的视频识别应用中，指纹库中的视频指纹包括一系列 ADU 的长度及其传输的时间顺序特征。

通过明文字典对训练数据打上长度标签，并提取密文传输时的传输长度和相关特征，再通过机器学习得到对 ADU 长度精准复原的回归模型。对 ADU 长度进行修正时，提取 ADU 加密数据的传输长度和相关特征，使用训

练好的回归模型进行计算，就可以精准复原出该 ADU 的明文长度。

2.3.2 数据集

由于尚无公开的视频明文与密文对应的数据集，本研究采集了 Facebook 的数据集，采用了如下的方法。

针对明文字典的构建，我们通过对 DASH 视频传输时的 MPD 文件解析，获得明文的准确信息。MPD 文件是 DASH 模式中描述视频信息的元文件，包含了视频 ADU 信息以及视频 ADU 资源地址信息。使用 DASH 模式传输视频时，在每次播放的开始以及分辨率切换时，会传输该视频对应分辨率的 MPD 文件。通过对 MPD 文件的解析，我们可以获得这些视频片段(即视频 ADU)的明文特征，包括 ADU 的数据量长度。MPD 文件也是加密传输的，为了获得 MPD 文件的内容，将移动终端通过 PC 提供的热点接入网络，在 PC 上运行中间人代理。在移动终端点播 Facebook 不同视频，并手动切换不同分辨率，就可以通过中间人代理获得 MPD 文件的明文，进而对 MPD 文件进行解析，获得视频 ADU 的描述信息。这些信息可以用来构造 ADU 明文字典。

为了获得密文传输实例，移动终端使用 PC 上的热点，启动接入热点上的 Wireshark，在移动终端上点播视频，视频播放的时候就可以在 PC 上抓取密文数据。实验数据采集过程中严格顺序播放视频，并在实验后释放应用缓存空间，以保证每次播放时都是全数据传输，这样可以依次正确提取视频 ADU 的传输长度。由于接入网速的限制，采集的这些传输指纹样本主要由 144P，240P，360P 这三种不同的分辨率组成，分析这些数据获得可用的视频传输 ADU 密文 14 551 个。

2.3.3 TLS 加密数据传输长度偏移基本原理分析

加密 ADU 的传输长度与其对应的明文长度进行匹配时，传输长度越接近明文长度，则匹配越准确。但是在加密传输的情况下，我们只能得到所有加密数据包载荷长度之和 $Payload\_S_c$，由于网络协议添加了多种信息头部，$Payload\_S_c$ 相对明文长度有了偏移，必须将 $Payload\_S_c$ 修正成接近明

文长度的值，再与明文长度匹配。本节分析 TLS 协议加密后数据传输长度发生偏移的原因，这是特征提取的关键点。

在目前所有相关研究中，ADU 的数据长度特征提取都是直接使用文献[1]提供的工具或者开发的类似工具，将对同一个 HTTP 请求的响应数据包应用层载荷长度之和视为一个 ADU 的长度。但是实际情况并非如此，如图 2.7 所示，应用层的 ADU 需要经过 HTTP 协议、TLS 协议、TCP 协议封装后才能成为 TCP 数据包。TLS 加密数据通过 TCP 协议传输时，只能获得 TCP 头部信息和 IP 头部信息，TCP 的载荷大部分是加密的。为了分析数据长度发生的变化，首先需要明确 ADU 转换为 TCP 数据包的过程中发生的信息变化。

自适应流媒体 MPEG-DASH 或者 HLS 模式传输流媒体视频，都是使用的 HTTP 应用协议，因此如图 2.7 所示，应用层 ADU 首先由 HTTP 协议封装，随后 ADU 和 HTTP 头部合并后通过接口调用被 TLS 协议处理，首先会被分片，然后可能会被压缩、添加消息认证码（Message Authentication Codes, MAC），随后加密成为一系列的 TLS 片段。这些 TLS 片段都会有一个 TLS 头部结构，含有数据类型、版本号和长度信息等信息。这些 TLS 片段成为 TCP 传输协议的载荷。

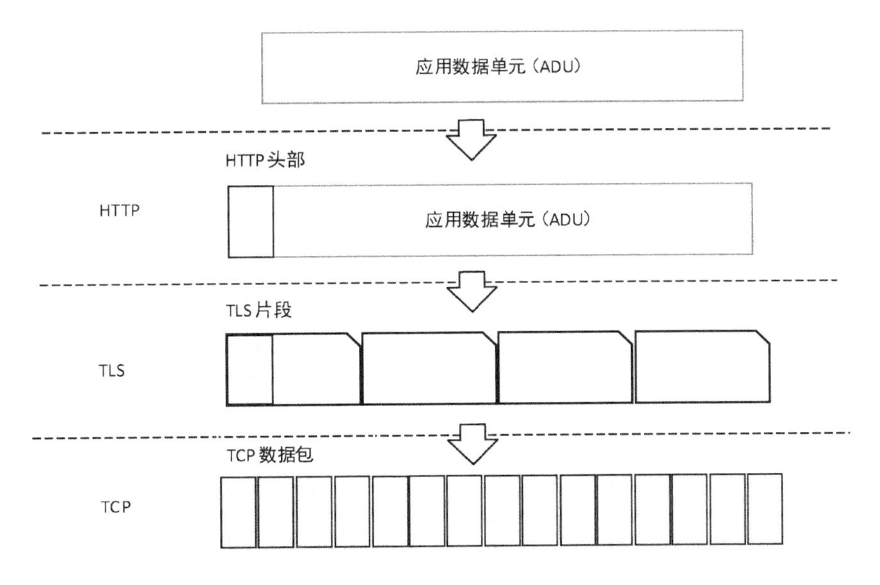

图 2.7　将一个应用数据单元封装为一系列加密 TCP 数据包的过程

从图 2.7 可以看出，TCP 数据包载荷长度之和与 ADU 的数据长度必然存在偏移，这些偏移包括增加了 HTTP 头部信息、TLS 头部信息。由于 TLS 协议将 HTTP 头部和应用数据单元切分为一些 TLS 片段后加密。每个 TLS 片段头部都会增加 TLS 头部信息，片段数目越多增加的头部信息越多，因此 TLS 片段的数目也是影响 ADU 长度偏移的关键因素。

HTTP 头部信息在 TLS 片段中有两种分布方式，如图 2.8 所示。第一种是 HTTP 头部与加密数据被混在一个 TLS 片段中，第二种是 HTTP 头部单独成为一个 TLS 片段。通过对 Facebook 和 YouTube 数据的分析发现，Facebook 超过 85%的样本，YouTube 的全部样本都是按照图 2.8 的 TLS 片段数据分布 2 所示分布的。这是因为视频服务器响应时，HTTP 头部信息是由服务器直接产生的，而视频数据是从硬盘中读出的，这两者到达缓冲区的速度不一样，从而导致先到达的 HTTP 头部作为一个单独的 TLS 片段，而且这个片段长度的分布具有明显的区间范围，如 Facebook 平台这个 TLS 片段长度会分布在[400 B,700 B]内。图 2.8 中的 TLS 片段数据分布方式 1 实际中占比很少，本研究的策略是视为不可用过滤掉。在 2.3.2 节采集的数据集中，只有 12%的密文数据是属于这种情况的。在实际的视频应用中，出现分布 1 的概率会小很多，因此过滤这样的数据并不影响本方法的适用性。

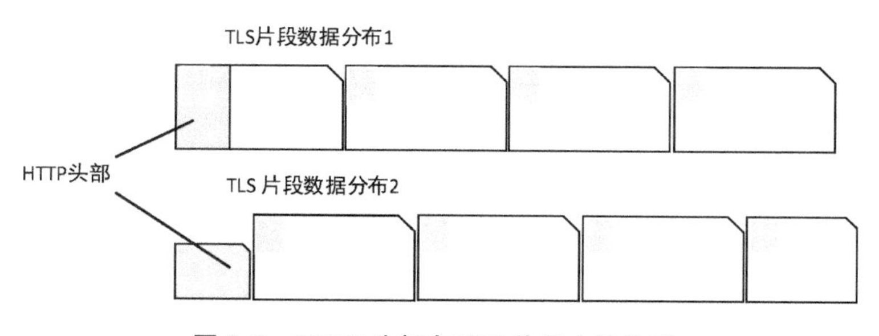

图 2.8　HTTP 头部在 TLS 片段中的位置

2.3.4　特征值提取

ADU 长度精准复原的关键点在于将上述造成 TLS 加密数据传输长度偏移的因素加入数据特征的选择。本研究选用三个特征值：$Payload\_S_c$，

$HTTPhead\_L$ 和 N_{TLS}。这三个特征的具体含义如图 2.9 所示：

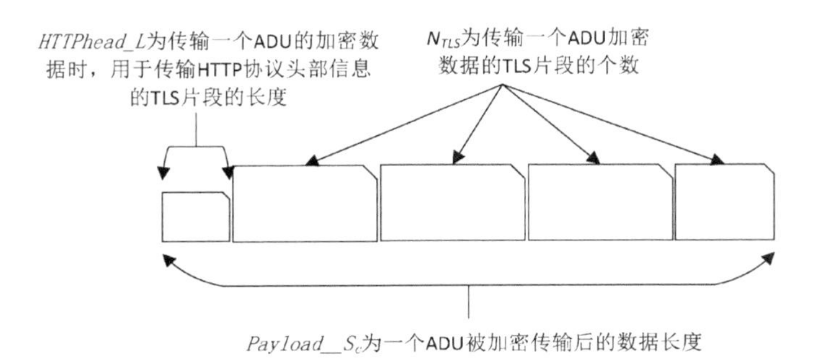

图 2.9　三个特征值的含义

$Payload\_S_c$ 特征的提取方法采用的是类似于文献[2]中的方法，将在传输层获得的应用层载荷之和作为 $Payload\_S_c$。

对 $HTTPhead\_L$ 和 N_{TLS} 特征的选取是以图 2.7 和图 2.8 所示的原理为依据。因为想复原 ADU 明文的数据长度，必须在加密数据长度中减去 HTTP 头部的数据长度和 TLS 头部的数据长度。因此 HTTP 头部对应的密文长度，以及 TLS 片段个数必然为主要特征。根据文献[11]，TLS 片段的长度最大为 16 KB，再加上 TLS 片段头部信息，总长度通常大于 TCP 数据包的最大长度 MSS(Maximum Segment Size)，因此 TLS 片段会被分割在若干 TCP 数据包中发出，并且在两个 TLS 片段的交界处，分别属于两个 TLS 片段的数据会合成一个 TCP 数据包发出。从密文中提取 N_{TLS} 就需要进行反向操作，如图 2.10 所示，将一个应用层数据单元的所有 TCP 数据包重新拼装为真实的 TLS 片段，才能得到对应的 TLS 片段个数。

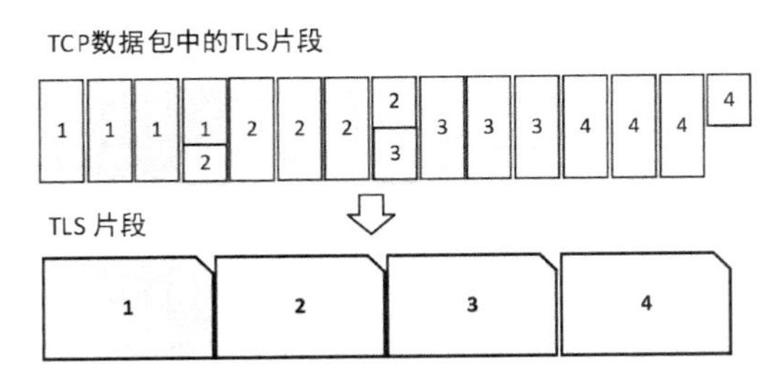

图 2.10　从 TCP 数据包中组合出 TLS 片段

TLS片段个数无法直接从TCP和IP的报头得到，需要结合TLS头部信息的解析得到。在TLS片段的头部所包含的TLSPlaintext结构中，包含了该TLS片段的长度信息，这些信息并不是加密的。因此可以解析TCP数据包载荷中的TLS片段头部信息，得到每个TLS片段的长度信息，再根据每个TCP载荷的实际长度信息，将TCP数据包合并或者拆分到各TLS片段中，从而组合出TLS片段，对组合出的TLS片段，根据上文分析的结论，如果第一个TLS片段长度在400 B到700 B之间，这个TLS片段包含的数据是HTTP协议的头部信息，将其长度提取为$HTTPhead_L$。对剩下的TLS片段计算片段的个数，就获得了N_{TLS}。

对每个ADU经过加密传输后得到的加密数据提取$Payload_S_c$，$HTTPhead_L$和N_{TLS}这三个特征，结合之前对这些ADU做的明文标记，就构成了训练集和测试集。

2.3.5 特征值提取中需要解决的关键问题

2.3.4节给出的是特征值提取的基本原理和方法。前提条件是能够得到ADU的所有数据包，虽然文献[1]及相关的研究都是利用了图2.3所示的基本原理，但是在处理实际的传输数据时，实际情况复杂很多。主要表现在：

(1) 数据传输必然存在丢包、重传、乱序的现象；

(2) 数据采集的时候可能由于采集系统的性能出现漏采集的现象；

(3) 客户端接收服务器发送的ADU的时候，可能由于网络状况的恶化中断已有的传输，然后客户端重新请求TCP连接，并发出续传请求，中断后续传的起点会根据不同情况有所不同，这导致1个ADU的数据可能来自1个TCP连接或者多个TCP连接；

(4) 当发生分辨率自适应切换的时候，在切换处会出现多余的ADU；

(5) 用户在播放过程中的暂停、回放、快进等操作导致的数据复杂化。

在数据被加密的背景下上述这些情况需要能够被识别并进一步处理，由于这部分技术细节的解决过程颇为复杂，限于篇幅有限，以及这部分数据预处理内容更偏向于工程实现，具体细节不在本章中展开。

这些由于网络传输的复杂性导致的问题在已有的相关文献中都没有被提及，如果直接忽视这些细节是无法准确得到本研究提出的三个特征值的。本研究数据处理过程中充分考虑了网络传输复杂性带来的问题，这是 HHTF 能精准复原明文长度的技术支撑。

2.3.6 回归模型拟合结果

根据图 2.7 给出的 TLS 传输长度偏移原理，计算 ADU 长度精确复原值 ADU_R 的公式为：

$$ADU\_R = Payload\_S_c - HTTPhead\_L - N_{TLS} \times \theta \quad \text{公式 2.5}$$

ADU_R 为将加密数据长度复原后获得的长度，θ 为数据中每个 TLS 片段增加的信息的长度。θ 的取值与加密数据传输使用的 TLS 协议版本以及加密套件相关，为准确起见，对不同的 TLS 协议版本或加密套件需要提取特征后进行模型拟合，得到 θ 值。

根据 2.3.4 小节的特征提取方法，对 Facebook 样本的 ADU 传输数据提取特征，并使用带外方式打上明文长度标签，进行模型训练后回归模型为：

$$ADU\_R = Payload\_S_c - HTTPhead\_L - N_{TLS} \times 29 \quad \text{公式 2.6}$$

即 Facebook 数据拟合后 $\theta = 29$，说明 Facebook 对视频数据进行 TLS 加密时，每个 TLS 加密片段增加 29 B 的头部信息。

对数据集中符合要求的 12 739 个 ADU 传输指纹使用公式 2.6 计算了 ADU_R，和明文指纹 ADU_F 比较，12 739 个计算结果和明文数据完全吻合，计算结果表明，HHTF 方法得到的修正值是一个确定性变量，而不是随机变量，由于 HHTF 方法修正后得到的修正长度等于明文长度，HHTF 可以精准复原 ADU 长度。

HHTF 可以精准复原长度的原因有两个：(1)本模型是根据加密流程的基本原理推理的，特征选择包括了所有影响长度的因素；(2)少数无法获得 HTTP 头部加密长度准确值的情况，即符合图 2.8 中的 TLS 片段数据分布 1 的数据样本不参与训练，也不参与测试。

理论上说，在 TLS 协议中的压缩、填充也会影响数据长度，但是在实际监测中发现，对现有视频数据来说，视频明文本身就是压缩的，二次压缩没有效果，因此都没有在 TLS 里实现压缩。有关数据填充问题，本章的研究过程中也发现，TLS1.0 协议会有数据填充，而现在普遍使用的 TLS1.2 协议传输，经过对 YouTube 和 Facebook 数据的分析调查，在传输视频数据时都没有填充，因此本研究提取的特征值对 TLS1.2 协议加密传输的视频已经足够，可以得到 ADU 长度精准复原值。

HHTF 方法之所以能高度准确复原 ADU 的数据长度，是因为特征的提取考虑了 HTTP 头部和 TLS 片段这两个关键因素。下面从视频服务平台和终端两方面讨论其适用性。

2.3.7 HHTF 方法的适用性

除了 Facebook 的视频片段，我们同时测试了 YouTube DASH 视频片段，由于 YouTube 默认情况使用 QUIC 协议传输视频，在接入路由器上关闭 UDP 协议的 443 端口后，YouTube 就恢复使用 HTTPS。用同样的方法采集了测试数据集。YouTube 每个 ADU 的可播放时长为 10 s，本研究采集了 376 个片段的传输指纹，构建了对应明文指纹库，同样进行了模型训练，得到的模型与公式 2.6 一样。使用公式 2.6 对传输指纹进行修正，再与明文指纹比较，376 个片段的修正结果与明文指纹库的长度完全吻合。所有的传输指纹都可以还原到与明文指纹精准匹配。由此可见本方法同样适用 YouTube 视频 ADU 传输指纹的还原。

此外，对 YouTube 的实验样本分析结果发现，YouTube 样本全部符合图 2.8 中 TLS 片段数据分布 2，也就是 HHTF 方法完全可以适用于 YouTube 视频 ADU。由于 Netflix 需要当地移动接入的移动终端才能播放，本研究没能采集数据进行验证。但是从加密视频服务器平台的覆盖面上看，Facebook 和 YouTube 的测试结果已经可以说明 HHTF 方法的适用性。

本研究实验数据采集使用了三星 Note5、华为畅享 5、三星 s5 和三星 s6 edge 四款手机，在所有 4 个测试手机上，Facebook APP 使用 TLS1.2 协议时都选了加密套件“TLS_ECDHE_ECDSA_WITH_AES_128_GCM_SHA256 (0xC02B)”，而 YouTube 的 APP 使用 TLS1.2 协议都选用了加密

套件“TLS_ECDHE_RSA_WITH_AES_128_GCM_SHA256 (0xC02F)”。虽然加密套件不同，但是本方法都适用。

由此可见 HHTF 方法不仅适用不同的视频分发网站，对移动终端也有较广的适用性。

2.4 大型明文指纹库中加密视频识别

2.4.1 大型明文指纹库的构建

为了评估 HHTF 方法应用的效果，必须构建大型的视频指纹库。视频指纹库中存放了视频的 ADU 长度及其播放顺序，这些信息构成了视频的指纹。

由于获得 Facebook 真实的大型视频指纹库在现有条件下难以办到，本研究基于统计学的基本原理构造大型模拟视频指纹库，只要样本具有独立性和代表性，在样本容量足够大的情况下，可以从样本统计量推断总体参数，据此可以模拟构建大型 Facebook 视频指纹库。

首先需要获得真实的视频及视频 ADU 分布。为了能从样本统计量准确推断出总体统计量，样本的选择必须具有独立性和代表性。通过代理采集了真实的 Facebook 视频 277 个，视频的种类包括影视、体育、游戏、音乐和综艺五大类，五类视频采集的个数依次为 98 个、65 个、30 个、42 个和 42 个。视频的播放时长包括[1 min, 2 min]、[2 min, 5 min]、[5 min,15 min]、[15 min, 120 min]4 个时间长度区间。277 个视频的 ADU 片段数目共为 77 802 个。同时也采集了播放这些视频的密文数据实例用

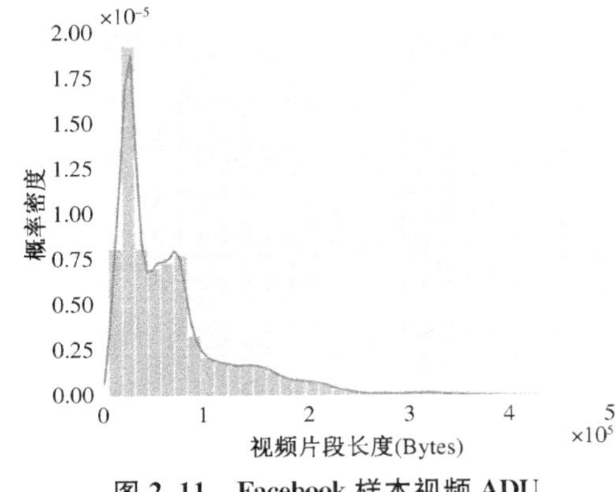

图 2.11　Facebook 样本视频 ADU 长度概率密度

以进行视频识别实验。图 2.11 是这 77 802 个 ADU 长度的概率密度函数(Probability Density Function,PDF)。

对于视频识别测试来说,277 个视频构成的指纹库远远不够。虽然我们无法得到 Facebook 的总体视频片段长度分布,但是已经采集的 277 个视频包含了 77 802 个视频片段,因为视频片段的样本容量足够大,所以样本的分布逼近总体的分布。因此我们可以基于图 2.11 所示的 77 802 个 ADU 长度 PDF 构建一个模拟的大型视频指纹库。

大型视频指纹库的构成分为三部分:(1)真实采集的 277 个视频;(2)以每个真实视频为基础分别模拟出 200 个模拟视频构成了 55 400 个模拟视频。这些模拟视频和真实视频 ADU 个数一样,ADU 长度随机分布在其对应的真实视频 ADU 长度[0.9, 1.1]倍区间内;(3)模拟产生了 150 000 个视频,这些模拟视频 ADU 个数随机分布在[30, 930]范围内,ADU 长度按照图 2.11 的概率密度函数产生。最终产生的模拟指纹库中含有 205 677 个视频,87 523 677 个 ADU,平均每个视频 426 个 ADU,ADU 长度均值为 70 KB。

这样产生的模拟数据库有三个特点:(1)保证真实的视频包含在其中;(2)包含了较多与真实视频指纹非常相近的视频指纹,因此可以用以检验是否会将指纹接近的视频混淆,在较为苛刻的情况下进行测试;(3)视频的 ADU 长度是按照真实视频 ADU 长度的概率密度函数产生,因此整个模拟视频指纹库的 ADU 长度分布与真实的 Facebook 视频是一致的。

本研究对视频的匹配方法是基于视频 ADU 长度和顺序进行的,模拟指纹库的 ADU 长度分布基于统计理论原理接近真实指纹库,完全可以用于对本研究的算法进行验证。

2.4.2 ADU 匹配算法与匹配概率

单个 ADU 是构成视频指纹的基本元素,也是进行加密视频识别的基础。本节给出将 HHTF 方法应用于单个 ADU 匹配时的方法和匹配概率,并给出对比的 Reed 方法应用后的匹配算法和匹配概率。

根据第 2.3.6 节的结果,对符合要求的加密 ADU,HHTF 方法得到的

长度复原值 ADU_R 与 ADU 明文的长度 ADU_F 是一致的，即获得的是确定性变量，所以在识别时使用的方法是 ADU_R 等于 ADU_F 视之为匹配。

匹配概率决定着匹配结果的准确性，匹配概率与数据库大小有密切的关系，本节使用 2.4.1 节构建的大型指纹库进行分析。

HHTF 方法进行修正后得到的为确定性变量，假设修正后得到长度为 x，事件 A 为任意明文指纹长度和修正值 x 匹配，事件 A 的概率记为 $P(A)$，使用 HHTF 方法修正后发生事件 A 的概率记为：

$$P(A)=\int_{C_1}^{C_2} f(x)\mathrm{d}x \qquad \text{公式 2.7}$$

公式 2.7 中的 $f(x)$ 为图 2.11 中的概率密度函数，C_1 和 C_2 是匹配的下界和上界，因为 HHTF 方法修正得到的是确定性变量，所以 $P_{\mathrm{HHTF}}(A)\approx f(x)$，为了简化计算 $f(x)$ 可以使用 ADU 长度均值 x_0 在总体中的概率 $f(x_0)$ 来估算，得到：$P_{\mathrm{HHTF}}(A)\approx f(x_0)$。

根据 2.4.1 中模拟的测试指纹库的构建参数，可以得到 $f(x_0)=7.9\times 10^{-6}$，即 $P_{\mathrm{HHTF}}(A)\approx 7.9\times 10^{-6}$。

现有的对加密视频识别论文主要关注点在视频匹配算法的设计上，大部分都忽视了加密数据经过传输协议和加密协议封装后数据长度的不确定性，这是导致现有文献的成果无法真正应用到真实网络中的根本原因。目前对这问题提出解决方法的有文献[4-8]，其中文献[4]与本研究的方法一样使用的是明文指纹库，在进行匹配前对传输密文指纹做了修正。文献[5]发表于文献[4]之前，虽然有指纹修正，但只是简单等比扩大匹配范围，文献[6]则明确指出其参考了文献[4-5]方法和参数，因此本研究与文献[4]进行对比分析，以下对使用文献[4]的方法进行修正后匹配的方法称为 Reed 方法。

与 HHTF 对比的 Reed 方法中，文献[4]没有对单个 ADU 匹配的方法及匹配分析，本节基于文献[4]的修正原理对单个 ADU 进行了修正，并给出了修正结果应用于单个 ADU 匹配的方法。

文献[4]中指出了直接使用密文传输指纹匹配明文指纹会产生偏差的原因：HTTP 头部对每个视频 ADU 增加大约 520 B；TLS 头部对视频 ADU 和 HTTP 头部的组合增加大约 0.18%的载荷。文献[4]在匹配时针对这两个偏差对传输指纹进行了边界修正：

$$Min = \frac{Total\_Received}{1.0019} - (30 \times 525) \qquad \text{公式 2.8}$$

$$Max = \frac{Total\_Received}{1.0017} - (30 \times 515) \qquad \text{公式 2.9}$$

Reed 方法要求连续采集到 30 个 ADU 才能进行视频匹配，因此 Max 和 Min 是指连续 30 个 ADU 的传输指纹数据量上下边界。本节不考虑 30 个 ADU 这个加强条件，因此 Reed 方法中对单个 ADU 长度的修正公式为：

$$ADU\_R = Payload\_S_c / p - q \qquad \text{公式 2.10}$$

公式 2.10 中，p 为 TLS 头部增加的载荷参数，q 为 HTTP 头部增加的载荷参数，文献[4]中 $p = 1.0018$，$q = 520$。

因为本研究的数据集是 Facebook 数据，而文献[4]是针对 Netflix 平台的，本章首先使用 2.3.2 节中的 Facebook 数据集进行了回归拟合训练，一共 14 551 个 ADU，其中 70%做训练集，30%做测试集，得到参数为 $p = 1.003676129$，$q = 589.48$。

$$ADU\_R = Payload\_S_c / 1.003676129 - 589.48 \qquad \text{公式 2.11}$$

利用公式 2.11 计算样本的 ADU_R，再使用明文指纹计算残差 $x = ADU\_F - ADU\_R$。训练集的结果为，残差的均值为 0，方差 1 901.87，标准差 43.61；测试集结果为，残差的均值 0.588，方差 1 799.17，标准差 42.42，可见训练误差和测试误差很接近，因此采用该模型是可行的。

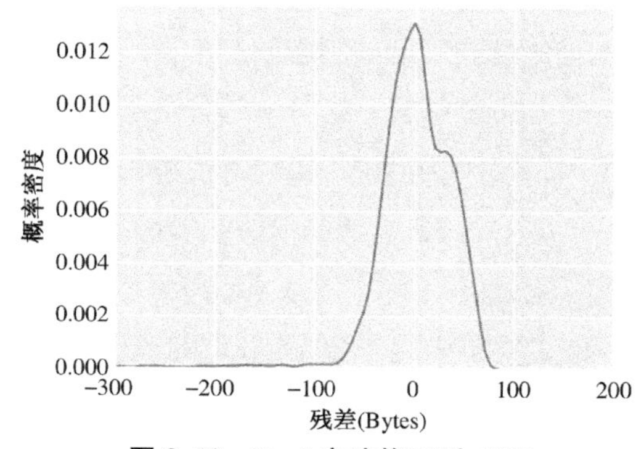

图 2.12　Reed 方法修正后 ADU 长度残差的 PDF

图 2.12 为样本残差 PDF，可以看到 Reed 方法修正后残差主要分布在 −100 B 到 100 B 之间。

由图 2.12 可见，Reed 方

法获得的单个 ADU 长度残差分布可近似地看成正态分布，μ 为均值，σ 为标准差，记作：$X \sim N(\mu, \sigma^2)$，可使用训练集残差的均值来无偏估计总体残差的均值，用训练集残差的标准差来无偏估计总体残差的标准差，则 $X \sim N(0, 43.612)$，残差在正负 3 倍标准差范围内的概率为 $P\{\mu - 3\sigma < x < \mu + 3\sigma\} = 0.997$，即残差在[−130, 130]区间内的概率为 99.7%。

利用公式 2.11 进行长度修正后再进行单个 ADU 匹配，已知 $Payload\_S_c$，计算得到 ADU_R，则这个 ADU 的明文长度 ADU_F 在[ADU_R-130, ADU_R+130]区间内的概率为 99.7%，定义该区间为 Reed 方法的匹配区间[C_1, C_2]。使用 Reed 方法后进行单个 ADU 匹配方法为，通过上述方法算出匹配区间，匹配时指纹库中片段长度在匹配区间内的 ADU 为与之匹配的 ADU，其对应 ADU 明文指纹长度在匹配区间内的概率是 99.7%。

Reed 方法的匹配区间为[C_1, C_2]，在匹配区间内任意明文指纹长度和修正值匹配的事件 A 的概率为 $P(A) = \int_{C_1}^{C_2} f(x)\mathrm{d}x$，$f(x)$ 为图 2.11 所示 ADU 的概率密度函数，为简化计算，可以把匹配区间内的概率设为相等的一条直线，x_0 为 ADU 长度分布的均值，简化公式为 $P_{\text{Reed}}(A) \approx f(x_0) \times (C_2 - C_1)$，则使用 Reed 方法进行修正后匹配概率为：

$$P_{\text{Reed}}(A) \approx f(x_0) \times (C_2 - C_1) = f(x_0) \times 261 \qquad \text{公式 2.12}$$

其中 $C_2 - C_1 = 261$，是正态分布假设下匹配区间的范围。图 2.13 为该计算方法的示意图。

根据 2.4.1 中模拟的测试视频指纹库的构建参数，可以得 $P_{\text{Reed}}(A) \approx f(x_0) \times 261 = 2.062 \times 10^{-3}$。

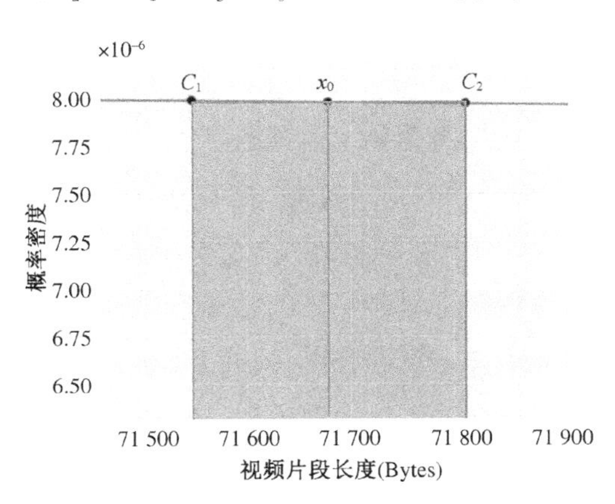

图 2.13　匹配概率简化计算示意图

2.4.3　加密视频识别方法

加密视频的指纹是由每个视频 ADU 的长度及这些 ADU 传输的先后顺

序构成的，识别是将待匹配的 ADU 长度修正值与指纹库中的明文长度按顺序使用 2.4.2 节的匹配算法进行匹配，如果有连续的 k 段 ADU 匹配成功，则认为识别出了加密视频，我们称视频识别的过程为 k 段匹配。在一次匹配过程，假设明文指纹库中的一个视频明文指纹有 j 个 ADU，观测到的加密视频传输指纹含有 i 个 ADU，加密视频的 ADU 长度经过 HHTF 方法或者 Reed 方法复原后为 $x_1 \cdots x_i$，采用 k($k \leqslant i$ 并且 $k \leqslant j$) 个连续 ADU 匹配的方法来匹配，即如果 i 个加密传输 ADU 中有 k 个 ADU 和明文指纹的 k 个 ADU 长度和顺序都匹配，则为完成了视频的 k 段匹配。加密视频识别使用 k 段匹配，关键参数 k 需要根据评估指标在识别算法实施前确定。

定义事件 E 为 ADU 个数为 j 的明文指纹和 ADU 个数为 i 的密文传输指纹 k 段匹配成功，则事件 E 的概率 $P(E)$ 为

$$P(E)=(i-k+1)\times(j-k+1)\times P(A)^k \qquad \text{公式 2.13}$$

公式 2.13 中 $P(A)$ 为任意明文指纹长度和修正值 x 匹配事件 A 的概率。

k 段匹配只是加密视频识别方法，匹配结果必然会存在误差，该方法要能在大型的指纹库场景中应用，必须对识别结果的各项指标进行全面评估，然后根据评估值确定 k 的取值，只有指标达到要求的方法才能应用到实际中。

2.4.4 加密视频识别方法评估指标的理论计算

在加密视频识别算法评估中，使用准确率、精确率、召回率、假阳率可以全面评价算法的有效性，在实际应用中，k 越大必然识别结果越准确，但是 k 值大也意味需要采集连续传输且分辨率不变的 ADU 数量多，实际中采集到满足条件数据的可能性小，方法的可用性就差。所以对加密视频识别方法的评估需要求出满足准确率、精确率、召回率、假阳率这四个指标的最小 k 值。

本节首先给出准确率、精确率、召回率、假阳率的理论评估值，并根据评估值确定 k 的理想取值。然后在大型明文指纹库中测试，将理论值和测试对比验证方法的有效性，

假设明文指纹库中有 t 个视频，一个待匹配加密视频和明文指纹库内 t 个视频匹配过程中有 s($s \geqslant 1$)个明文视频指纹 k 段匹配成功，则事件 E 的概

率也可以表示为：

$$P(E)=\frac{s}{t} \qquad \text{公式 2.14}$$

将公式 2.13 代入公式 2.14，得到

$$P(E)=\frac{s}{t}=(i-k+1)\times(j-k+1)\times P(A)^{k} \qquad \text{公式 2.15}$$

其中 $P(A)$ 为 ADU 长度均值 x_0 发生匹配事件的概率，假设待匹配视频的明文指纹一定在明文指纹库中，$s\geqslant 1$，因此 $P(E)\geqslant\frac{1}{t}$。

准确率：$A=\frac{TP+TN}{TP+TN+FP+FN}$，本章实验中待匹配视频的明文指纹在指纹库里，而且必然只对应一个明文指纹，所以 $TP=1$；其余不被匹配上的 $t-s$ 个视频为 TN，代入准确率公式，得到：

$$\begin{aligned}A&=\frac{TP+TN}{TP+TN+FP+FN}=\frac{1+(t-s)}{t}=1+\frac{1}{t}-P(E)\\&=1+\frac{1}{t}-(i-k+1)\times(j-k+1)\times P(A)^{k}\end{aligned} \qquad \text{公式 2.16}$$

精确率：$P=\frac{TP}{TP+FP}$，因为有 s 个明文视频指纹和待匹配视频 k 段匹配成功，$TP+FP=s$，代入精确率公式，得到：

$$\begin{aligned}P&=\frac{TP}{TP+FP}=\frac{1}{s}=\frac{1/t}{s/t}=\frac{1}{t\times P(E)}\\&=\frac{1}{t\times(i-k+1)\times(j-k+1)\times P(A)^{k}}\end{aligned} \qquad \text{公式 2.17}$$

召回率：$R=\frac{TP}{TP+FN}$，

召回率可以根据视频 ADU 的匹配概率推算出。

Reed 方法中一个待匹配视频和其相对应的明文指纹视频匹配时，待匹配 ADU 和其对应明文指纹匹配的概率是 99.7%，k 个连续 ADU 和它们对应的明文指纹都匹配的概率是 0.997^k，则 k 段 ADU 不能完全和它们对应的明文指纹匹配的概率是 $1-0.997^k$，i 个 ADU 中有 $(i-k+1)$ 个连续的 k 段 ADU，这些 k 段 ADU 和它们相对应的明文指纹都不匹配的概率是 $(1-0.997^k)^{(i-k+1)}$，因此一个视频含有 i 个 ADU，和它对应的明文指纹视频可以 k 段匹配的概率为 $1-(1-0.997^k)^{(i-k+1)}$，即使用 Reed 方法的召回率为 $R_{Reed}=1-(1-0.997^k)^{(i-k+1)}$。当 k 较小，i 比 k 大很多的情况下，Reed 接近 1，也就是如果待匹配视频的 ADU 数目较多，但是只使用较少的视频 ADU 去匹配，则召回率接近 1。

如果使用 HHTF 方法对加密数据进行复原，同理得到 $R_{\mathrm{HHTF}}=1-(1-1^k)^{(i-k+1)}=1$。

由上述分析可见，使用 Reed 方法复原 ADU 长度指纹后召回率接近 1，使用 HHTF 方法复原 ADU 长度指纹后召回率等于 1。根据召回率的公式，得到 $TP+FN=TP$，即 $FN=0$。

假阳率：$FPR_{\mathrm{Reed}}=\dfrac{FP}{FP+TN}$，因为 s 个被认定为匹配的明文视频中，只有 1 个是真正的匹配视频，其余 $s-1$ 个视频为 FP，即 $FP=s-1$；同样因为明文指纹库的所有 t 个视频中，只有 1 个是真正的匹配视频 $TP=1$，通过召回率已经推导出 $FN=0$，因为 $TP+FP+FN+TN=t$，所以 $FP+TN=t-1$，代入假阳率的公式，得到：

$$FPR_{\mathrm{Reed}}=\frac{FP}{FP+TN}=\frac{s-1}{t-1}$$

大型指纹库中的视频数目远远大于 1，假阳率可以简化为：

$$\begin{aligned}FPR_{\mathrm{Reed}} &\approx \frac{s-1}{t}=\frac{s}{t}-\frac{1}{t}=P(E)-\frac{1}{t}\\ &=(i-k+1)\times(j-k+1)\times P(A)^k-\frac{1}{t}\end{aligned} \qquad \text{公式 2.18}$$

将 $P_{\mathrm{HHTF}}(A)\approx 7.9\times10^{-6}$，$P_{\mathrm{Reed}}(A)\approx f(x_0)\times 261=2.062\times10^{-3}$ 代入公式 2.16～公式 2.18，并将测试指纹库中的 $t=205\ 677$，$i=280$，$j=426$ 代入，分别使用 2 个连续 ADU 匹配($k=2$)，3 个连续 ADU 匹配($k=3$)，可

计算得到在这两种匹配长度下，分别使用 HHTF 方法和 Reed 方法修正 ADU 长度后，在大型指纹库进行视频匹配时的理论结果如表 2.1 所示。

表 2.1　连续 ADU 匹配结果理论比较

长度指纹修正方法	k	准确率(%)	精确率(%)	召回率(%)	假阳率(%)
HHTF	2	99.999 7	65.70	100	2.54×10^{-4}
	3	**100**	**100**	**100**	**0**
Reed	2	49.58	9.64×10^{-4}	100	50.41
	3	99.89	0.47	100	0.10

由表 2.1 可见，使用 HHTF 方法修正 ADU 长度后进行视频识别，只需要 3 个连续 ADU 就可以达到准确率、精确率、召回率为 100%，假阳率为 0。

2.4.5　加密视频识别方法在大型模拟指纹库中的实测结果和分析

为了验证表 2.1 中理论评估值的正确性，用真实数据在大型模拟指纹库中进行了匹配识别，分别使用 2 个和 3 个连续 ADU 匹配，得到了 277 个真实视频在二十万级模拟指纹库中匹配的结果样例数如表 2.2：

表 2.2　大型模拟指纹库中连续 ADU 匹配得到的结果

长度指纹修正方法	k	TP	FP	FN	TN
HHTF	2	277	2 404	0	56 969 848
	3	277	0	0	56 972 252
Reed	2	277	18 157 668	0	38 814 584
	3	277	1 407 324	0	55 564 928

将表 2.2 结果代入准确率、精确率、召回率和假阳率的公式 2.16～公式 2.18，可以得到表 2.3 的实验结果。

表 2.3　大型模拟指纹库中连续 ADU 匹配实验结果

长度指纹修正方法	k	准确率(%)	精确率(%)	召回率(%)	假阳率(%)
HHTF	2	99.995 8	10.33	100	4.22×10^{-3}
	3	**100**	**100**	**100**	**0**
Reed	2	68.129 1	1.53×10^{-3}	100	31.87
	3	97.529 8	0.019 7	100	2.47

对比表 2.1 和表 2.3 的结果可见，理论分析结果和在大型模拟指纹库中的实测结果很接近，有些差别是因为，理论分析为了简化使用了 ADU 长度均值的匹配概率，而实测中使用的是 ADU 长度的真实值去匹配。

对实验结果进行进一步比较分析，可确定 HHTF 修正方法应用到大规模指纹库中进行加密视频识别算法的有效性。

准确率：使用 2 个连续 ADU 进行匹配获得的准确率 Reed 方法较低，HHTF 方法较高，使用 3 个连续 ADU 进行匹配后准确率都较高，其中使用 HHTF 方法准确率非常接近 100%，这说明准确率指标在大型数据库中达标并不困难，该指标对不同算法的区分度不够。

精确率：精确率指标差别很大，总体上使用 HHTF 方法的精确率高于使用 Reed 方法，使用 3 个连续 ADU 匹配后，HHTF 方法精确率为 100%，但是使用 Reed 方法精确率很低，这是因为在大型指纹库中，使用 Reed 方法后得到的 FP 样例远远大于 HHTF 方法，这导致使用 Reed 方法的视频匹配在大型数据库中精确率差，由此可见大型指纹库中的精确率是一个重要的有区分度的指标。

召回率：两种方法的召回率都很高，这说明召回率指标对设计合理的识别算法来说并没有区分度，现有文献大都以召回率作为评估指标并不合理。

假阳率：Reed 方法的假阳率远大于 HHTF 方法，当使用 3 个连续 ADU 识别时，HHTF 方法的假阳率指标为 0，而 Reed 方法的假阳率仍然不能满足识别要求。这也是因为使用 Reed 方法后得到 FP 样例在大型数据库中数值非常大，导致假阳率高，由此可见大型指纹库中的假阳率是一个重要的有区分度的指标。

$k=3$ 时的所有指标都比 $k=2$ 时好，即增加 k 值可以提高精确率，降低假阳率，但是 k 越大需要的 ADU 个数越多，在实际应用中越难采集到需要的数据量，因此 k 的取值不宜过多，由表 2.1 和表 2.3 的结果可见，使用 HHTF 方法后，只需要 3 段匹配就可以满足在二十万级指纹库中的识别需求，而文献[4-5]中都提到 ADU 个数要求为 30，文献[7-8]提到 3 分钟的数据，相当于 Facebook 的 90 个 ADU。对比之下，HHTF 方法应用后需要

的 ADU 个数大大减少，提高了方法的可用性。

由上述对准确率、精确率、召回率和假阳率的分析比较可见，这两种方法对 ADU 进行修正后进行视频匹配，准确率和召回率指标比较接近，但是精确率和假阳率在大型数据库中指标差别很大。

HHTF 方法精确率和假阳率指标优于 Reed 方法是因为 Reed 方法对 ADU 长度的复原不够精确，为了保证视频能够被识别出来，Reed 方法对单个 ADU 需要较大的匹配区间，但是匹配区间增大也会导致 FP 数目增加。在大型指纹库场景中，ADU 数据多，同样大的匹配区间内存在更多的长度近似的 ADU，因此 Reed 方法的 FP 数目在大型指纹库中急剧增加。精确率的公式为 $P=\frac{TP}{TP+FP}$，在本次测试中，$TP=277$，因此 FP 越大，精确率越小。假阳率的公式为 $FPR=\frac{FP}{FP+TN}$，由于 $FP+TN+TP+FN=$ 总的匹配次数，其中 $TP=277$，$FN=0$，随着指纹库规模的增大，总的匹配次数必然增大，在全匹配情况下是与指纹库规模相关的定量，所以 $FP+TN$ 也是定量，随着 FP 的增加，假阳率也会增加。由此可见，ADU 长度精准复原方法 HHTF 是我们可以在大型指纹库中准确识别视频的基础。

综合看来，HHTF 方法指标远远优于 Reed 方法。在本研究使用的二十万级别大型指纹库中，使用 HHTF 方法复原 ADU 长度后，只需要 3 个连续 ADU(Facebook 视频为 6 秒播放数据)就可以准确识别出加密视频，准确率、精确率、召回率为 100%，假阳率为 0，完全达到实际应用需求的指标要求。

2.4.6　加密视频识别方法在小型指纹库中的实测结果和分析

为了进一步比较两种修正方法应用于不同规模指纹库的效果，本节给出在小型真实指纹库中分别使用 HHTF 方法和 Reed 方法进行修正后得到的实验结果。使用真实的 277 个视频构成一个小型指纹库，分别用 2 个和 3 个连续 ADU 匹配，得到了 277 个真实视频在真实指纹库中匹配的结果如表 2.4 所示：

表 2.4　小型真实指纹库中连续 ADU 匹配得到的结果

长度指纹修正方法	k	TP	FP	FN	TN
HHTF	2	277	2	0	76 450
	3	277	0	0	76 452
Reed	2	277	23 152	0	53 300
	3	277	1 964	0	74 488

将表 2.4 结果代入准确率、精确率、召回率和假阳率的公式 2.16～公式 2.18，可以得到表 2.5 的实验结果：

表 2.5　小型真实指纹库中连续 ADU 匹配实验结果

长度指纹修正方法	k	准确率(%)	精确率(%)	召回率(%)	假阳率(%)
HHTF	2	99.997 4	99.28	100	2.62×10^{-3}
	3	**100**	**100**	**100**	**0**
Reed	2	69.83	1.18	100	30.28
	3	97.44	12.36	100	2.57

由表 2.5 的结果可以看到：

(1) HHTF 方法和 Reed 方法修正后召回率指标都很理想，但事实上只有 HHTF 的四项指标全部符合要求。这证明了召回率对算法的区分度不高，现有成果中最广泛使用的召回率指标不能全面评估算法，只有四个指标同时达到理想值才能判断算法是可用的。

(2) 在表 2.5 的结果中，使用 HHTF 方法，只要 2 个连续的 ADU 就可以达到理想的识别指标，但是对比表 2.3 的实验结果可以看到，当指纹库规模达到二十万数量级时，2 个连续的 ADU 进行匹配精确率只有 10.33%，会有大量其他视频被误识为识别视频，必须使用 3 个连续 ADU 进行匹配。这说明了，随着指纹库规模的增加，FP 数目必然会上升，因此对小型指纹库适用的识别参数在大型指纹库里未必适用，只有直接在大型指纹库中进行算法验证，结果才具有可信度。

2.4.7　实验结果通用性验证

上述实验证明了必须使用大型指纹库才能真正验证算法的可行性。由

于无法得到真实的大型明文指纹库，本研究基于统计学原理，使用 277 个 Facebook 视频的 77 802 个 ADU 长度统计特征，构建了一个模拟的大型视频指纹库进行验证。

为了验证实验结果与模拟指纹库所使用的真实视频无关，本节将 277 个视频分成不相交的 2 组视频集，第 1 组包括 139 个 Facebook 视频，含有 40 215 个 ADU，第 2 组包括 138 个 Facebook 视频，含有 37 587 个 ADU，按照同样的方法，先分别统计 ADU 长度 PDF，再基于 AUD 长度的 PDF，按照 2.4.1 描述的方法构造两个大型模拟数据库，除了完全不相交的两组真实视频，所有模拟视频构造过程中，ADU 长度遵循真实的 Facebook 视频 ADU 长度 PDF，各视频长度使用了一定的随机变化，因此这两个大型指纹库是不同的。使用同样的匹配方法，得到两组实验结果。将这两组实验结果与 2.4.5 中的实验结果全部列入表 2.6，对三个不同大型模拟指纹库匹配实验结果比较。

可以看到，用来构造模拟指纹库的样本不同，样本 ADU 个数不同，模拟出的指纹库规模接近，参数 k 相同的情况下，各项指标差别非常小，这些微小的差别完全可以视为样本个体差异引起的，对总体的统计结论是一致的。

表 2.6　三个不同大型模拟指纹库匹配实验结果比较

修正方法	样本视频数	样本 ADU 数	模拟指纹库视频数	k	准确率(%)	精确率(%)	召回率(%)	假阳率(%)
HHTF	139	40 215	177 939	2	99.995 9	12.00	100	4.12×10^{-3}
	138	37 587	177 738	2	99.995 8	11.85	100	4.19×10^{-3}
	277	77 802	205 677	2	99.995 8	10.33	100	4.22×10^{-3}
	139	40 215	177 939	3	100	100	100	0
	138	37 587	177 738	3	100	100	100	0
	277	77 802	205 677	3	100	100	100	0
Reed	139	40 215	177 939	2	67.052 4	1.71×10^{-3}	100	32.95
	138	37 587	177 738	2	68.602 2	1.79×10^{-3}	100	31.40
	277	77 802	205 677	2	68.129 1	1.53×10^{-3}	100	31.87
	139	40 215	177 939	3	97.541 4	0.022 9	100	2.46
	138	37 587	177 738	3	97.619 8	0.023 6	100	2.38
	277	77 802	205 677	3	97.529 8	0.019 7	100	2.47

由表2.6结果可以看到，只要样本量足够大，样本选择具有独立性和代表性，使用不同的真实样本构造模拟指纹库，不影响本章算法的实验结果的通用性。

2.5 本章小结

本章提出了一个大型指纹库场景中加密视频识别的方法。首次将HTTP头部特征和TLS片段特征作为ADU长度复原的拟合特征，提出了一个ADU长度精准复原方法HHTF，对于满足要求的密文数据，可从单个视频ADU的传输长度准确复原出明文ADU长度，然后通过理论分析和模拟的大规模指纹库实验证明了，将HHTF方法应用于Facebook的加密视频识别，在二十万级指纹库中识别视频达到准确率、精确率、召回率为100%，假阳率为0只需要3个连续的ADU，所需ADU个数是已有研究的十分之一，这大大降低了对密文数据采集需求。

本章对视频识别方法的评估使用准确率、精确率、召回率和假阳率这四个指标，可以全面反映方法的适用性，目前已有的加密视频识别方法评估都使用了区分度不高的召回率，但是都回避了在大型指纹库中的精确率和假阳率指标，导致已有的研究成果无法应用于大型指纹库中。本研究的成果填补了这一空白，具有很强的应用价值。

本研究的关键技术在于基于TLS1.2协议加密及传输过程原理提出了ADU长度精准复原算法HHTF，在对数据预处理的时候充分考虑了网络传输的中的各种复杂现象，保证了待匹配数据的准确性，从而能提取出关键特征；而现有成果的研究重点都是在后期的匹配算法上，没有考虑网络传输环境的复杂性，无法提取出数据关键特征，因此无法精准复原视频指纹，导致在大型数据库场景中的性能无法保证。

本章利用了ADU加密传输过程中的协议规范将加密传输的ADU长度精准复原，但是因特网上协议规范会不断更新，现在已有一些网站使用

TLS1.3 协议进行加密传输，要想保持算法结果的精确性，就需要提取新的特征值。此外，使用基于 UDP 的 QUIC 协议进行加密传输也是视频传输发展趋势，对加密视频内容识别还需针对该协议展开。

参考文献

[1] Terrell J, Jeffay K, Smith F D, et al. Passive, Streaming Inference of TCP Connection Structure for Network Server Management. In: Proc. of the International Workshop on Traffic Monitoring and Analysis. Springer, Berlin, Heidelberg, 2009: 42-53. [doi: 10.1007/978-3-642-01645-5_6]

[2] Sodagar I. The MPEG - DASH standard for multimedia streaming over the Internet. IEEE Multimedia, 2011, 18(4):62-67. [doi: 10.1109/MMUL.2011.71]

[3] Pantos R, May W. RFC8216: HTTP Live Streaming. Fremont, CA: IETF, 2017. https://tools.ietf.org/html/rfc8216.

[4] Reed A, Kranch M. Identifying https-protected netflix videos in real-time. In: Proc. of the Seventh ACM on Conference on Data and Application Security and Privacy. New York: ACM, 2017: 361-368. [doi: 10.1145/3029806.3029821]

[5] Reed A, Klimkowski B. Leaky streams: Identifying variable bitrate DASH videos streamed over encrypted 802.11n connections. In: Proc of the 2016 13th IEEE Annual Consumer Communications & Networking Conference (CCNC). Piscataway, NJ: IEEE, 2016: 1107-1112.

[6] Stikkelorum M. I Know What You Watched: Fingerprint Attack on YouTube Video Streams. In: 27th Twente Student Conference on IT. Enschede, Netherlands. 2017. https://pdfs.semanticscholar.org/2015/26efeb7206e2704b8db46985e4fcb0b93e55.pdf

[7] Gu J, Wang J, Yu Z, et al. Walls have ears: Traffic-based side-channel attack in video streaming. Proc. Of the IEEE INFOCOM 2018 - IEEE Conference on Computer Communications. Piscataway, NJ: IEEE, 2018: 1538 - 1546. [doi: 10.1109/INFOCOM.2018.8486211]

[8] Gu J, Wang J, Yu Z, et al. Traffic-Based Side-Channel Attack in Video

Streaming. IEEE Trans. on Networking, 2019, 27(3):972-985. [doi: 10. 1109/TNET. 2019. 2906568]

[9] Mitra G, Vairam P K, SLPSK P, et al. White Mirror: Leaking Sensitive Information from Interactive Netflix Movies using Encrypted Traffic Analysis. Proc. of the 2019 ACM SIGCOMM Conference Posters and Demos, Part of SIGCOMM 2019, 122-124, August 19, 2019. [doi: 10. 1145/3342280. 3342330]

[10] Schuster R, Shmatikov V, Tromer E. Beauty and the burst: Remote identification of encrypted video streams. IN: Proc. Of the 26th {USENIX} Security Symposium ({USENIX} Security 17). PeerJ,San Diego,2017: 1357-1374.

[11] Dierks T, Rescorla E. RFC5246: The Transport Layer Security (TLS) Protocol Version 1. 2. Fremont, CA: IETF, 2008. https://tools. ietf. org/html/rfc5246

第3章

基于 HTTP/3 传输特性的加密视频识别

3.1 研究背景

通过对加密流量的分析快速识别互联网上传输的有害视频可实现网络空间有效管理。在网络的主干接入点部署流量采集点，就可以监控并分析流经的网络流量，从而识别出潜在的有害视频内容。这种基于网络流量分析的方法，降低了对大规模数据集、存储空间和计算资源的依赖，为视频平台提供了一种相对低成本且有效的解决方案。

如本书第 2 章介绍，基于流量分析的加密视频识别方法中，使用明文构建指纹的方法更具有实用性。明文指纹指通过带外途径获取的视频片段的明文信息，基于明文指纹库的方法据此构建明文指纹库，将从密文流量中提取的传输特征进行适当调整后与明文指纹进行匹配。为了从密文流量中提取有效传输特征，现有研究主要利用了 HTTP/1.1 协议传输视频时的 TCP 头部信息和非流水线传输模式，由于 HTTP/1.1 基于 TCP 传输，可以通过

TCP 头部的响应序列号，将属于同一视频片段的加密数据包的载荷长度相加，得到的总长度作为应用层音视频片段的长度特征，经过长度修正后，通过与明文指纹库的匹配识别出视频的标题。

但是上述方法无法应用于使用 HTTP/3 传输的视频。HTTP/3 使用 QUIC 协议为 HTTP 语义提供传输，QUIC 提供协议协商、基于流的多路复用和流控制。已有基于 TCP 以及 HTTP/1.1 的视频识别方法不再适用 HTTP/3，其原因主要有两点，分别是数据传输模式以及数据单元传输控制信息的差异。

首先是 HTTP/3 的传输模式带来的技术挑战。已有的视频识别方法都利用了 HTTP/1.1 的非流水线模式，HTTP/1.1 的非流水线传输模式中，服务器严格按照请求顺序发送响应数据，因此两个请求之间的数据只能是一个音频或视频片段的响应数据，据此可以根据 TCP 头部的响应序号，从加密数据中将音频片段和视频片段数据分别分离出来，这是现有加密视频识别方法提取音频或者视频应用数据单元的基础。在 HTTP/3 协议中，客户端连续请求音频片段和视频片段时，服务器可以组合传输多个音频片段和视频片段。图 3.1 展示了使用 HTTP/3 视频播放过程中音视频片段组合传输的例子，第 6、7、8 个和第 9、10、11 个视频片段被分别组合传输，第 4、5、6

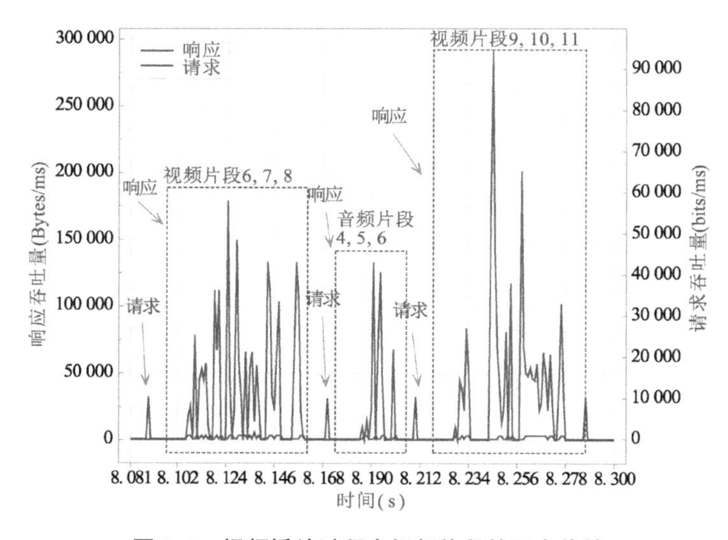

图 3.1　视频播放过程中视频片段的组合传输

个音频片段被组合传输。由于响应报文混杂在一起，导致难以将组合传输的音频或视频片段数据单独分割出来，因此本章需要研究从加密数据中分割出音视频片段组合的方法。

其次，基于 UDP 的 HTTP/3 协议为了保证传输的可靠性，在 QUIC 数据单元中增加了传输控制信息，这些传输控制信息和应用数据混杂在一起加密传输，进一步影响了从密文中提取的视频片段长度特征的准确性。如图 3.2 所示，应用层数据单元首先由 HTTP 协议封装，再被切片、封装、加密为 QUIC 数据包。在每一个 QUIC 数据包中，QUIC 包头与 HTTP 消息间包含三层结构。第一层是 QUIC 数据包，其头部信息中包含的数据包序号严格递增，解决了窗口阻塞问题。第二层是 QUIC 帧，其中传输视频数据的主要帧类型为 Stream 帧，通过 Stream ID 进行唯一确认，实现了有序字节流。QUIC 使用 Stream 帧进行端到端的通信，一个或多个 Stream 帧被组装成一个 QUIC 数据包。当应用数据单元非常大的时候，需要通过多个 QUIC 数据包传输，这些传输同一个应用数据单元的 QUIC 数据包含有同样的 Stream ID。多个并发传输的应用数据单元，就可以通过不同的 Stream ID 加以区别。第三层是 HTTP/3 帧，包括 HTTP/3 的头部和应用层载荷，主要包括 HEADER 帧和 DATA 帧，分别传输 HTTP 报头和正文。这些信息在 QUIC 数据包单元中加密后无法进行区分，本章需要对 QUIC 数据传输

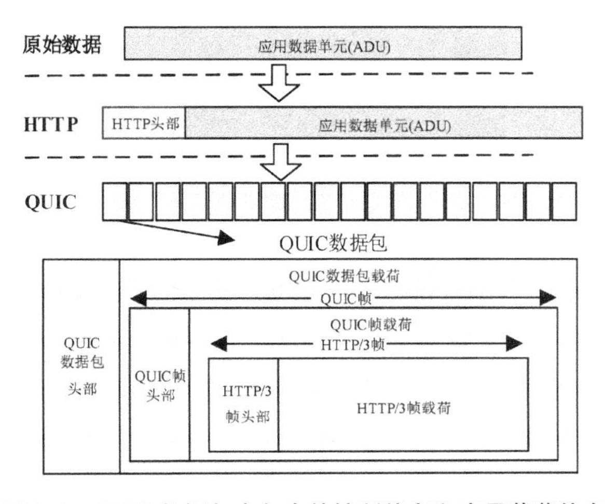

图 3.2　QUIC 数据包中包含的控制信息和应用载荷信息

的这些控制信息进行分析，通过修正算法减少控制信息给数据特征提取带来的干扰。

因此，HTTP/3 的传输机制给视频识别带来了两个技术挑战，第一是如何分割出多个音视频片段组合的问题，第二是如何解决 HTTP/3 基于的 QUIC 数据传输机制增加的控制信息对还原音视频片段组合长度带来的干扰。

3.2 研究方法

3.2.1 方法概述

本章提出了一种从加密 HTTP/3 流中识别视频内容的方法。方法框架如图 3.3 所示。

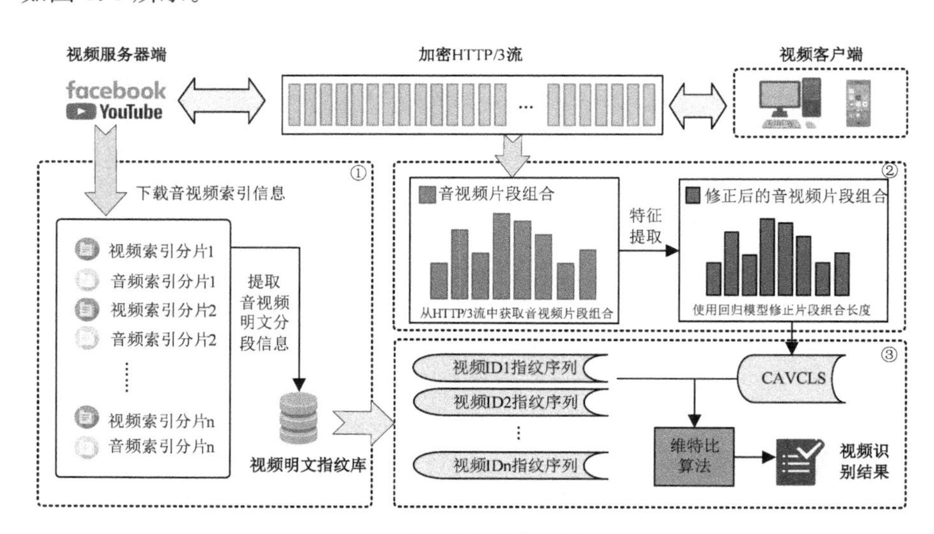

图 3.3　方法总体框架

首先，建立视频明文指纹库。使用带外方式从视频平台服务器中得到音视频片段索引信息，根据索引信息下载对应的音频和视频索引片段，从而

提取视频的明文指纹信息并给出对应的内容标签。

其次，对需要识别的HTTP/3视频流量，分析视频数据并提取音视频片段组合的密文长度特征。由于传输数据中增加了协议头部信息等字段，此时获取的密文长度相较原始视频明文指纹组合要长许多，因此，还需要对密文长度进行修正。

为了使还原后的密文长度逼近原始音视频片段组合长度，本章使用训练数据中提取的音视频片段组合对应的明文指纹组合长度标记训练数据后，结合提取的特征使用机器学习来修正密文长度。

最后，使用修正后的密文长度序列与明文指纹库进行匹配，得到最终识别的视频内容。

3.2.2　从HTTP/3流中提取音视频片段组合长度特征

加密视频的识别是通过还原后得到的应用层音视频片段组合长度特征与指纹库中的视频明文长度进行匹配，因此首先需要从HTTP/3流中提取音视频片段组合的密文长度特征。

HTTP/3采用了多路复用的传输机制，但是多路复用技术的复用和解复用过程也会占用服务器和客户端的资源，所以并非所有的数据都会使用多路复用混杂传输。在视频播放的开始阶段，为了使得客户端能尽快播放画面和声音，视频片段和音频片段会使用多路复用技术混合传输，但是在后续播放阶段，为了节约服务器和客户端的资源，视频数据一般是由音频或视频片段组合随机交替传输。

由于国内视频平台暂未开始大规模使用HTTP/3，本章采用的数据来源为国外主流视频网站YouTube、Facebook和Instagram。

分析YouTube、Facebook和Instagram的视频流量可知，最新的DASH使用了多片段组合传输技术。这些视频平台往往一次性连续请求多个音频和视频片段，服务器响应时会传输这些片段的组合。一般情况下，音频片段会比视频片段小很多。图3.4显示了DASH机制下的音视频传输的一个实例，Vi 表示第 i 个视频片段，Aj 表示第 j 个音频片段。客户端首先请求音频数据和视频数据$\{V1,V2,V3,V4,V5,A1,A2\}$来确保视频可以正常播放，在一段时间后，客户端不再需要同时获取音视频片段，而是根据需要交替请求音视频数据。随着网络状况的波动，客户端会根据网络情况请求不同分辨率的视频片段。

在图 3.4 的视频数据传输过程中，一个请求会得到对应的音视频片段组合响应数据，这些响应数据是由特定的音视频片段组合而成，例如 $\{V9, V10, V11, V12\}$、$\{A6, A7、A8\}$ 等，这些音视频片段组合的传输数据大小就是需要提取的音视频片段组合密文长度特征。本章使用以下三个步骤进行提取。

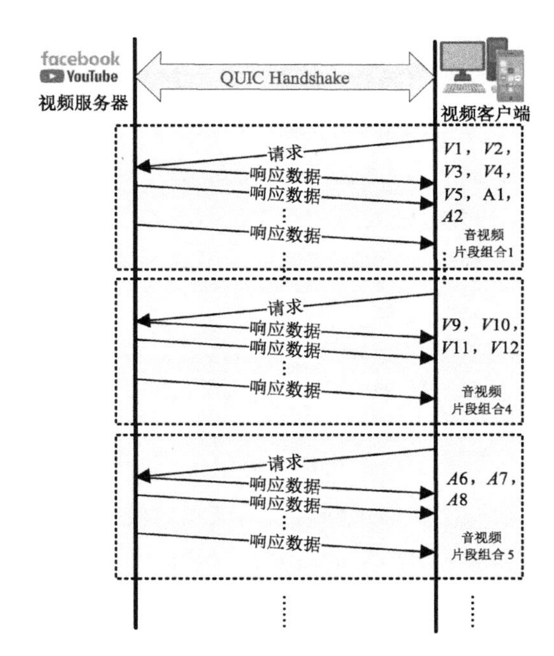

图 3.4　HTTP/3 视频传输过程

（1）在视频客户端与服务器交互的过程中获取加密 HTTP/3 视频流量

根据五元组（源 IP 地址，源端口，目的 IP 地址，目的端口，传输层协议）提取 HTTP/3 双向流，并设置阈值筛选出 HTTP/3 加密视频流量。

（2）从 HTTP/3 视频流中分割出音视频片段组合序列

由图 3.4 可见，客户端请求之间的数据为多个音视频片段的组合，只要识别出请求报文就可以将音视频片段组合作为一个单元分割出。但是在传输中，客户端除了请求，也会发送确认数据，而且数据内容都被加密，难以区分请求和确认报文。因为请求报文包含了请求的应用层音视频片段组合的描述信息，数据内容远多于确认报文，本章使用数据包的长度区分客户端发出的请求和确认报文。根据对 HTTP/3 流的分析，因为要携带请求的目标参数，请求数据包的长度一般为 1 000 B 左右，而确认数据包只有几十字节。根据以上特征，一个音视频片段组合的开始标志可以被认定为客户端向服

务器发送的长度为 1 000 B 左右的数据包。持续接收一段时间后，如果客户端又发送了一个长度为 1 000 B 左右的数据包，这个数据包之前的最后一个响应数据包是这个音视频片段组合的结束。由此可以将 HTTP/3 流中所有组合传输的音视频片段组合分割出。

(3) 从分割出的音视频片段组合序列中提取密文长度特征序列

使用步骤(1)、(2)遍历一个 HTTP/3 视频流，可以分割出多个音视频片段组合单元。对于分割出的每个音视频片段组合单元，将所有响应数据包的 UDP 载荷长度相加得到这个音视频片段组合的密文长度，由此就可以得到该 HTTP/3 视频流的音视频片段组合密文长度特征序列。

需要注意的是，因为音频片段和视频片段会组合在一起加密传输，并且这些组合传输的片段是无法分割出的，因此本章提取的是音视频片段组合而非音视频单个片段的特征。

3.2.3　密文长度特征修正

由于在加密传输过程中加入了传输和加密的控制信息，音视频片段组合传输的密文长度特征与对应的明文指纹组合长度存在偏差，如果不进行长度修正，直接用密文长度序列进行匹配会导致很大的匹配误差。因此从 HTTP/3 视频流中提取的密文长度特征必须进行修正才能还原得到应用层特征，用于视频识别。

3.2.3.1　明文指纹长度与密文长度特征的差异比较

本方法面向真实视频平台，在分析过程中使用目前全球最大的视频平台 YouTube 的数据，另外，本章采集了 Facebook 和 Instagram 的视频数据用于验证方法的通用性。

本章使用 YouTube 的数据对明文指纹组合长度和密文长度特征的差异进行比较。图 3.5 为 YouTube 平台部分音视频片段组合长度分布图，如图 3.5 所示，视频片段组合长度大多集中在 0.834 MB 至 2.522 MB 之间，中位数为 1.695 MB，音频集中在 192.079 KB 至 649.910 KB，中位数为 426.604 KB。但是这些原始片段组合在传输的时候必然加上了控制信息，从密文中提取的音视频片段组合的密文长度会超过原始片段组合长度。

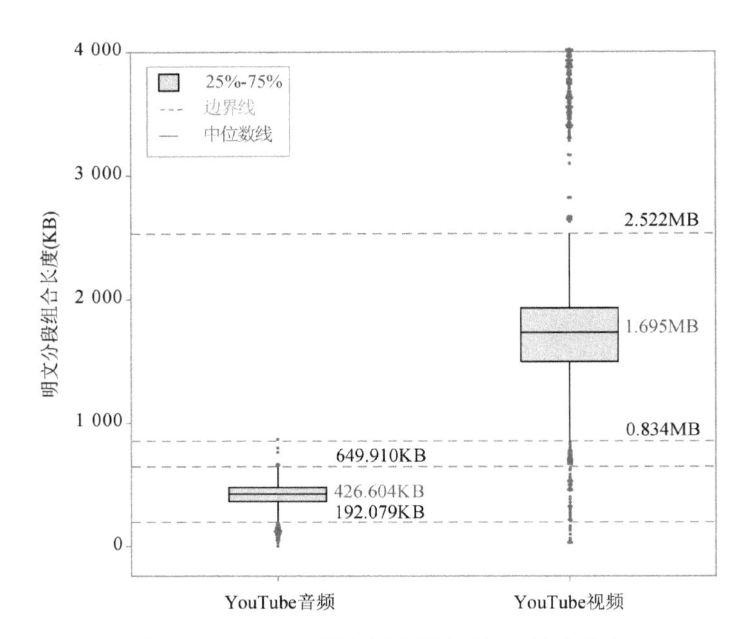

图 3.5　YouTube 原始音视频片段组合长度分布

在提取 YouTube 密文长度序列之后，将其与视频明文指纹库中对应的原始片段组合序列进行对比，计算得到原始音视频片段组合与对应密文的差值，即原始残差如图 3.6 所示。对于 YouTube 平台的视频，视频片段组合部分的原始残差的长度分布集中于 19.007 KB 至 45.470 KB，中位数为 36.521 KB；音频原始残差集中在 4.153 KB 至 14.196 KB，中位数为 9.298 KB。使用 Y_v_Resi 表示视频原始残差中位数，Y_v_Plain 表示相应明文长度中位数，Y_a_Resi 表示音频原始残差中位数，Y_a_Plain 表示相应明文长度中位数。视频片段误差率 Y_v_Resi/Y_v_Plain 约为 2.10%，音频片段误差率 Y_a_Resi/Y_a_Plain 为 2.18%，音频和视频片段的误差率较为相似。

如果不进行修正，从音视频片段组合中提取的密文长度平均会比原始音视频片段组合的长度增加 2.1%左右。当传输分辨率较高的视频片段时，绝对偏差会很大，导致无法在指纹库中准确匹配原始片段组合。因此，需要对从音视频片段组合中提取的密文长度进行修正。

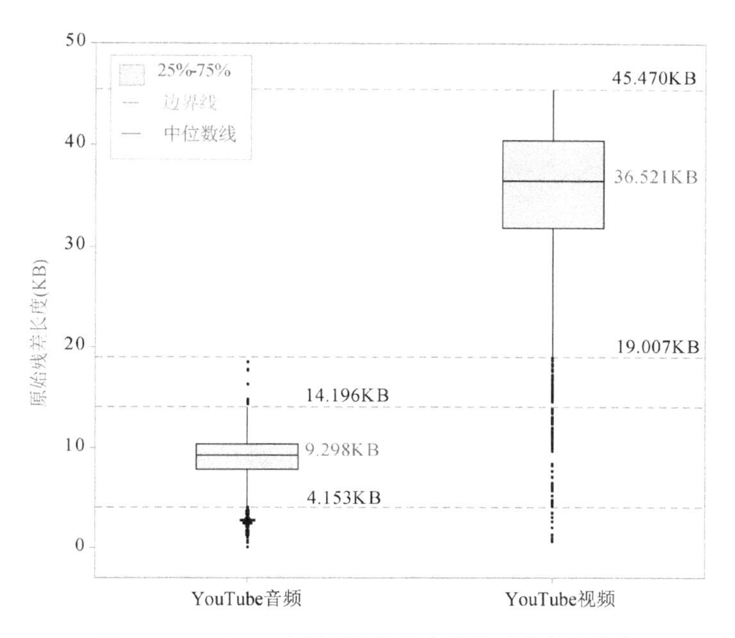

图 3.6　YouTube 音视频片段组合原始残差长度分布

3.2.3.2　基于 HTTP/3 控制信息对密文长度特征的修正

本章首先根据领域知识提取视频传输特征，再使用机器学习对密文长度进行修正。

为了能够对密文长度特征进行修正，必须尽可能将加密传输过程中添加的辅助控制信息长度从密文长度中减去，因此必须对加密传输过程进行分析，确定增加的控制信息长度。

在传输过程中，原始音视频片段组合首先基于 HTTP/3 协议规范切片，每一片加上 HTTP/3 帧头部信息后再次被切片、封装为 Stream 帧，最后被封装、加密为 QUIC 数据包，其中包含的控制信息就是在长度修正过程中需要减去的长度信息。因为这些控制信息是为了加密和传输添加的，每次加密和传输的时候都可能随着网络环境，参数配置等发生变化，只有将这些可变长度从密文长度中减去，才能尽可能准确还原出视频片段组合的明文长度，用于视频的识别。

本章通过分析加密及传输过程增加的控制信息确定需要减去的控制信息长度。如 3.1 节给出的图 3.2 所示，每个 QUIC 数据包、Stream 帧及

HTTP/3 帧的结构相同，需要去除的头部信息长度也大致相同。除了一些固定字节的信息之外，在 QUIC 数据包中，变长信息包括在 QUIC 数据包头部的 Packet Number；在 Stream 帧头部中的 Stream ID、Offset；在 HTTP/3 帧头部中的 Length。下面分别分析 QUIC 数据包头部的 Packet Number，Stream 帧头部中的 Stream ID、Offset，以及在 HTTP/3 帧头部中的 Length 字段占用的字节数：

（1）Packet Number 被 QUIC 用于实现可靠传输。由于 Packet Number 严格递增，只有在一个 QUIC 流中的前面少量数据包中占用 1 B，大部分都是长整型，因此 Packet Number 在绝大部分 QUIC 数据包中占用 2 B；

（2）Stream ID 起到区分 Stream 的作用，最低两位用于标识流发起者和流方向。由于用于传输视频数据的 Stream 的最低两位取值都为 0，因此其 Stream ID 的取值从 4 开始以 4 为倍数递增，前 15 条 Stream 中 Stream ID 为 4 至 60，占用 1 B，后续 Stream 中的 Stream ID 都大于 64，占用 2 B，与前者相差 1；

（3）Offset 表示该 Stream 帧中的载荷在 Stream 中的偏移量，根据实际数据的统计，响应数据包大小大多在 1 000 B 以上，Offset 的取值跨度较大，仅有少量 Offset 字段占用 1 或 2 B，其余占用 4 B；

（4）Length 表示 HTTP/3 帧有效载荷的长度，使用除最高一位的其余位表示长度数据。在本章中 HTTP/3 帧有效载荷作为音视频响应数据量较大，绝大部分占用 4 B，少部分占用 1 或 2 B。

基于上述原理，可以筛选出影响密文长度的重要因素。Packet Number、offset、Length 字段在数据包中占用的字节数较为恒定，在修正时可以不作考虑。而随着视频长度的增加，传输的音视频片段组合超过 15 个后，Stream ID 字段对密文长度的影响也会增大。假设 Stream ID 为 60 的 stream（即第 15 条 stream）中包含 9 295 个数据包，Stream ID 为 64 的 stream（即第 16 条 stream）中包含 10 869 个数据包，前者的 Stream ID 字段在其整个 stream 中共占用 9 295 个字节，后者共占用 21 738 B，若不考虑 Stream ID 字段的影响，将其占用的字节都计为 1，则对于后者来说，修正产生的偏差将会达到 10 869 B。因此，本章将 Stream ID 字段作为修正密文长

度的重要控制信息特征。

服务器发送响应数据时，根据一个 Stream 响应开始的不同，有两种传输情况。第一种情况是先将响应信息与 HTTP/3 HEADER 帧分为两个较小的包传输，然后再传输视频数据的第一个 QUIC 包；第二种情况是将响应信息单独以一个 100 B 左右的 QUIC 包传输，然后将 HTTP/3 HEADER 帧与部分视频数据合并为一个 QUIC 包传输。由于本章是从包含视频数据的第一个 QUIC 包开始累加载荷长度来获取音视频片段组合的密文长度，因此对第一种情况，可以直接从该 Stream 的第三个 QUIC 包开始减去增加的 QUIC 控制信息，而对第二种情况，第二个 QUIC 包中除了 QUIC 头部信息，还需要再减去 HEADER 帧的长度。因此，本章将是否需要减去 HEADER 帧的长度作为第二个控制信息特征。

需要注意的是，部分视频平台如 Facebook 为了模糊音视频片段长度，其传输过程中产生的 QUIC 数据包中还可能存在填充帧，由于填充帧长度不定，因此本章不将其作为长度修正的特征。

为了修正密文长度，还需提取数据包数量和载荷长度这两个数据传输特征。根据以上对 QUIC stream 和数据包中控制信息的分析，本章提取了以下修正时需要考虑到的特征：

(1) $PACKET_{count}$：一条 Stream 中的响应数据包数量。

(2) $STREAM_{len}$：一条 Stream 中的所有数据包 UDP 载荷长度之和。

(3) $STREAM\_ID_{flag}$：Stream ID 取值是否大于等于 64。大于等于 64 取 1，否则取 0。

(4) $MINUS_{flag}$：是否需要减去 HEADER 帧的长度。需要减去取 1，否则取 0。

统计密文长度与视频明文指纹库中对应的明文指纹组合的比值，发现呈线性关系，因此可以使用多元线性回归方法对密文长度进行修正。上述 $PACKET_{count}$、$STREAM_{len}$、$STREAM\_ID_{flag}$、$MINUS_{flag}$ 四个特征被用于产生多元线性回归模型，其中，数据传输特征 $PACKET_{count}$、$STREAM_{len}$ 被作为自变量，对应的明文数据 L_{fit} 作为因变量。当 $STREAM\_ID_{flag}$ 取不同值时，修正公式如下：

$$L_{fit}=\begin{cases}\alpha \cdot STREAM_{len}-\beta \cdot PACKET_{count}-\gamma, \\ \quad STREAM\_ID_{flag}=0 \\ \alpha \cdot (STREAM_{len}-PACKET_{count}) \\ -\beta \cdot PACKET_{count}-\gamma, \\ \quad STREAM\_ID_{flag}=1\end{cases} \qquad \text{公式 3.1}$$

公式 3.1 中，α 表示一个 Stream 的所有数据包中，Stream ID 这个控制字段所占用的长度对密文长度的影响，根据对协议的分析，Stream ID 取值大于等于 64 时，每个数据包中的 Stream ID 会多占用 1 B，因此需要额外减去数据包数量的字节数再做拟合。β 表示 QUIC 数据包头部的 Packet Number、Stream 帧头部的 offset 等存在于每个数据包中的字段对密文长度的影响，由于这些字段长度是相对不变的，因此可以合并使用一个参数。γ 表示 HTTP/3 帧头部中的 Length 等较少出现的字段对密文长度的影响。这三个参数的值通过数据集拟合获得。

接着，对 $MINUS_{flag}$ 取 1 和 0 时根据公式 3.1 分别进行拟合。表 3.1 展示了使用采集的 YouTube 视频流量进行训练后得到的系数值和评估指标，其中，MSE 为均方误差，RMSE 为均方根误差，MAE 为平均绝对误差，这三个指标可以评价数据的变化程度，值越小则说明回归模型具有更高的精确度，$R-squared$ 为拟合度，越接近 1 表示模型拟合度越高。从表中可以看出，当 $MINUS_{flag}=1$ 时，对指纹的修正产生的误差较大。

表 3.1　训练后模型系数及评估指标

类型		YouTube 视频	
		$MINUS_{flag}=0$	$MINUS_{flag}=1$
系数	α	1.000 007	1.000 462
	β	28.016 395	28.627 087
	γ	−22.253 024	37.008 522
评估指标	MSE	21.93	1 530.46
	RMSE	4.68	39.12
	MAE	3.31	35.70
	R-squared	1	1

使用训练后的模型对密文长度序列进行修正后，残差分布如图 3.7 所示。

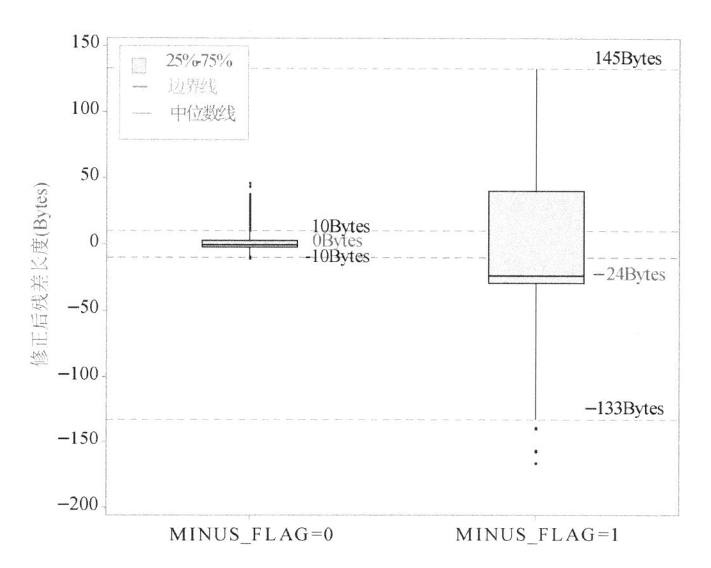

图 3.7 YouTube 音视频片段组合修正后残差长度分布

根据 $MINUS_{flag}$ 的取值，YouTube 平台的密文指纹修正后残差的分布分为两种情况。利用四分位数间距(Inter Quartile Range，IQR)规则可以计算数据集整体的离群值边界，IQR 为上四分位与下四分位的差值，利用 IQR 的 1.5 倍为标准，将残差的范围选定在[下四分位－1.5IQR，上四分位＋1.5IQR]区间内。当 $MINUS_{flag}=0$ 时，该区间为[－10B，10B]，97.82%的数据被认定为修正正确，当 $MINUS_{flag}=1$ 时，该区间为[－133B，145B]，99.36%的数据被认定为修正正确。不在区间范围内的，即被认定为未正确修正的数据，主要由采集环境不够稳定导致丢包而产生的。对指纹进行修正后，当 $MINUS_{flag}=0$ 时，得到视频误差率为 0.000 004 6%，音频误差率为 0.000 111 8%。当 $MINUS_{flag}=1$ 时，得到视频误差率为 0.000 017 1%，音频误差率为 0.005 467 9%，相比原始残差大大降低且几近于 0。

由统计结果可见，经过修正得到的音视频片段组合的密文长度非常接近原始明文指纹组合长度。修正后的密文长度序列将用于视频识别，在后文中，本章将修正后的单个音视频片段组合长度称为 CAVCL(Corrected

Audio/Video Combination Length)，修正后的音视频片段组合长度序列称为 CAVCLS(Corrected Audio/Video Combination Length Serials)。

需要说明的是，上述系数、残差的值等由本章采集的 YouTube 平台数据样本确定，但是方法具有通用性。本章实验部分将使用 Facebook 和 Instagram 平台数据进行方法通用性验证。

3.2.4 指纹匹配和视频识别

在对密文长度特征进行修正之后，将得到的 CAVCLS 与视频明文数据库中的指纹进行对比得到内容标签，对加密视频的识别分为指纹匹配和视频识别两个步骤。指纹匹配指将每个 CAVCL 在明文指纹库中进行匹配，由于 CAVCL 是从密文中还原得到的，存在一定的还原误差，所以在大型指纹库场景中，一个 CAVCL 有可能匹配出多个明文指纹组合，相应地导致 CAVCLS 可能匹配出多个待选的音视频明文指纹组合序列。视频识别指从 CAVCLS 匹配结果组成的待选明文指纹组合序列中找到可能性最大的视频，并输出该视频的内容标签。

3.2.4.1 指纹匹配

指纹匹配首先将 3.2.3 节修正出的单个 CAVCL 按时间顺序组合成 CAVCLS。CAVCLS 主要与 DASH 视频分发机制有关，也会受到视频平台实现机制的影响。本章将 YouTube 这个较早且大规模使用 QUIC 和 HTTP/3 协议的平台作为实例，对它的视频传输机制进行分析。

(1) 数据分发机制：YouTube 在视频播放开始时，因为画面需要同步声音，为了能尽快播放，使用了多路复用技术，存在音视频片段同时传输的现象。在后续视频播放时，客户端连续请求多个视频或者音频片段，这些片段会被组合传输，这时因为已经接收的音视频数据正在播放，为了减少多路复用在服务器和客户端的资源耗费，非必要时，音频和视频片段往往不会混合传输，而是交替分别传输。由于视频服务商并没有公开视频服务的实现细节，因此本章统计了采集到的播放数据，其多路复用情况如图 3.8 所示，其中音频片段所占比例集中在 15%左右，视频片段所占比例集中在 10%左右，后续的大部分音视频片段并不会混合传输。

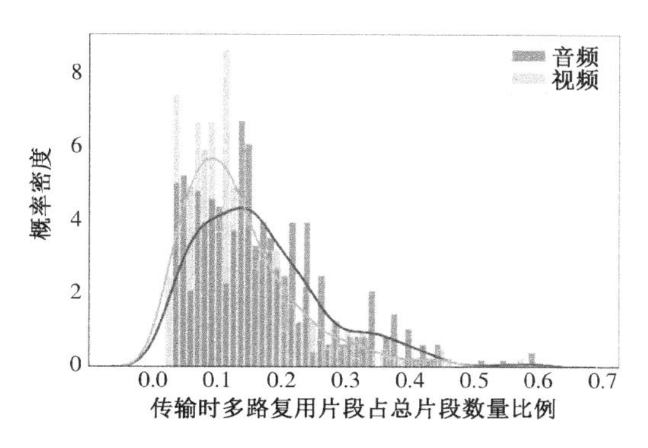

图 3.8　多路复用片段占视频整体传输比例统计

(2) 音视频片段传输特征：如图 3.9 所示，音视频片段在传输时，因为请求音视频片段组合长度的上限阈值为 2 MB，当长度在阈值之上会出现切分后传输的现象，即实际传输过程中，大于 2 MB 的音视频片段组合会分片传输，且最后一个片段组合会小于 2 MB。因此，若 CAVCL 为 2 MB，在匹配时需要加上后续的一个 CAVCL，并以此类推，直到后续的 CAVCL 小于 2 MB 为止。对一个视频传输实例，会有 n 个 CAVCL 构成 CAVCLS。

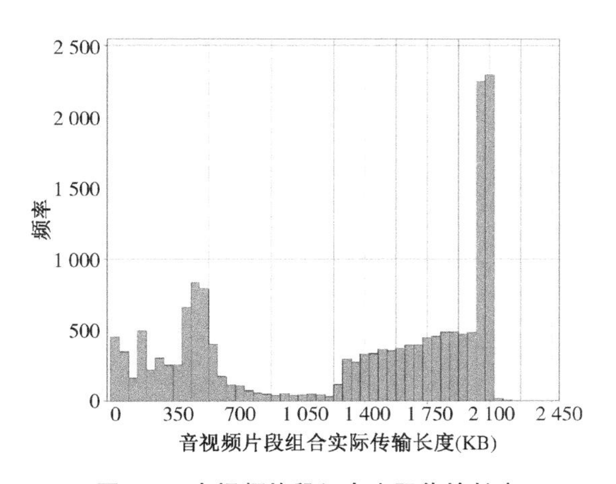

图 3.9　音视频片段组合实际传输长度

根据上述的视频传输机制，对每一个 CAVCL 进行匹配，得到可能产生 CAVCLS 的明文指纹组合序列。匹配方法如图 3.10 所示，以一个待匹配视频 CAVCLS 中的第一个 CAVCL 为例，首先，根据 3.2.3 中图 3.7 所显示的音视频片段组合修正后残差长度分布设定匹配区间为$[m_1, m_2]$，即当$MINUS_{flag}=0$时，在明文指纹库中匹配的区间最小为$[\mathrm{CAVCL}_1-10, \mathrm{CAVCL}_1+10]$，当$MINUS_{flag}=1$时，该区间最小为$[\mathrm{CAVCL}_1-133, \mathrm{CAVCL}_1+145]$，音视频片段组合将基于该区间在指纹库中进行匹配，为了减小误差，可以设置多倍残差范围进行匹配。其次，由于服务器端一次响应多个音视频片段的数据，CAVCL中可能包含一个视频中多个音视频片段组合的长度，因此需要对于明文指纹库中每一个视频实例，分别使用其中的1至8个相邻指纹生成组合指纹库。最后，从组合指纹库中取出组合指纹，通过将CAVCL_1与组合指纹进行匹配筛选出匹配区间范围内的明文指纹组合长度，并记录对应的视频ID(Identity Document)、分辨率信息、匹配区间以及包含的明文序列标号。在组合指纹库中，存在一些音视频片段组合长度非常接近的现象。一个CAVCL可能匹配到若干个组合指纹，将组合指纹及其记录的信息记为fc(fingerprint combination)，如图3.10中，组合指纹1和组合指纹3是CAVCL_1匹配到的第一和第二个fc，分别记为$fc_{1,1}$和$fc_{1,2}$。将CAVCL匹配到的所有组合指纹记为MR(Matching Results)，第n个CAVCL匹配到的所有组合指纹结果记为MR_n：$< fc_{n,1}, fc_{n,2}, \cdots, fc_{n,x} >$ MR_n：$< fc_{n,1}, fc_{n,2}, \cdots, fc_{n,x} >$ MR_n：$< fc_{n,1}, fc_{n,2}, \cdots, fc_{n,x} >$，$x$为$\mathrm{CAVCL}_n$匹配到的所有$fc$数量。

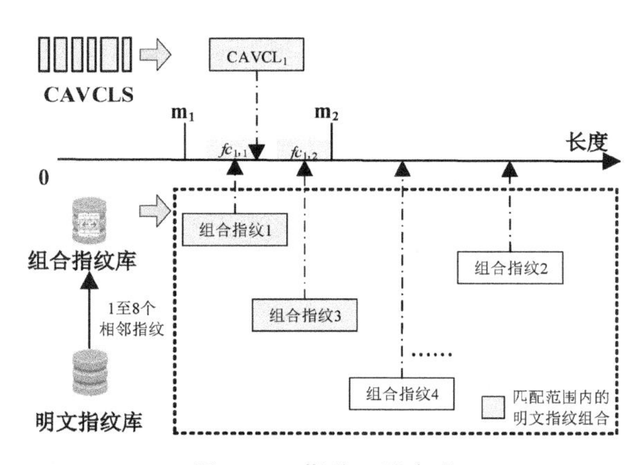

图3.10　指纹匹配方法

对整个CAVCLS进行上述操作后，得到匹配结果{MR_1：$< fc_{1,1}$，

$fc_{1,2}$，…，$fc_{1,k}$ >，MR_2：<$fc_{2,1}$，$fc_{2,2}$，…，$fc_{2,l}$ >，…，MR_n：<$fc_{n,1}$，$fc_{n,2}$，…，$fc_{n,x}$ >}，其中 k、l、x 分别为匹配到的不同 fc 数量，n 为 CAVCLS 的长度。

对于指纹匹配中使用的组合指纹库，由于视频平台将多个音视频片段合并传输，成倍增大了待匹配明文指纹组合的规模，大大增加了整体的计算量和匹配时间，因此为了加快匹配速度，本章使用了键值数据库，将数据存储在内存中用于快速读写。键值数据库是一种基于键值对存储数据的数据库系统。它以键和值的形式存储数据，其中键是唯一的标识符，值则是与该键相关联的数据。如图 3.11 所示，首先，计算出所有可能的组合长度，并建立一个键值数据库，其中每个键对应一个组合长度。然后，对于每个键，将长度等于该键的所有组合对应的信息(例如视频 ID、分辨率、组合片段等)存储在该键的值中。这样，当需要匹配某个组合时，只需要从数据库中查找对应长度的键值，即可快速获取该组合的信息。除此之外，本章使用多数据库并行方法进一步减少匹配时间。

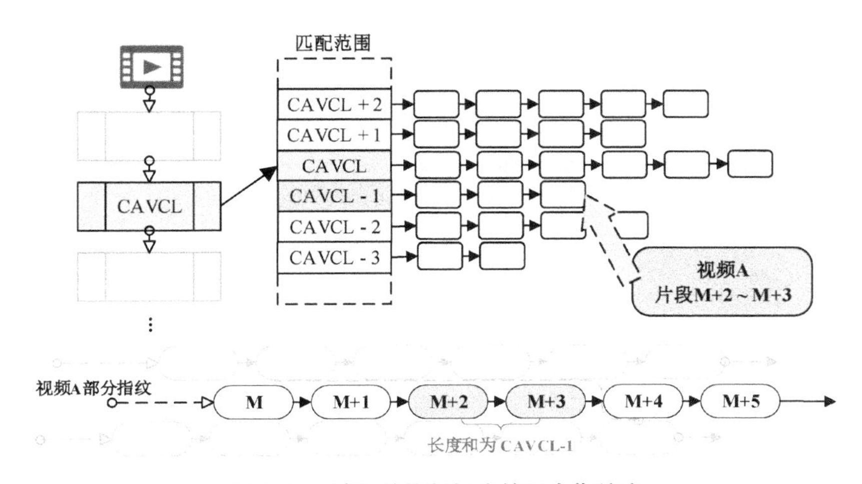

图 3.11　基于键值数据库的组合指纹库

3.2.4.2　视频识别

在进行初步的匹配后，一个 CAVCL 可能会得到多个匹配结果，因此在进行视频识别时，需要筛选出每个 CAVCL 对应的最有可能的 fc。本章需要将 CAVCLS 与明文指纹库中所有的明文指纹组合序列进行匹配计算得到可能性最大的视频内容标题，实际上这是一种序列相似度的计算。目前已有的方法主要包括编辑距离算法、最长公共子序列算法、动态时间规整算法以及隐马尔可夫模型。

本章在选择视频识别模型时考虑了多种因素，例如时间和空间复杂度，实时分析的需求等。相比其他序列对比算法，隐马尔可夫模型（Hidden Markov Model，HMM）的解码问题与本章的应用场景类似，其通过建立隐含状态转移概率矩阵和观测状态转移概率矩阵，可以处理序列中的间隔和插入缺失等问题，由于将序列的对比问题转化为了概率计算问题，因此避免了动态规划中计算量的增长问题，适合于比对长度较长的序列，并且可以通过并行计算和分布式计算进行加速。因此，本章使用 HMM 描述视频识别模型，并使用求解解码问题的常用算法维特比算法[1]计算得到一个最有可能的 fc 序列。

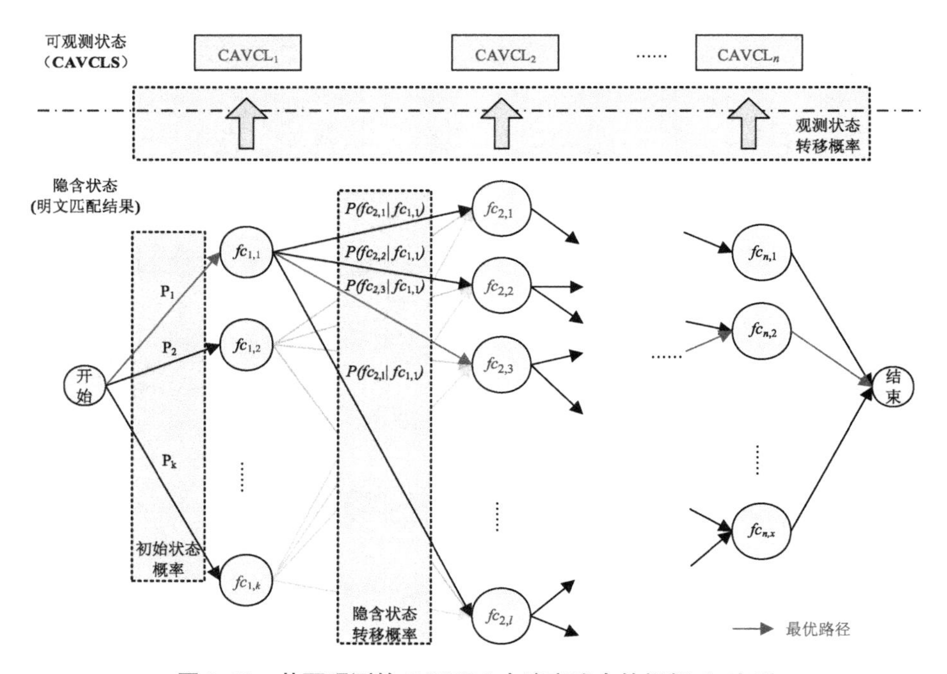

图 3.12　从可观测的 CAVCLS 中确定隐含的视频 fc 序列

本章中，HMM 作为一种统计模型，用于描述视频传输时实际视频明文指纹组合序列随机产生 CAVCLS 的过程。HMM 可以使用 5 个元素进行描

述，包括 2 个状态集合和 3 个概率矩阵。其概念及在本章的应用场景中的含义如下：

(1) 隐含状态 S：无法被直接观测的隐含状态。在本章中指视频 fc，在经过初步的匹配后，可以使用 CAVCLS 的明文匹配结果 $MR\{MR_1: < fc_{1,1}, fc_{1,2}, \cdots, fc_{1,k} >, MR_2: < fc_{2,1}, fc_{2,2}, \cdots, fc_{2,l} >, \cdots, MR_n: < fc_{n,1}, fc_{n,2}, \cdots, fc_{n,x} >\}$ 将 S 范围缩小。

(2) 可观测状态 O：与 S 相关联，且可以直接观测得到的状态。在本章中指对密文序列进行修正后的 $CAVCLS\{CAVCL_1, CAVCL_2, \cdots, CAVCL_n\}$。

(3) 初始状态概率矩阵 π：代表 S 在初始时刻的概率矩阵。在本章中指开始进行视频识别时，首个可用于识别的 CAVCL 对应各个匹配结果的概率，即对于 $CAVCLS_1$，若 $\{P(fc_{1,1})=P_1, P(fc_{1,2})=P_2, \cdots, P(fc_{1,k})=P_k\}$，则 $\pi=\{P_1, P_2, \cdots, P_k\}$。

(4) 隐含状态转移概率矩阵 A：代表 S 之间的转移概率。在本章中指 fc 之间的转移概率。若 $A_{ij}=P(fc_{y,j} \mid fc_{x,i})$，其中 $1 \leqslant x < y \leqslant n$，$1 \leqslant i \leqslant len(MR_x)$，$1 \leqslant j \leqslant len(MR_y)$，则表示当 fc 为 $fc_{x,i}$ 时，接下来是 $fc_{y,j}$ 的概率是 A_{ij}。

(5) 观测状态转移概率矩阵 B：设 S 数量为 n，O 数量为 m，B 代表在该时刻，隐含状态为 $S_i(1 \leqslant i \leqslant n)$ 时，观测状态为 $O_j(1 \leqslant j \leqslant m)$ 的概率。在本章中指各 fc 对应当前 CAVCL 的概率。若 $B_{ij}=P(CAVCL_j \mid fc_{j,i})$，其中 $1 \leqslant i \leqslant len(MR_j)$，$1 \leqslant j \leqslant n$，则表示当前时刻，当 fc 为 $fc_{j,i}$ 时，对应的 CAVCL 是 $CAVCL_j$ 的概率为 B_{ij}。

将每个可观测状态的隐含状态展开得到如图 3.12 所示的篱笆网络。在该 HMM 中，圈表示每个 CAVCL 的匹配结果 fc，每条边表示一个可能的状态转换，开始到 $CAVCL_1$ 匹配结果的边值是初始状态概率，fc 之间的边值是隐含状态转移概率，各个 CAVCL 的匹配结果与该 CAVCL 之间的箭头代表观测状态转移概率。例如，状态 $fc_{1,1}$ 到 $fc_{2,1}$ 边上的取值为 $P(fc_{2,1} \mid fc_{1,1})$，表示 $CAVCL_1$ 的匹配结果是 $fc_{1,1}$ 时，转移到 $CAVCL_2$ 的匹配结果 $fc_{2,1}$ 的概率为 $P(fc_{2,1} \mid fc_{1,1})$。

已知可观测的CAVCLS，该CAVCLS进行指纹匹配后得到的结果MR和模型参数(A, B, π)，视频内容的识别是通过计算最大的匹配概率进而选出最有可能产生该CAVCLS的隐藏fc序列实现的。由于穷举搜索计算效率非常低，本章使用维特比算法来解决上述问题。

维特比算法被用来解决HMM中的解码问题，即用动态规划求解概率最大的路径——最优路径。维特比算法的核心主要有两点，首先，如果路径是最优的，那么路径上的结点到终点的部分路径也是最优的；其次，假设已知从起点到某个状态的所有结点的最短路径，那么从起点到终点的最短路径必经过其中一条。根据以上两点，假设从$CAVCL_i$进入$CAVCL_{i+1}$时，从起点到$CAVCL_i$的各个匹配结果的最大概率fc序列已经找到，并且已被记录，那么当计算从起点到$CAVCL_{i+1}$的某个匹配结果$fc_{1,1}$的最大概率fc序列时，只要考虑从起点到$CAVCL_i$所有匹配结果的最大概率fc序列，以及$CAVCL_i$所有匹配结果转移到$fc_{1,1}$的概率。

在已知可观测的CAVCLS$\{CAVCL_1, CAVCL_2, \cdots, CAVCL_n\}$、该CAVCLS的匹配结果MR$\{MR_1: \langle fc_{1,1}, fc_{1,2}, \cdots, fc_{1,k}\rangle, MR_2: \langle fc_{2,1}, fc_{2,2}, \cdots, fc_{2,1}\rangle, \cdots, MR_n: \langle fc_{n,1}, fc_{n,2}, \cdots, fc_{n,x}\rangle\}$和模型参数$(A, B, \pi)$已知的情况下，本章需要寻找一条$fc$序列$\{f_1, f_2, \cdots, f_n\}$，使得其在传输过程中产生的HTTP/3视频流的CAVCLS为$\{CAVCL_1, CAVCL_2, \cdots, CAVCL_n\}$的概率最大，为了使得公式表达更简洁，以下使用$F$代替CAVCL。

$\delta_t(f)$表示在第t个CAVCL时，即时刻t，对应隐含状态为f的概率最大值。计算公式如下：

$$\delta_t(f) = \max P(f_t = f, f_{t-1}, \cdots, f_1, F_t, \cdots, F_1 \mid (A, B, \pi)),$$
$$f = fc_{t,1}, fc_{t,2}, \cdots, fc_{t,N} \qquad \text{公式 3.2}$$

以此类推：

$$\delta_{t+1}(f) = \max P(f_{t+1} = f, f_t, \cdots, f_1, F_{t+1}, \cdots, F_1 \mid (A, B, \pi)),$$
$$f = fc_{t+1,1}, fc_{t+1,2}, \cdots, fc_{t+1,N} \qquad \text{公式 3.3}$$

其中N为该时刻对应的MR的长度。

根据 HMM，$\delta_{t+1}(f)$ 和 $\delta_t(f)$ 之间的递推关系如下：

$$
\begin{aligned}
\delta_{t+1}(f) &= \max P(f_{t+1}=f,\ f_t=j,\ f_{t-1},\ \cdots,\ f_1,\ F_t,\ \cdots,\ F_1) \\
&\quad \cdot P(F_{t+1} \mid f_{t+1}=f) \\
&= \max(\max_{f_1,f_2,\cdots,f_{t-1}} P(f_t=j,\ f_{t-1},\ \cdots,\ f_1,\ F_t,\ \cdots,\ F_1)) \\
&\quad \cdot P(f_{t+1}=f \mid f_t=j) \cdot P(F_{t+1} \mid f_{t+1}=f) \\
&= \max(\delta_t(j) A_{jf} B_{fF_{t+1}}),
\end{aligned}
$$

$$j = fc_{t,1},\ fc_{t,2},\ \cdots,\ fc_{t,N},$$

$$f = fc_{t+1,1},\ fc_{t+1,2},\ \cdots,\ fc_{t+1,N} \qquad \text{公式 3.4}$$

$\Psi_{t+1}(f)$ 表示在时刻 $t+1$，隐含状态为 f 时，概率最大的路径的第 t 个结点。计算公式如下：

$$\Psi_{t+1}(f) = \operatorname{argmax}(\delta_t(j) A_{jf}),$$

$$j = fc_{t,1},\ fc_{t,2},\ \cdots,\ fc_{t,N},\ f = fc_{t+1,1},\ fc_{t+1,2},\ \cdots,\ fc_{t+1,N}$$

公式 3.5

根据上述公式，维特比算法确定最大概率路径的过程如下：

(1) 计算 $t=1$ 时刻的局部状态：

$$\delta_1(f) = \pi_f B_{fF_1} \qquad \text{公式 3.6}$$

$$\Psi_1(f) = 0 \qquad \text{公式 3.7}$$

(2) 动态规划递推 $t=2,\ 3,\ \cdots,\ n$ 时刻的局部状态：

$$\delta_t(f) = \max(\delta_{t-1}(j) A_{jf} B_{fF_t}) \qquad \text{公式 3.8}$$

$$\Psi_t(f) = \operatorname{argmax}(\delta_{t-1}(j) A_{jf}) \qquad \text{公式 3.9}$$

(3) 计算 $t=n$ 时刻最大的 $\delta_n(f)$ 和 $\Psi_n(f)$，即为 $t=n$ 时刻最大的 fc 序列概率取值及 fc：

$$P_{\max} = \max(\delta_n(f)) \qquad \text{公式 3.10}$$

$$f_{n_{\max}} = \operatorname{argmax}(\delta_n(f)) \qquad \text{公式 3.11}$$

(4) 递推 fc 序列,对于 $t=n-1, n-2, \cdots, 1$:

$$f_{t_{\max}}=\Psi_{t+1}(f_{t+1_{\max}}) \quad \text{公式 3.12}$$

最终得到最有可能的 fc 序列 $\{f_1, f_2, \cdots, f_n\}$。其中本章规定的初始状态概率矩阵 π,隐含状态转移概率矩阵 A 及观测状态转移概率矩阵 B 的取值如表 3.2、表 3.3 所示。

其中,表 3.2 基于 3.2.3.2 节确定的离群值边界,初步参考对应的修正数据比例作为初始状态概率矩阵及观测状态转移概率矩阵的概率取值。然后,为了确保概率矩阵可以使用于更为复杂的网络环境中,本章将离群值边界扩展到 2 倍以及 4 倍以便涵盖更多的数据。随着边界的扩大,原有的数据中被视为离群值的数据点可能被重新归类为正常值。同时,由于边界的扩大可能会引入更多的噪声,本章相应地调整了概率矩阵的取值,以保证模型的泛化能力和适应性,从而使模型在不同的环境中仍然有效。

为了得到隐含状态转移概率矩阵,本章在 YouTube 平台模拟真实场景中的用户播放行为,得到以下四种视频片段跳转情况的比例:

- 连续的相同分辨率视频片段跳转;
- 非连续的相同分辨率视频片段跳转;
- 连续的不同分辨率视频片段跳转;
- 非连续的不同分辨率视频片段跳转。

此外,根据古德-图灵估计,对于出现次数非常少的情况,把一部分看得见的事件的概率匀给未看见的事件。本章为播放时跳转到不同视频的四种未现事件各分配了小概率 0.1%,最终得到概率矩阵如表 3.3 所示。

表 3.2 初始状态概率矩阵 π 及观测状态转移概率矩阵 B 设定

CAVCL 取值范围		概率
$MINUS_{flag}=0$	$MINUS_{flag}=1$	
[CAVCL−10, CAVCL+10]	[CAVCL−133, CAVCL+145]	0.80
[CAVCL−20, CAVCL+20]	[CAVCL−266, CAVCL+290]	0.15
[CAVCL−40, CAVCL+40]	[CAVCL−532, CAVCL+580]	0.05

表 3.3　隐含状态转移概率矩阵 A 设定

<table>
<tr><th colspan="2">视频 ID</th><th colspan="2">分辨率</th><th rowspan="2">是否为连续片段</th><th rowspan="2">概率</th></tr>
<tr><th>相同</th><th>不同</th><th>相同</th><th>不同</th></tr>
<tr><td rowspan="2">√</td><td rowspan="2">×</td><td rowspan="2">√</td><td rowspan="2">×</td><td>√</td><td>0.800</td></tr>
<tr><td>×</td><td>0.156</td></tr>
<tr><td rowspan="2">×</td><td rowspan="2">√</td><td rowspan="2">√</td><td rowspan="2">×</td><td>√</td><td>0.001</td></tr>
<tr><td>×</td><td>0.001</td></tr>
<tr><td rowspan="2">√</td><td rowspan="2">×</td><td rowspan="2">×</td><td rowspan="2">√</td><td>√</td><td>0.030</td></tr>
<tr><td>×</td><td>0.010</td></tr>
<tr><td rowspan="2">×</td><td rowspan="2">√</td><td rowspan="2">×</td><td rowspan="2">√</td><td>√</td><td>0.001</td></tr>
<tr><td>×</td><td>0.001</td></tr>
</table>

一个视频 CAVCL 往往会匹配产生多个结果，若在寻找最大可能的 fc 序列时将所有匹配结果都纳入搜索范围，在视频识别时将耗费大量时间，因此，本章采取快速匹配方法。即将可获取到的 CAVCLS 的前 σ 个 CAVCL 进行全部匹配，将得到所有 fc 构成匹配结果库，若在其匹配结果库中没有出现该视频 ID 对应的连续明文指纹组合，则放弃该视频 ID，去除匹配结果库中的无用视频明文，其余 CAVCL 在该局部明文指纹库其中进行匹配。最后，更新 CAVCLS 的匹配结果以计算最优路径，从而获得视频内容识别结果。

3.3 实验环境与数据

3.3.1 实验环境

本章使用自动化采集方法采集了加密视频流和视频明文指纹库，采集环境如图 3.13 所示。

视频播放数据采集的工作在美国洛杉矶进行。对于 HTTP/3 加密视频

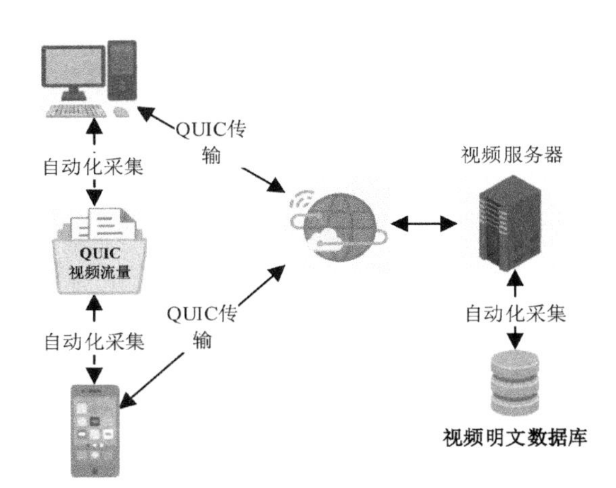

图 3.13　数据采集环境

流,设备通过 Wi－Fi 连接到 Internet,播放视频的同时抓取视频传输流量包。由于需要大量 HTTP/3 视频的传输流量,本章使用自动化工具 UIBOT[2]采集流量包:

(1) 使用自动化程序在视频网站获取大量视频标题及对应网址并储存。

(2) UIBOT 操纵设备依次打开视频网址播放视频并记录对应分辨率及视频 ID。对于 PC(Personal Computer),使用 Wireshark 抓取视频流量;对于手机,使用 tcpdump 抓取视频流量。

对于 YouTube 视频明文数据,从服务器发送的响应 JSON(JavaScript Object Notation)文件中可以获取音视频索引信息。由于只有在客户端获得索引信息的情况下,才能实现 DASH 技术的动态自适应播放功能,因此索引信息可以稳定获得。为了快速获取索引信息,本文编者编写了自动化程序进行批量采集,具体方法如下:

(1) 在视频网站爬取使用不同关键字搜索到的视频 JSON 文件。

(2) 在 JSON 文件中提取索引片段在整个音视频中的所在范围,并根据该范围下载音视频索引片段。

(3) 从片段中提取索引信息以获得音视频明文指纹信息,从而建立视频明文指纹数据库。

本章采用的明文指纹库构建方法成本较低,便于推广和扩展。由于音

视频索引片段的数据量较小，且使用了自动化采集程序实现指纹库的构建，因此所需的存储空间以及耗费的时间都较少。本章采集的 YouTube 视频大型明文指纹库中包含约 36 万条明文指纹序列，只需要 347 MB 的存储空间，且在一天内即可完成。另外使用类似方法构建 Facebook 和 Instagram 指纹库。

3.3.2 明文指纹数据库

已有的使用密文指纹库的视频识别研究[3-5]多基于小型视频指纹库进行方法验证。指纹库较小时，发生误判的可能性要远小于在大型数据库的可能性。但是，在主干网监管的场景下，对视频识别需要在大型的指纹库中进行，虽然已有基于明文指纹库的方法[6-7]可以做到在大型指纹库中的识别达到较好的效果，但是其仅针对使用 HTTP/1.1 传输的 DASH 视频。目前，没有方法说明其可以在十万级以上的指纹库中识别使用 HTTP/3 传输的 DASH 视频。综上所述，使用大型指纹库可以真实地反映本方法的实用性。

本章分别采集构建了小型和大型明文指纹库。其中，小型 YouTube 明文指纹库包含 6 000 条真实指纹序列，小型 Facebook 明文指纹库包含 2 111 条真实指纹序列。为了验证本章方法在大型指纹库中的可用性，本研究分别采集了 362 502 条 YouTube 明文指纹序列和 283 895 条 Facebook 明文指纹序列，并构建了大型 YouTube 和 Facebook 明文指纹库。除此之外，本章构建了包含 74 342 个明文指纹序列的 Instagram 大型指纹库，用于方法通用性的验证。目前为止，本章构建的视频指纹库是已知研究中规模最大的。

3.3.3 加密视频流量

为了验证本章方法的可行性，本研究播放了 YouTube、Facebook 和 Instagram 三个视频平台上的视频。具体数据如下：

YouTube：播放了 2 850 次视频，时长在 1 分钟至 10 分钟之间；

Facebook：播放了 390 次视频，时长在 1 分钟至 10 分钟之间；

Instagram：播放了 243 次视频，时长在 1 分钟至 2 分钟之间。

以上总计播放了 3 483 次视频，时长总长约 16 565 分钟。

对于视频播放时传输的加密传输数据，本研究提取其中的修正音视频片段组合长度作为待识别的CAVCL，对YouTube平台共提取了84 715个CAVCL，对Facebook平台共提取了18 741个CAVCL，对Instagram平台，共提取了6 470个CAVCL。

本研究使用的实验数据总体描述见表3.4。

表3.4　视频数据来源与数量

视频明文指纹库	明文指纹库中的指纹数量	播放的加密视频数量	提取的CAVCL数量
YouTube小型指纹库	6 000	2 850	84 715
YouTube大型指纹库	362 502		
Facebook小型指纹库	2 111	390	18 741
Facebook大型指纹库	283 895		
Instagram大型指纹库	74 342	243	6 470

3.3.4　结果评估测度

本研究使用准确率 *Accuracy*、精确率 *Precision*、召回率 *Recall* 以及F1得分 *F1-score* 四个测度对识别结果进行了评估。*Accuracy*、*Precision*、*Recall* 的计算依赖于四种结果真阳样本数 *TP*(True Positive)、真阴样本数 *TN*(True Negative)、假阳样本数 *FP*(False Positive)、假阴样本数 *FN*(False Negative)。在本研究中，对于精确率和召回率，每个类别都需要单独计算，并使用加权平均方法计算总精确率和总召回率，总准确率被定义为分类正确的样本数与总样本数的比值。

对于每个类别，测度的计算公式如下：

$$Precision = \frac{TP}{TP + FP} \qquad \text{公式 3.13}$$

$$Recall = \frac{TP}{TP + FN} \qquad \text{公式 3.14}$$

$$F1\text{-}score = 2 \cdot \frac{Precision \cdot Recall}{Precision + Recall} \qquad \text{公式 3.15}$$

准确率、精确率和召回率需要联合使用才能全面评估算法的可用性。F1 得分被定义为精确率和召回率的调和平均数，同时兼顾了分类的精确率和召回率。

3.4 实验结果与分析

本研究首先验证了音视频长度序列作为视频指纹可以唯一确定视频内容的可行性，其次，对本章方法分别在各视频平台小型指纹库及大型指纹库中进行了实验验证，最后，将本章方法与类似的工作进行比较分析。在实验中，对于快速匹配方法中 CAVCLS 需进行全部匹配的前 σ 个 CAVCL，本研究设置了不同的 σ 取值，并在不同的匹配阈值下进行识别，对得到的准确率、精确率、召回率、F1 得分四个测度进行评估。

3.4.1　音视频长度序列唯一性验证

本方法使用的视频指纹为音视频长度序列，使用音视频长度序列可唯一确定视频内容是本章视频识别的基础。以下将对音视频长度序列的唯一性进行验证。

当不同的视频具有相同的音视频长度序列的可能性接近 0，就可以认为使用音频长度序列可以唯一确定视频的内容。本研究使用实际采集的 YouTube 大型指纹库中明文指纹相等的概率，来计算不同视频音视频长度序列相同的概率。

本研究选取包含游戏、音乐、影视、科技等方面的多个关键词，并利用这些关键词随机选取部分视频构建视频明文指纹库。根据统计学知识，对整体进行随机抽样，当样本容量足够大的时候，就可以保证样本具有代表性和独立性，从而能够准确反映总体的特征。明文指纹库中包含 362 502 个视频的约 34 996 035 个音视频片段，这些片段长度的概率密度函数(Probability Density Function，PDF)如图 3.14 所示。从图 3.14 可知，任意两个音视频片段相等的概率最高不超过 1×10^{-6}。

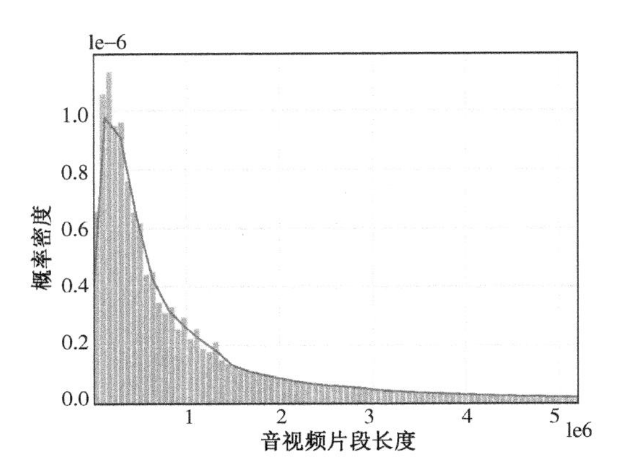

图 3.14　YouTube 数据集音视频片段长度的概率密度函数

两个音视频片段长度序列相同是指组成序列的片段长度都相等，这个概率为对应位置的两个片段长度相等的概率之积。图 3.15 展示了从 YouTube 平台的加密视频流量数据提取出的 CAVCLS 中包含的 CAVCL 数量的概率分布，视频的时长大多在 1 分钟至 10 分钟之间。可以看出，CAVCLS 中包含的 CAVCL 数量在 20 个至 30 个之间，其中，CAVCL 中一般包含 1 至 8 个音视频片段。即使取分段长度相同的最高概率 1×10^{-6}，并且假设 CAVCL 中仅包含 1 个音视频片段，对于包含 20 个 CAVCL 的视频来说，视频之间指纹序列完全相同的概率也仅为$(1\times10^{-6})^{20}$。对于时长更长的视频，其中包含的音视频片段只会更多，因此视频指纹序列相同的概率

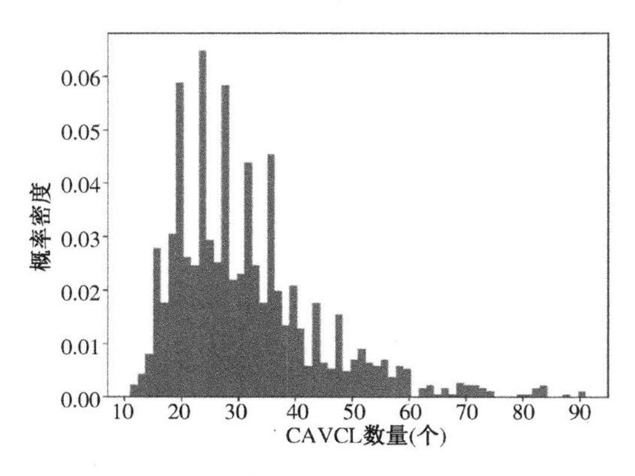

图 3.15　YouTube 平台 CAVCLS 中包含的 CAVCL 数量

会更低，接近于 0。

根据上述计算结果，不同视频具有相同音视频长度序列的可能性接近 0，因此，使用音视频长度序列作为指纹唯一确定视频内容是可行的。

3.4.2　小型指纹库中的实验结果与分析

为了降低全部匹配带来的过长识别时间，本研究采用了快速匹配方法。将可获取到的 CAVCLS 的前 σ 个 CAVCL 进行全部匹配，并将剩余的 CAVCL 进行局部匹配。本研究首先需要确定 σ 的大致取值，因此需要对单个视频所包含的 CAVCL 数量分布进行统计。

从图 3.15 中可以看出，大部分视频传输所产生的 CAVCL 数量在 20 个至 30 个之间，因此，对于 YouTube，本方法根据 CAVCL 数量的三分之一至二分之一大小分别设置 σ 的取值为 10、11、12、13、14、15 进行实验，并与对所有 CAVCLS 使用全匹配的识别结果作为对比。

首先在包含真实指纹的小型指纹库中进行实验验证。对于 YouTube 平台，在 σ 分别取 10、11、12、13、14、15 的情况下，设置最小匹配区间 MI (Matching Interval)分别为：

$MI_1(MINUS_{flag}=0$：$[CAVCL-10, CAVCL+10]$，

$MINUS_{flag}=1$：$[CAVCL-133, CAVCL+145])$；

$MI_2(MINUS_{flag}=0$：$[CAVCL-20, CAVCL+20]$，

$MINUS_{flag}=1$：$[CAVCL-266, CAVCL+290])$；

$MI_3(MINUS_{flag}=0$：$[CAVCL-40, CAVCL+40]$，

$MINUS_{flag}=1$：$[CAVCL-532, CAVCL+580])$。

使用不同的 CAVCL 数量，以及设置了不同的匹配范围后，在小型的 YouTube 指纹库中进行视频识别，结果如表 3.5 所示。

表 3.5　YouTube 小型指纹库中不同 MI 和 σ 对应的结果

σ	匹配范围	准确率	精确率	召回率	F1 得分
10	MI_1	0.947 5	0.979 5	0.947 5	0.947 4
	MI_2	0.958 3	0.986 2	0.958 3	0.959 5
	MI_3	0.961 3	0.987 2	0.961 3	0.962 7

（续表）

σ	匹配范围	准确率	精确率	召回率	F1 得分
11	MI_1	0.969 9	0.988 0	0.969 9	0.969 6
	MI_2	0.974 3	0.991 9	0.974 3	0.976 1
	MI_3	0.972 5	0.991 3	0.972 5	0.975 0
12	MI_1	0.980 3	0.991 5	0.980 3	0.980 9
	MI_2	0.981 8	0.993 6	0.981 8	0.983 6
	MI_3	0.978 8	0.991 4	0.978 8	0.980 6
13	MI_1	0.986 2	0.994 8	0.986 2	0.987 3
	MI_2	0.985 5	0.994 7	0.985 5	0.986 9
	MI_3	0.982 1	0.993 6	0.982 1	0.984 4
14	MI_1	0.988 5	0.995 5	0.988 5	0.989 8
	MI_2	0.988 1	0.995 9	0.988 1	0.989 9
	MI_3	0.984 4	0.994 6	0.984 4	0.987 0
15	MI_1	0.992 9	0.996 9	0.992 9	0.994 1
	MI_2	0.991 8	0.998 1	0.991 8	0.994 3
	MI_3	0.987 7	0.995 4	0.987 7	0.990 5
全部匹配	MI_1	0.996 3	0.999 1	0.996 3	0.997 5
	MI_2	0.993 7	0.999 4	0.993 7	0.996 2
	MI_3	0.988 8	0.996 1	0.988 8	0.991 5

表 3.5 展示了 YouTube 对应的小型明文指纹库中的视频识别结果。使用 F1 得分作为识别结果好坏的主要标准，从表 3.5 中可以看出，不同的 σ 取值下所取得最好结果的匹配范围不唯一，大多数情况下会在范围为 MI_2 时取得最佳的综合结果；对于同一个匹配范围，σ 的取值越大 F1 得分越高，这是因为当播放分辨率固定时，匹配的 CAVCL 越多，识别结果越准。使用快速匹配的方法所得到的综合效果中最好的 F1 得分仅比对 CAVCLS 进行全匹配低 0.32%，且精确率达到了 99.81%，这说明仅对 CAVCLS 进行部分全部匹配，也可以得到非常准确的结果。

表 3.5 中可见最好的快速匹配时的 F1 得分是在 σ 为 15，匹配范围为 MI_2 时取得的，为 99.43%，此时视频识别的准确率、召回率和精确率都超过

了 99%。

与 YouTube 平台类似，对于 Facebook 采用同样的原理设置实验。分别设置 σ 的取值为 15、16、17、18 进行实验，并取对所有 CAVCLS 使用全匹配的识别结果作为对比。由于 Facebook 平台不存在 $MINUS_{flag}=1$ 的情况，因此设置最小匹配区间分别为：

$MI_1([CAVCL-180, CAVCL+179])$；

$MI_2([CAVCL-360, CAVCL+358])$；

$MI_3([CAVCL-720, CAVCL+716])$。

Facebook 为了混淆音视频片段组合在传输过程中的大小信息，在流量中采用了填充帧，导致 Facebook 平台的密文长度还原具有更强的不确定性，因此其匹配区间较 YouTube 更大。

考虑到篇幅限制，后续针对不同平台的实验结果只展示每个 σ 值在三种匹配范围中获取最高 F1 得分的一项作为最佳识别结果。

表 3.6 展示了对于不同的 σ，使用 $MI_1 \sim MI_3$ 这三个匹配范围在小型 Facebook 明文指纹库中进行测试后，所得到的最佳匹配范围及对应的识别结果。可以看到，由于加密流量中填充帧的存在，整体的识别综合结果较 YouTube 平台略低。在 σ 为 17，匹配范围为 MI_1 时，快速匹配 F1 得分最高为 97.29%，仅比全匹配低 0.15%。

表 3.6　Facebook 小型指纹库中不同 σ 对应的最佳识别结果

σ	匹配范围	准确率	精确率	召回率	F1 得分
15	MI2	0.960 5	0.992 1	0.960 5	0.968 3
16	MI2	0.963 2	0.992 1	0.963 2	0.969 9
17	MI1	0.965 8	0.994 9	0.965 8	0.972 9
18	MI1	0.965 8	0.994 9	0.965 8	0.972 9
全部	MI1	0.968 4	0.994 9	0.968 4	0.974 4

总体看来，本方法在小型指纹库中具有较高的识别精确率。虽然全匹配下的视频识别各项评估测度较高，但是快速匹配降低了匹配时间，可以在对较少的 CAVCL 进行全部匹配的情况下，实现与全匹配各项测度相差不到 0.5%的识别效果。对于存在加密填充的平台，由于每次填充长度的不同，

导致还原误差增大，进而导致识别准确率降低。

3.4.3 大型指纹库中的实验结果与分析

为了进一步说明本方法在实际中的可行性，对于 YouTube、Facebook 和 Instagram 平台，本章在大型指纹库中也进行了实验验证。

对于 YouTube 平台，不同的 σ 取值在 $MI_1 \sim MI_3$ 这三种匹配范围中，能够得到最佳 F1 得分的匹配范围及对应的识别结果如表 3.7 所示。随着 σ 取值的增大，F1 得分逐渐增加，与使用 CAVCLS 全匹配相比，当 σ 取 15 时就已经可以取得与其相似的结果。

表 3.8 展示了对于不同的 σ，使用 $MI_1 \sim MI_3$ 这三个匹配范围在大型 Facebook 明文指纹库中进行测试后，所得到的最佳匹配范围及对应的识别结果。由表 3.8 可知，当 σ 取 18 时就已经可以达到与使用 CAVCLS 全匹配相近的结果。

表 3.7 YouTube 大型指纹库中不同 σ 对应的最佳识别结果

σ	匹配范围	准确率	精确率	召回率	F1 得分
10	MI_2	0.943 5	1.000 0	0.943 5	0.958 1
11	MI_1	0.961 3	0.999 7	0.961 3	0.971 1
12	MI_1	0.971 7	0.999 7	0.971 7	0.980 4
13	MI_1	0.977 3	0.999 7	0.977 3	0.985 0
14	MI_1	0.979 9	0.999 7	0.979 9	0.987 3
15	MI_1	0.984 0	0.999 7	0.984 0	0.990 6
全部	MI_1	0.987 7	1.000 0	0.987 7	0.993 2

表 3.8 Facebook 大型指纹库中不同 σ 对应的最佳识别结果

σ	匹配范围	准确率	精确率	召回率	F1 得分
15	MI_1	0.936 8	1.000 0	0.936 8	0.955 8
16	MI_1	0.939 5	1.000 0	0.939 5	0.957 4
17	MI_1	0.944 7	1.000 0	0.944 7	0.961 3
18	MI_1	0.947 4	1.000 0	0.947 4	0.963 1
全部	MI_1	0.950 0	1.000 0	0.950 0	0.964 5

为了更全面地验证本方法的通用性，对于 Instagram 平台，采用与 3.4.2 节同样的原理设置实验。分别设置 σ 的取值为 12、14、16、18 进行实验，并取对所有 CAVCLS 使用全匹配的识别结果作为对比。由于 Instagram 平台不存在 $MINUS_{flag}=1$ 的情况，因此设置最小匹配区间分别为：

$MI_1([CAVCL-148,\ CAVCL+143])$；

$MI_2([CAVCL-296,\ CAVCL+286])$；

$MI_3([CAVCL-592,\ CAVCL+572])$。

与 Facebook 平台类似，Instagram 平台同样采用了填充帧，导致密文长度还原具有不确定性，匹配区间也较大。

表 3.9 展示了对于不同的 σ，使用不同的匹配范围在大型 Instagram 明文指纹库中进行测试后，所得到的最佳匹配范围及对应的识别结果。由于加密流量中填充帧的存在，整体的识别综合结果较 YouTube 平台略低。在 σ 为 18，匹配范围为 MI_1 时，快速匹配整体 F1 得分最高为 97.35%，仅比全匹配低 0.22%。

表 3.9　Instagram 指纹库中不同 σ 对应的最佳识别结果

σ	匹配范围	准确率	精确率	召回率	F1 得分
12	MI1	0.934 2	1.000 0	0.934 2	0.963 1
14	MI1	0.938 3	1.000 0	0.938 3	0.966 1
16	MI1	0.946 5	1.000 0	0.946 5	0.971 0
18	MI1	0.950 6	1.000 0	0.950 6	0.973 5
全部	MI1	0.954 7	1.000 0	0.954 7	0.975 7

总的来看，YouTube、Facebook、Instagram 在大型指纹库中的最佳识别结果对应的匹配范围大多是 MI_1，这是因为较小的匹配范围可以在大型指纹库中有效地将错误匹配结果剔除出去。

可以看出，总体上大型指纹库上的最佳 F1 得分结果要略差于小型指纹库上的结果。小型指纹库中匹配的召回率总是大于大型指纹库，精确率小于大型指纹库，这是因为随着指纹库规模的增加，视频 CAVCLS 被错误识别为其他不在样本中的视频的明文指纹的概率增加，FN 事件也会随之增加，反而 FP 事件减少，因此在小型指纹库中适用的识别参数在大型指纹库中未必适用。但从整体来看，本章的视频识别方法在大型指纹库上的结果和小型指纹库上的结果相差不大，这也说明了本章方法具有实用性。

3.4.4 不同规模指纹库下所需的视频识别时间

表 3.10 展示了不同规模的指纹库下 Facebook 平台在同一 σ 、不同匹配区间下进行视频识别的时间消耗。实验采用的具体配置为：CPU 为 Intel i9－10900k；操作系统为 Windows 10；内存容量为 128 GB。

表 3.10 Facebook 平台小型及大型指纹库下识别时间消耗

σ	匹配范围	小型指纹库			大型指纹库		
		时间(s)	时间(s)/个	F1 得分	时间(s)	时间(s)/个	F1 得分
15	MI_1	1.747	0.004	0.966 2	156.680	0.338	0.955 8
	MI_2	3.569	0.008	0.968 3	629.646	1.357	0.948 9
	MI_3	9.955	0.021	0.963 1	2 197.112	4.735	0.941 2
16	MI_1	1.818	0.004	0.967 8	162.232	0.350	0.957 4
	MI_2	3.442	0.007	0.969 9	617.697	1.331	0.946 5
	MI_3	10.094	0.022	0.963 1	2 301.085	4.959	0.939 7
17	MI_1	1.809	0.004	0.972 9	165.634	0.357	0.961 3
	MI_2	3.489	0.008	0.972 6	637.402	1.374	0.946 5
	MI_3	10.285	0.022	0.964 7	2 329.900	5.021	0.941 2
18	MI_1	1.840	0.004	0.972 9	168.821	0.364	0.963 1
	MI_2	3.447	0.007	0.972 6	666.885	1.437	0.952 0
	MI_3	10.458	0.023	0.964 7	2 417.746	5.211	0.941 2

从表中可以看出，对于同一个匹配范围，不同的 σ 取值需要消耗的时间相差并不大。根据表 3.5、表 3.6、表 3.7、表 3.8、表 3.9 中的匹配结果可知，F1 得分在 σ 取值增大到一定数值时就已经表现出与全匹配相差不到 0.5% 的效果。对于本章提出的方法，只需要根据平台的视频传输模式选择合适的 σ 取值即可达到较好的识别效果。

对于同一个 σ，在小型指纹库中，即使是较大的匹配范围，每个视频也只需要不到 0.03 s 的时间进行匹配。在大型指纹库中，根据表 3.7、表 3.8、表

3.9 中的匹配结果可知,并不是匹配范围越大越准确。总的来看,YouTube、Facebook 和 Instagram 在大型指纹库中的最佳识别结果对应的匹配范围大多是 MI_1。对于本章提出的方法,只需要使用识别时间较短的 MI_1,就可以达到较好的识别结果。

因此,对于本章提出的方法,只需要选择较小的识别区间,并根据平台选择合适的 σ 取值,就可以达到识别时间短与效果好的平衡。

3.5 与类似工作的比较分析

HTTP/3 虽然已经在 YouTube、Facebook 和 Instagram 等头部视频分享网站广泛部署,但是该协议的标准 2022 年才发布,现有研究中也没有针对 HTTP/3 的视频识别研究。本章与类似工作的对比分别面向本章 3.2.3 和 3.2.4 的关键方法。

(1) 密文的长度修正方法

对密文长度的准确修正是加密视频识别的基础。3.2.3 节提出了密文的长度修正算法,与本研究类似,Xu 等人[8]在研究 HTTPS/QUIC 视频的自适应切换行为时,也对 QUIC 流量进行了分块和长度修正处理。该研究将密文块的长度直接估计为"去掉 IP/UDP/QUIC 头部的所有数据报中的 QUIC 载荷长度之和",并没有对密文块长进行进一步的修正,最终得到 QUIC 块的大小误差在 5%,相当于本研究原始误差率的两倍。由于其目标是识别分辨率切换行为,一次仅需要对一个视频 ID 的不同分辨率进行识别,因此 5%的误差不会影响分辨率识别的准确性。我们将该论文的误差范围用于视频识别,在不同规模的 YouTube 指纹库上的评估结果如表 3.11 所示。

表 3.11　Xu[8]方法的长度修正误差在不同规模 YouTube 指纹库中的视频识别结果

指纹库大小	准确率	精确率	召回率	F1 得分
6 000	0.095 2	0.870 7	0.095 2	0.081 2
362 502	0	0	0	0

表3.11的结果表明，使用文献[8]的误差修正范围只能在很小的视频指纹库中进行识别，在大型指纹库中，即使使用全部CAVCL进行全匹配也无法准确识别任一视频，这表示其方法无法应用于大规模的视频识别上。

(2) 基于指纹库进行视频识别

3.2.4节给出了将修正后的长度特征在指纹库中进行视频识别的方法，虽然文献[7]也使用了基于明文指纹库的类似思路在大型指纹库中进行视频识别，但是该论文需要从TCP的头部提取特征，因此无法应用于使用UDP传输的HTTP/3协议，也就无法用相同的数据集进行对比。

与本章的方法不同的是，基于密文指纹库的方法结合深度学习，可以应用于多个版本的HTTP协议，因此本章选择其中具有代表性的成果进行对比。Bae等人[5]在2022年研究了LTE网络中的视频识别，在LTE网络中，无特权的攻击者可以监控受害者的下行链路流量，从而识别正在观看目标视频的移动用户，然后推断这些用户的每一个正在观看的视频标题，并实现了高达98.5%的准确率。

Bae方法基于密文指纹库对加密视频进行识别。对于每个需要识别的目标视频，该方法需要每个视频超过27次的播放数据。在获取足够的密文数据后，将每0.2 s的聚合流量大小序列作为CNN模型输入对视频进行标题分类。

我们使用3.3中的自动化采集方法收集了YouTube平台的20个视频的37遍播放数据进行实验。每个视频的播放过程中采取固定分辨率的播放模式，时长为2至3分钟之间。由于Bae方法基于密文指纹库，本研究方法基于明文指纹库，因此分两种情况进行实验，对于Bae方法，将训练集的数量分别设置为7、12、17、22和27，对于本研究的方法，分别设置大小为20、6 000、362 502的明文指纹库。对于以上两种方法，使用同样的10遍播放数据进行验证。

实验结果如表3.12、表3.13所示。从表3.12中可以看出，Bae方法在训练数据减少时，准确率、精确率、召回率、F1得分都有所下降。在采集数据时，需要对完整的视频进行播放，在不间断采集数据的情况下，20个2至3分钟视频的27遍播放数据大约需要1 080至1 620分钟。因此对于更大规模的视频识别，Bae方法需要大量的密文数据作为支撑，这就需要更多的时间进行密文指纹库的构建。因此使用密文指纹的视频识别方法通常只能适

用规模很小的视频库。

表 3.12　Bae[5] 方法在不同训练集大小下的实验结果

训练集大小	准确率	精确率	召回率	F1 得分
27	0.975 0	0.984 7	0.965 0	0.974 8
22	0.970 0	0.989 7	0.960 0	0.970 1
17	0.945 0	0.974 1	0.940 0	0.956 7
12	0.935 0	0.953 1	0.915 0	0.934 7
7	0.920 0	0.957 4	0.900 0	0.919 6

表 3.13　本章方法在不同指纹库大小下的实验结果

指纹库大小	准确率	精确率	召回率	F1 得分
20	1	1	1	1
6 000	0.975 0	1	0.975 0	0.986 0
362 502	0.950 0	1	0.950 0	0.967 8

表 3.13 为本章方法在 YouTube 各规模指纹库中的实验结果。在较小的指纹库中，本章方法的各项评估测度都达到了 97%以上，在大型指纹库中，达到了 95%以上，其中精确率为 100%。本章方法仅需视频的元信息来提取明文指纹，在不到一天(1 440 分钟)的时间内就可以构建 36 万级别的明文指纹库，并且明文指纹是视频稳定的特征，不会随着采集环境的网络状况变化而变化，相较密文指纹更加可靠。

本章方法基于领域知识提取包括数据传输和控制信息两种特征，可以快速地对视频进行识别，所需数据量少，而 Bae 方法所使用的深度学习所需的训练数据多，并且视频识别结果的优劣依赖于数据集的规模、性能和泛化能力较差。因此，在真实应用场景中，本章方法相较使用深度学习和密文指纹库的方法更加实用。

3.6　本章小结

HTTP/3 使用了 QUIC 作为传输层协议对视频进行加密传输，这给视频识别带来了新的挑战。为了解决 HTTP/3 协议在视频网站中的应用导致现有加密识别方法失效的问题，本章提出了一种从加密 HTTP/3 流中识别出 DASH 视频内容的视频识别方法。首先，基于 HTTP/3 协议传输 DASH 视频时的特性，通过提取音视频片段组合传输层长度特征并进行修正得到应用层长度的近似值 CAVCLS，其误差率相较现有块长度修正方法大大降低。然后，利用 HMM 建立视频识别模型，将修正后的长度序列 CAVCLS 与视频明文指纹库生成的组合指纹库进行匹配以获取视频身份，并使用快速匹配方法降低视频匹配时间。为了证实本章方法在实际应用中的可行性，本章采集了 YouTube、Facebook 和 Instagram 视频平台的视频流量，分别在小型指纹库和大型指纹库中进行了实验验证。实验结果表明，本章的方法具有通用性，且在大型明文指纹库中，对 HTTP/3 加密视频的识别可获得最高 99.4%的 F1 得分，是一种具有实际应用前景的 HTTP/3 视频识别方法。

HTTP/3 协议作为一种新型协议标准，在被逐步推广的同时，还在不断优化更新，未来应保持对该协议标准的关注，以及时地对本方法的特征选取、模型设计做出调整，使得本章方法可以适应复杂多变的网络环境。此外，未来国内视频平台也会逐步转向使用具有更高传输效率的 HTTP/3 协议，因此应当及时跟进国内视频平台的技术发展，并进行针对性研究，以满足国家对网络空间安全管理的要求。

参考文献

[1] Viterbi A J, Omura J K. Principles of Digital Communication and Coding. Dover edition. New York: Dover Publications, Incorporated, 2013.

[2] Laiye. "UIBOT"[EB/OL], https://www.uibot.com.cn/.

[3] Schuster R, Shmatikov V, Tromer E. Beauty and the burst: Remote identification of encrypted video streams//26th USENIX Security Symposium (USENIX Security 17). 2017: 1357-1374.

[4] Gu J, Wang J, Yu Z, et al. Walls have ears: Traffic-based side-channel attack in video streaming//IEEE INFOCOM 2018 - IEEE Conference on Computer

Communications. IEEE，2018：1538-1546.

[5] Bae S，Son M，Kim D，et al. Watching the Watchers：Practical Video Identification Attack in LTE Networks//31 st USENIX Security Symposium（USENIX Security 22）. 2022：1307-1324.

[6] Reed A，Kranch M. Identifying HTTPS-protected Netflix videos in real-time//Proceedings of the Seventh ACM on Conference on Data and Application Security and Privacy. 2017：361-368.

[7] 吴桦，于振华，程光，等. 大型指纹库场景中加密视频识别方法. 软件学报，2021，32(10)：3310-3330.

[8] Xu S，Sen S，Mao Z M. CSI：inferring mobile ABR video adaptation behavior under HTTPS and QUIC//Proceedings of the Fifteenth European Conference on Computer Systems. 2020：1-16.

第4章 基于单向流的视频内容识别

4.1 研究背景

近年来,随着互联网技术的飞速发展和移动设备的普及,视频内容消费逐渐发展成为互联网流量的主流。视频平台如 YouTube、Netflix、Vimeo 和 Triller 等的兴起,以及社交媒体上视频内容的流行,极大促进了视频流量的增长,同时直播平台的兴起也为视频流量的增长贡献了重要部分。移动视频流量预计将每年以约 30%的速度持续增长,截至 2025 年,视频流量预计将占总流量的 76%[1]。在此背景下,为了保障互联网上视频流量的健康发展,一些加密协议被广泛应用,视频平台广泛采用加密协议传输视频流量。

在大量视频被加密传输的背景下,不仅需要确保网络能够高效、稳定的传输大量视频数据,同时还要防止网络上的有害视频被广泛地恶意传播,从而给社会带来负面影响。但因为网络上的视频流量均被加密,导致网络监管部门无法对其进行直接识别,难以做到快速有效的监督。因此,需要细粒

度地识别出加密视频流量的内容，从而达到监管网络和保障网络安全的目的。

虽然已有从加密视频中进行加密视频内容识别的研究[2-9]，但是，这些研究都利用了视频的双向流特征。在当前主干网普遍存在非对称路由的场景下，这些方法所需的双向流特征难以获取，因此导致方法无法应用于主干网非对称路由场景。

在现代网络架构中，非对称路由场景的出现主要是由于传统单路径网络在性能和可靠性方面的局限性。为了克服这些限制，多数主干网已经转向采用多路径网络拓扑结构，用以传输流量，从而增加了网络的冗余性和灵活性。在多路径网络中，策略路由(Policy-based Routing)和负载均衡(Load Balancing)技术得到了广泛应用，以进一步提升网络链路的使用率并提高数据传输效率。负载均衡[10]通过分配流量至多个链路，实现了网络负载的均匀分布，优化了网络的整体性能。然而，负载均衡的应用也导致了非对称路由现象的产生。具体来说，同一数据流的上传和下载数据可能沿着不同的网络路径传输。这意味着，在特定的网络结点上，可能只能观察到单向的流量，例如只能看到数据的上传或下载部分，而看不到完整的双向流量。这种现象被称为非对称路由。

因此，在非对称路由导致的单向流场景下，面向加密流量的视频内容识别技术面临着挑战。现有的视频内容识别技术都是通过从视频的双向流中提取关键特征，而由于主干网中非对称路由场景的存在，上行流和下行流传输时经常采用不同的网络路径，这导致网络管理员在数据采集点只能捕获到单向流，因此现有的这些基于双向流的加密视频内容的识别方法无法获得足够的视频特征来应用。其次，大多数研究用于实验测试的视频指纹库规模普遍比较小，性能都没有在大型数据库上得到验证，因此这些实验结果并不能反映将这些模型应用于具有大量视频数据的互联网上的可行性。这些问题显示了当前加密视频流量内容识别领域的研究工作尚处于探索阶段，并未能彻底解决现实网络环境中的相关问题。同时，它们也突显了随着加密流量在实际网络中占比不断上升，网络安全和网络管理所遭遇的挑战。而且，随着视频流量激增，导致核心网络的承载压力非常大，处理大量双向流数据为网络管理员也带来了更大的挑战。

针对上述问题，本章研究通过对单向加密视频流量的传输特征进行分析并获知所传输的视频内容，这一研究成果可用于非对称路由场景下，帮助网络管理部门有效识别和阻断有害视频的传播，保护互联网用户免受网络威胁。

4.2 基于单向流的视频内容识别方法

4.2.1 整体架构

本章提出的基于单向流中请求报文识别加密视频流量内容方法的整体架构如图 4.1 所示，该方法主要由三部分组成。在第一部分视频指纹库的构建阶段中，通过从服务器端获取并分析视频的 MPD 文件解析出准确的明文指纹信息，并以此来构建实验中用到的视频明文指纹库；在第二部分视频指纹特征的提取阶段，通过从视频单向流中获得已经加密视频分段的负载长度，然后再经过模型训练得到用于还原视频分段长度的回归模型；在第三部分视频识别的工作中，本研究通过将修正视频指纹(即：还原后的视频分段长度)与明文指纹库中的明文指纹进行匹配，再通过构建马尔可夫模型和 Viterbi 等算法进行快速匹配，最终得到视频识别的结果。

其中在第二阶段，即：指纹特征值提取阶段，有两部分流量输入，一部分流量用于回归模型训练和测试，另一部分流量是待识别加密视频流。对第一部分流量的处理操作如下：首先对视频请求流中的请求报文信息进行解析，从而获取视频播放的响应数据长度，并将其作为目标特征之一。然后，将视频特征进行训练，从而得到可以修正视频分段长度的拟合模型。当还原的视频片段长度与原始视频长度之间的差异较大时，就必须重新考量并调整所使用的特征的数目与类型，并对模型进行再训练。这一过程将持续进行，直至复原后的视频片段长度与实际长度之间的误差降至预设的阈值

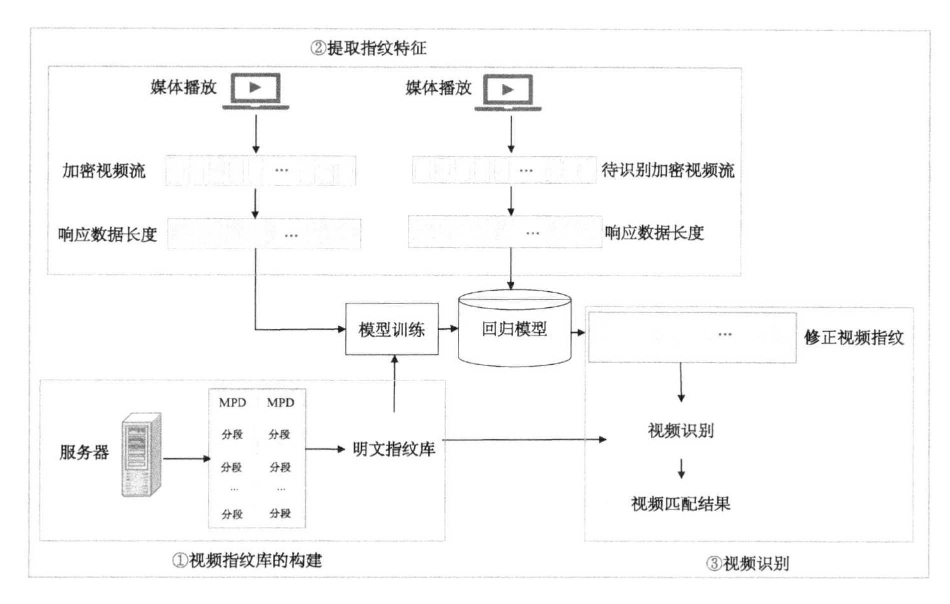

图4.1　基于单向请求报文识别加密视频内容框架图

范围内。

本章将传输到客户端的视频分段称为视频的传输指纹，将视频分段的实际有效负载长度称为明文指纹，将经过回归模型修正后的传输指纹长度称为修正指纹，由视频的明文指纹构成的数据库称之为明文指纹库。

4.2.2　视频明文指纹库的构建

视频指纹库存储需要识别的视频指纹，用于在视频识别阶段进行比对。目前，关于开发视频指纹的研究主要划分为两个主要方向。其中一个方向侧重于从网络数据包或流信息中提取关键特征，以此生成视频指纹。普遍的做法是将视频片段的长度作为指纹特征，这通常是通过分析视频的MPD（媒体表示描述）文件来获取视频分段的长度信息，进而建立一个明文的视频指纹数据库。识别时先从加密的待识别视频流中还原出修正视频指纹，然后放入明文指纹库中利用匹配算法来确定待识别视频的内容，这种方法的准确性主要是由还原视频传输指纹的算法决定的。另一个研究方向是依靠网络环境中的流量突发模式作为视频指纹，因为视频在播放的过程中会遵循某种特定的流量下载行为模式。首先从网络数据包或流信息中抽取重要的特征，随后这些特征被输入到机器学习模型进行处理，最终模型将提供出待识别视频的具体内容信息。然而，现实中的网络环境通常是不固定的，因此每个视频播放时的传输模式也是不确定的，而且从当前研究来看，该类方法下提取视频指纹特征的粒度较大，这种情况下，一旦网络环境发生变化，该种方法并不能够在大型指纹库中准确识别出待识别的加密视频。

在同一个服务器中，视频片段的明文长度主要取决于服务器的编码方式（考虑到同一服务器使用的加密套件通常是统一的），并且它不会因网络环境的变动而发生改变，因此可以认为其具有相对的稳定性。视频分段的负载长度与加密视频的内容密切相关，不同视频的视频分段负载长度也是不一样的，因此本研究选择第一类方法中的视频分段长度作为视频指纹也是具有代表性的。

鉴于目前缺乏公开可用的视频明文与密文相匹配的数据集，本研究采用了以下方法从 YouTube 和 Vimeo 视频平台收集视频明文信息，以此来创建一个明文指纹库。经过解析数据包发现，YouTube 和 Vimeo 是基于 HTTP/1.1 协议传输数据的，该部分工作主要是通过 DASH 视频传输时的特性获取视频明文指纹的。

基本指纹定义为单一视频片段或音频片段的长度，它构成了视频明文指纹数据库的最基本的元素。根据 DASH 协议传输特性，客户端在向服务器发出视频数据请求时，服务器将响应请求，提供对应于客户端所选码率（通常与视频分辨率相对应）的视频流的 MPD（Media Presentation Description）文件。该 MPD 文件中详细记录了该特定分辨率（或码率）视频流中各个分段的播放时间、数量以及数据负载大小等关键信息。图 4.2 描述了某个视频文件的基本指纹。通常情况下，只有在客户端发出视频数据请求初期，服务器才会回传这些视频描述信息到客户端。

4.2.3　从单向流中获取加密视频分段长度

由于应用层的 HTTP 协议和 TLS 协议，视频数据在经过应用层被加密传输后，每个视频的视频分段都会被添加 HTTP 头部和 TLS 头部，因此到

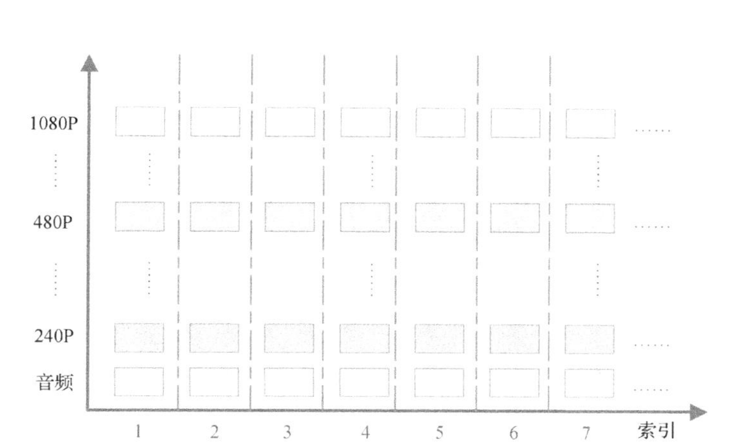

图 4.2　某个视频文件的基本指纹

达客户端的视频分段负载长度包括两部分：视频分段本身的长度和被添加的协议头部长度。因此，本章将从加密视频流中提取视频指纹特征分为两个步骤来实现。在第一个步骤中，需要先从单向流中获取视频的传输指纹（即，加密后的视频分段长度），该步骤的获取方法基于客户端到服务器端的单向请求报文；在第二步骤中，需要通过算法从获取的视频传输指纹中去掉被添加的 HTTP 头部和 TLS 头部的长度，最后得到的视频分段长度序列就是修正视频指纹。下面对以上这两个步骤分开进行详细阐述。

视频流传输时基于五元组＜源 IP 地址，源端口，目的 IP 地址，目的端口，传输层协议＞，视频数据的每个 TCP 会话包括两个不同方向（向前和向后）的流量，分别为从客户端到服务器端的请求流量以及从服务器端到客户端的响应流量。如前文所述，视频指纹是每个视频的独有特征，可以用来代表视频内容，而不同视频内容对应的视频分段长度也是不同的。在本章的研究中，每个视频的视频分段长度序列就构成了视频指纹，因此，只需要通过从加密的视频流中提取并修正视频分段的负载长度，然后将校正后的视频指纹与明文指纹库中的明文指纹通过算法进行匹配就可以识别出每个视频的内容。

现有研究都是通过从视频的下行方向（即：从服务器端到客户端）获取视频分段长度。如下图 4.3 所示，当一个流媒体会话开始时，HTTPS 会话呈现出请求-响应模式，客户端连续发送请求信息（请求 1，请求 2，……请求

n)到服务器,服务器在接收到客户端发来的请求信息后回传响应信息(数据包1,数据包2,……数据包 n)给客户端。

在每个TLS会话中,由于HTTP/1.1的传输模式,服务器按照客户端请求的顺序依次发送响应数据包,视频分段的负载长度可以通过将服务器发送给客户端的响应数据包的长度累加而获得,这种方法的核心是通过解析每个响应数据包的负载大小来计算视频分段长度。随着互联网视频流量的大规模增加,该方法不断面临着很多挑战。首先,该方法主要通过捕获和分析从服务端到客户端的下行流量来计算每个视频的分段长度,而现实生活中的网络环境并不总是稳定的,经常动态变化,因此视频数据在传输的过程中经常会发生数据包丢失和重发的情况,这会大大影响从下行流中获取视频分段长度的准确性。此外,该种计算视频分段长度的方法需要捕获的视频数据包的数量非常大,解析TCP头部并将每个数据包的长度累加都需要消耗大量的系统资源,将该种方法应用到当今网络环境下,将面临更多挑战。

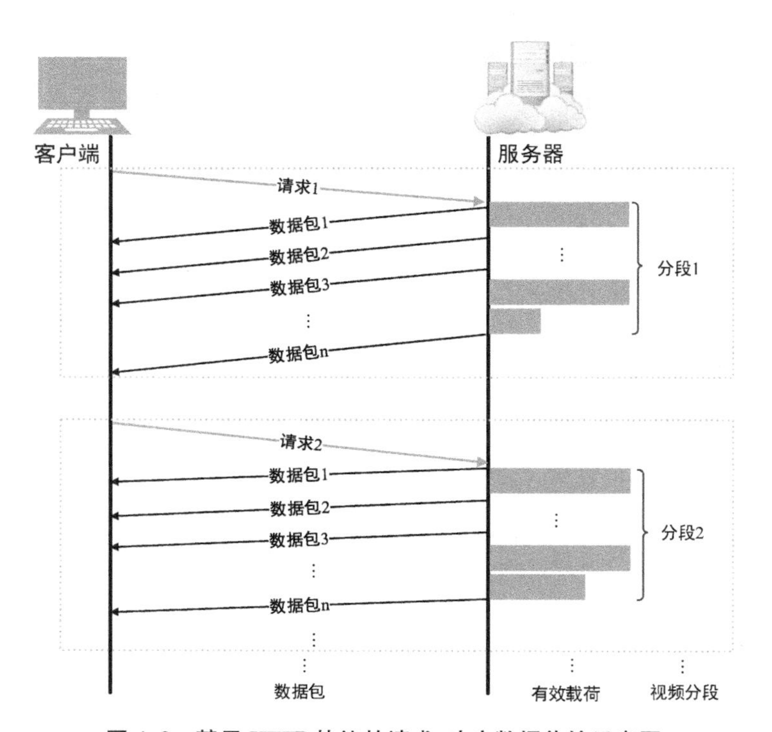

图4.3 基于HTTP协议的请求-响应数据传输示意图

针对以上所述情况，不同于直接通过下行流的响应数据包累加来获取视频分段长度，本研究提出了一种创新的方法来获取视频分段负载长度，本研究选择使用视频中从客户端到服务端的单向请求报文来计算视频分段负载长度。

本研究将经过TLS协议加密后的视频分段负载长度表示为$Payload_L$(即：图4.3中分段1的累加长度和)，该分段中包括了视频分段本身的长度以及HTTP头部长度和在应用层中传输时由于TLS加密协议产生的额外负载长度，因此在实验中直接获取到的传输视频分段长度$Payload_L$与其实际长度之间是偏离的。关于这部分的详细原理将在下文4.2.4节中阐述。

由TCP协议可知，每当TCP发送一个视频数据段，它都会在数据段中包含一个序列号，该序列号对应于该数据段中第一个字节的编号。接收方在收到数据后，会检查序列号，并根据接收到的数据计算出下一个期望接收的字节的序列号，然后将这个序列号返回给发送方，发送方收到序列号后，将再次发送下一个数据段的请求序列号。TCP的这一传输机制不仅确认了接收方接收到的信息，同时也通知了发送方下一个要发送的ACK序列号，从而实现了数据流的同步。

综上，TCP头中的ACK序列号信息表示客户端期望从服务器接收的下一个TCP信息的字节编号，它代表着接收方已经成功接收到了所有前面的数据，并期望从这个新的序列号开始接收更多数据。因此，两个连续请求信息的ACK报文之间的序列号之差就是前一个请求信息的响应数据的长度。假设r_1、r_2、r_3、…、r_{n-1}、r_n是请求信息中TCP头部的响应序列号，那么根据以上理论，可以通过将从客户端连续发送的两个请求数据包中的序列号作差的方法来获取每一个视频分段的负载长度。每个视频分段长度的具体计算方式如公式4.1所示：

$$Payload\_L = r_n - r_{n-1} \quad \text{公式 4.1}$$

采用这种基于请求流(从客户端到服务器端)的视频分段负载长度计算方法，不仅可以有效降低因数据包丢失和重发情况引起的数据误差，同时还确保了该方法在非对称路由网络场景下的适用性。此外，由于这种方法仅需分析相对较少的数据包，因此大大减轻了系统资源的消耗，提高了视频识别工作的效率及准确度。

总之，该方法突破常规做法，通过反向分析从客户端到服务端的视频数据这种策略不仅对提高数据管理的准确性有重要作用，还对优化视频流量处理流程、识别加密视频流内容等领域具有显著的优势，特别是在处理非对称路由和网络不稳定性方面，这种新颖的方法不仅提高了计算视频分段长度的速度和准确性，还为加密视频流量的监控和管理提供了一个高效的解决方案。

4.2.4 获取修正视频指纹长度

如 4.2.3 节中所述，可以通过从视频的单向请求报文中获取视频分段的传输长度 $Payload\_L$，尽管视频数据传输过程中会发生数据包丢失以及数据包重传等情况，但这并不会影响传输长度 $Payload\_L$ 的大小。为了保证数据传输的安全性和完整性，数据传输到应用层时，会被添加 HTTP 报头和 TLS 报头，这就导致传输到客户端的视频分段会比实际的视频分段的负载长度大一些，如果直接将加密后的传输指纹与明文指纹库中的明文指纹进行匹配，那么将会导致更大的误差。因此，本小节提出了一种能够准确还原视频分段真实长度的方法。

图 4.4 是一个 7 分 48 秒的体育视频所包含的所有视频分段的明文长度

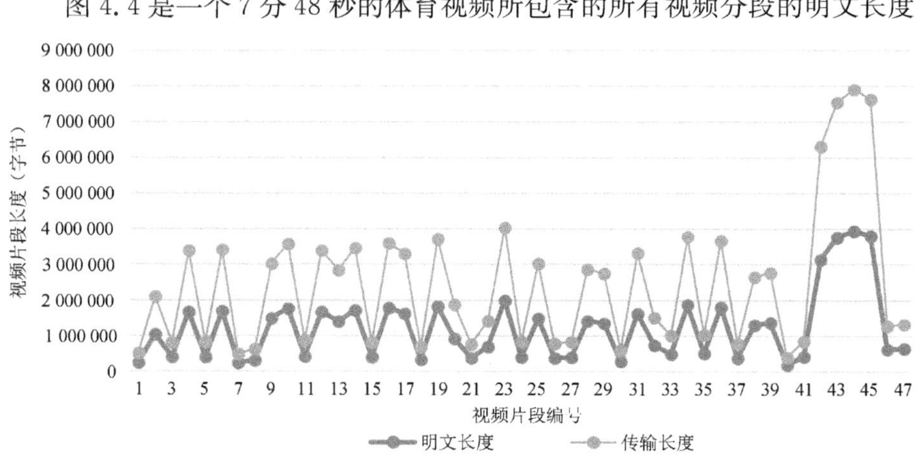

图 4.4 同一视频的视频片段的明文长度和传输长度

和传输长度，从该折线图中可以看出，每个视频的所有明文分段和密文分段的长度之间都存在偏差，它们并不能完全相同，这跟上文分析的完全相同，该偏差就是由于视频分段在传输层和应用层被加密传输时产生的。

图4.5展示了视频分段在被划分为TCP分组前经过TLS协议被封装的过程。视频数据在网络上被传输时，首先会通过HTTP层进行封装，以HTTP请求或者响应的形式进行格式化；随后，数据被传递到TLS层被添加TLS头部，这里会对数据进行加密，以保证数据传输的安全性；最后，加密后的数据被送到TCP层，TCP层负责将加密后的数据划分为TCP数据包，并确保这些数据包能够安全可靠地到达目的地。在整个过程中，视频数据经过每一层都会在数据包上添加自己的头部信息，这种分层封装的方式保证了视频内容的安全性和可靠传输，但这也导致封装后的视频分段大小和最开始的视频分段载荷长度之间存在偏差，因此在识别加密视频前，需要通过算法校正传输视频分段的长度从而得到视频的修正指纹。

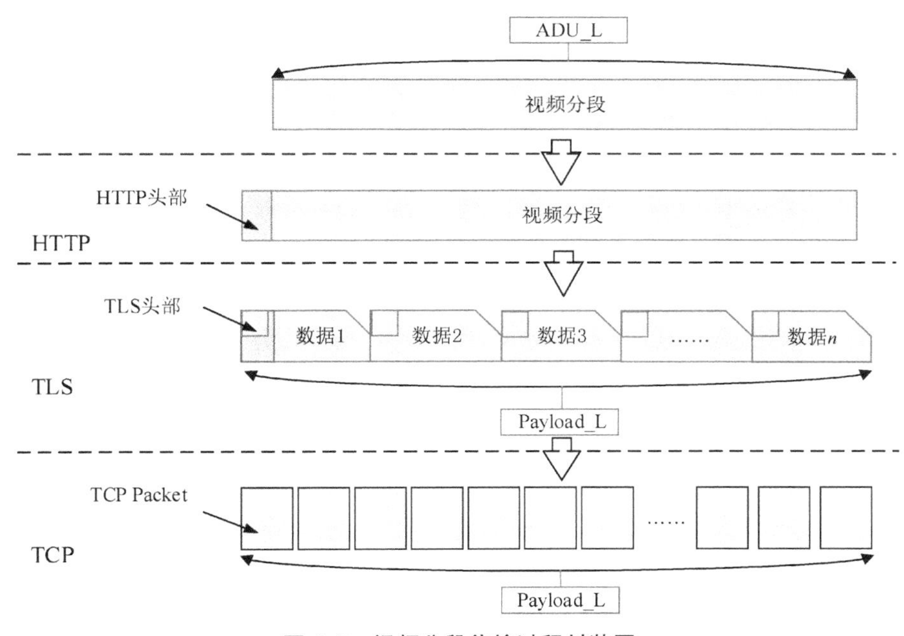

图4.5 视频分段传输过程封装图

此外，为了获得视频分段的明文长度和传输长度这两个特征之间的映射关系，本研究通过采集国际热门平台上的视频数据构建了一个关于视频分段长度的修正模型。通过循环播放 YouTube 和 Vimeo 视频平台的视频获取加密视频数据。在图 4.6 中，纵坐标 ADU_L 表示视频指纹库中视频分段的明文长度，横坐标 $Payload\_L$ 表示视频分段的传输长度。

通过对 YouTube 和 Vimeo 视频平台的视频流数据的采集和分析，视频分段的传输长度与其明文长度之间存在明显的线性关系。图 4.6 给出了 YouTube 和 Vimeo 视频中视频分段的传输长度与明文长度之间的散点图，从该图中可以看出传输的视频分段的负载长度和它们的明文长度之间存在明显的线性关系，尽管 Vimeo 平台上的视频分段传输载荷要比 YouTube 平台视频分段的载荷大很多，但它们都与其对应视频分段的明文长度之间呈现非常明显的线性关系。基于这一发现，本节提出了一个对加密后的视频分段长度进行校正的模型，以准确还原加密视频流中视频分段长度。

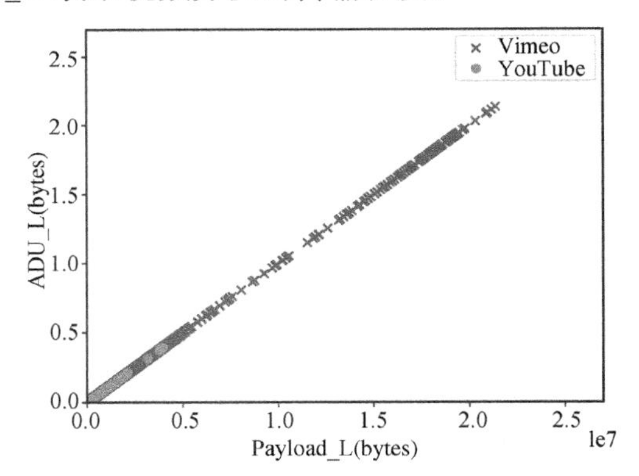

图 4.6 关于 Vimeo 和 YouTube 视频分段的传输长度和明文长度散点图

在应用层中，数据通常会被同一个服务器处理，而同一服务器的加密套件的参数通常是固定的，因此同一视频平台上的不同组数据之间通常存在一种稳定的映射关系。本章用 ADU_C 表示修正后的视频分段长度；用 ADU_L 表示传输的视频分段负载长度；k 和 θ 表示该修正模型中用到的系数，公式 4.2 描述了这种线性关系。

$$ADU\_C = \theta + k * Payload\_L \qquad \text{公式 4.2}$$

然后从采集的视频流中提取视频分段并结合相应视频分段的明文长度进行模型拟合训练，具体包括从 YouTube 上采集到的 18 743 个视频分段以及从 Vimeo 上采集的 19 674 个视频分段作为样本数据进行模型拟合，最终得到了视频分段的修正模型。其中，通过对 YouTube 的视频数据拟合得到了公式 4.3；对 Vimeo 的视频数据拟合得到了公式 4.4。

$$ADU\_C = (-1\,090.380\,3) + 0.998\,6 * Payload\_L \qquad \text{公式 4.3}$$

$$ADU\_C = (-856.2644) + 0.9978 \cdot Payload\_L \qquad \text{公式 4.4}$$

由 YouTube 和 Vimeo 的拟合公式可见，这两个视频平台的拟合公式的参数不相同，这表明不同的视频平台所使用的协议参数不相同，因此对于不同的视频平台数据需要进行单独的训练，从而获取拟合公式中的参数 k 和 θ。

综上，本小节提出了一种极具创新性的视频分段长度校正模型。该模型基于视频请求流中请求报文的传输特征对加密视频流的视频分段的传输长度进行修正，并且通过对 YouTube 和 Vimeo 这两个视频平台上的数据流的收集和分析，发现了视频分段的传输长度和明文长度之间存在明显的线性关系。基于这一发现，本研究训练了一个视频分段校正模型，以实现准确还原视频分段负载长度的目的。经过该修正模型的校正得到视频的修正指纹后，将修正指纹与 4.2.2 节中构建的明文指纹库中存储的明文指纹进行匹配，最终得到视频匹配结果。关于视频指纹的匹配方法将在接下来的 4.3 节中展开详细阐述。

4.3　视频指纹的匹配与识别

本研究在视频指纹匹配阶段使用相似匹配的方法。当视频分段的传输长度与其明文长度不完全相同时，那么就会从明文指纹库中寻找最接近校正后的视频分段长度的视频指纹来与其进行匹配，明文指纹库中的每个视频指纹都有其对应的视频 ID 信息，因此可以根据被匹配到的明文指纹得到待识别视频的 ID 信息。使用相似匹配方法的原因从以下两个方面来阐述：一方面，尽管根据 4.2.4 节中得到的修正模型可以校正视频分段的传输长度，缩小视频分段的传输长度与明文长度之间的差距，但是校正后的视频分段长度与其明文长度之间仍然会存在些许差别；另一方面，通常一个视频会包含不同的分辨率，平台为了保证视频播放时的流畅性，会在视频播放时智能选择分辨率，使得分辨率一直处于动态变化中，这会导致视频指纹也一直发生变化；此外，视频进度条的拖动也会导致视频指纹发生变化。基于以上原因，本研究最终选择相似匹配的方法来进行视频指纹的匹配工作。本研究最终从 YouTube 平台上选择了 18 743 个视频分段，从 Vimeo 平台上选择了 19 674 个视频分段作为理论评估的样本数据。图(a)和图(b)分别展示了 YouTube 和 Vimeo 平台上的传输视频分段长度与其明文指纹之间残差的概率密度分布图。

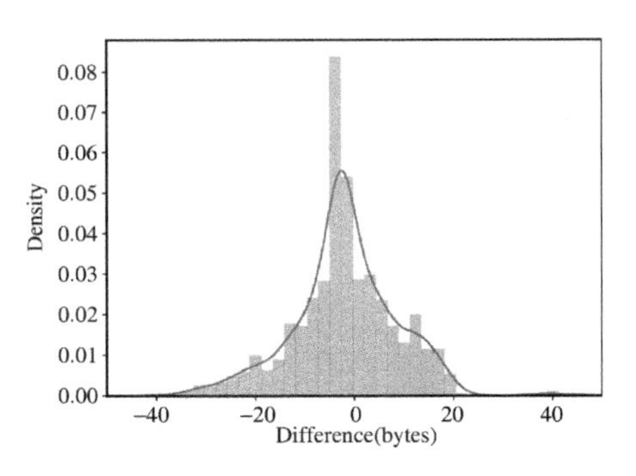

(a) YouTube 平台数据的概率密度分布图

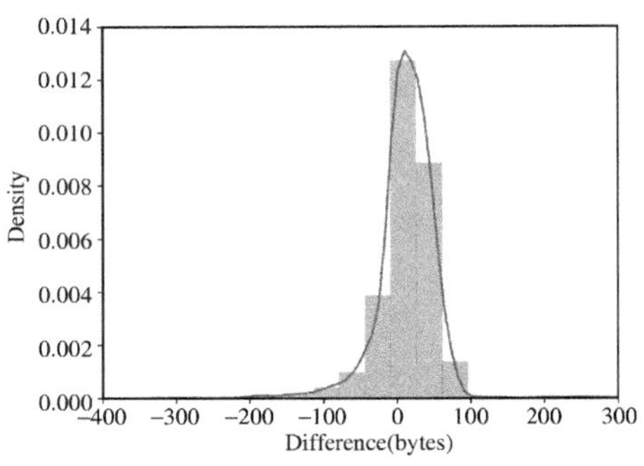

(b) Vimeo 平台数据的概率密度分布图

图 4.7 视频分段的传输长度和明文长度残差的概率密度分布图

由图(a)和图(b)可知，经过回归模型修正后的视频分段长度与视频明文指纹之间的残差分布接近正态分布，其中 μ 是均值，σ 是标准差，用 $X \sim N(\mu, \sigma^2)$ 表示，这为视频分段的匹配工作提供了理论基础和实践方法。由于视频分段的样本量足够大，因此样本的分布近似于总体数据的分布，可以使用训练集中视频分段的传输长度与明文长度之间残差的平均值来无偏估算全部数据残差的平均值，使用训练集中视频分段的传输长度与明文长度之间残差的标准差来无偏估算全部数据残差的标准差。对 YouTube 平台上的数据进行分析后，经过一系列计算得到：视频分段残差在[−35, 35]范围内的概率为 99.73%，具体计算过程这里不再展开。其中，在对视频分段进行匹配之前，还需提取视频分段的传输长度 $Payload\_L$，再利用预先训练好的拟合公式校正传输的视频分段长度即可得到修正视频指纹。经过数学计算，视频指纹长度落在区间 $[ADU\_C - 35, ADU\_C + 35]$ 中的概率是 99.73%，其中 ADU_C 表示修正视频指纹长度，本节中将区间 $[ADU\_C - 35, ADU\_C + 35]$ 称为视频分段的匹配区间，以用于视频识别工作，只需将 4.2.2 节中构建的明文指纹库里面长度分布在区间 $[ADU\_C - 35,$

$ADU\_C+35]$ 范围内的视频指纹与修正后的视频分段进行匹配即可。

视频通常是按照视频分段的序列顺序依次播放的，在一个序列中对视频分段的匹配不仅与该分段本身有关，还与当前序列中该视频分段之前的分段有关，即：当前视频分段的识别结果也会受到前一个分段的影响，而隐马尔可夫模型[11]恰好可以处理这种情况。关于隐马尔可夫模型的详细介绍在 3.2.4.2 节中，这里便不再展开，在下文中仅大致阐述一下隐马尔可夫模型在本实验中的应用。在马尔可夫模型中，假定随机过程中每个状态的概率分布只与其前一个状态有关，如果所有可能的状态是 $\{S_1, S_2, S_3, \cdots, S_n\}$，$t$ 时刻的实际状态是 q_t，那么：

$$P(q_t=S_j \mid q_{t-1}=S_i, q_{t-2}=S_k, \cdots)=P(q_t=S_j \mid q_{t-1}=S_i)$$

公式 4.5

这一假设被称为马尔可夫假设，根据该假设可以进一步得到，对于一定的状态序列 $\{q_1, q_2, q_3, \cdots\}$，产生该状态序列的概率如公式 4.6 所示。

$$P(q_1, q_2, q_3, \cdots)=\prod_{t=2} P(q_t \mid q_{t-1})$$ 公式 4.6

隐马尔可夫模型是马尔可夫模型的扩展，是一种双嵌入式随机模型，而随机过程是不可观测的，即，任何时刻的状态 q_t 都是不可见的，但是隐马尔可夫模型会输出另一个符号 O_t，而 O_t 只与该时刻的 q_t 有关，据此可以得到公式 4.7。

$$P(O_1, O_2, O_3, \cdots \mid q_1, q_2, q_3, \cdots)=\prod_{t=2} P(O_t \mid q_t)t$$ 公式 4.7

一个隐藏状态产生一个观测序列的概率称为生成概率，隐藏状态之间的转换概率称为转移概率，当观测序列已知时，可能的隐藏序列路径的概率等于该路径下所有相应的生成概率的乘积，从而得到公式 4.8。

$$P(q_1, q_2, q_3, \cdots, O_1, O_2, O_3, \cdots)=\prod_{t=2} P(q_t \mid q_{t-1}) * P(O_t \mid q_t)$$

公式 4.8

如图 4.8 所示，观测序列 $\{O_1, O_2, O_3, \cdots, O_n\}$ 是经过修正后的视频分段，隐藏序列 $\{O_1, O_2, O_3, \cdots, O_n\}$ 视频指纹分段，其中 $q_{n,m}$ 表示视频

的第 n 个分段，且分辨率为 m。为数据库中每个视频分别建立隐马尔可夫模型，在已知观测序列的前提下，通过将每个模型的序列路径与已知观测序列进行动态匹配，得到与每个序列的匹配概率后，从中找出可能性最大的隐藏序列，然后计算视频得分，得分最高的视频即为视频识别过程的最终结果。当视频指纹分段较多时，可以采用 Viterbi 算法提高视频识别的速度。例如，取前十个还原后的视频分段，并对每个视频分别计算得分，取得分较高的 100 个视频，再对这些视频根据后续的观测序列计算得分，从而获得最终的识别结果。

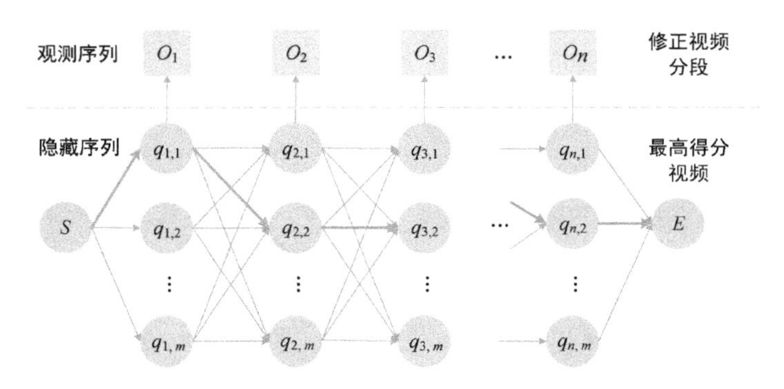

图 4.8　基于隐马尔可夫模型的视频分段匹配图

由于视频分段在传输过程中可能会出现多个视频分段合并传输的问题，因此本实验采用动态匹配的方法来完成修正视频指纹分段与明文指纹库中指纹序列的匹配。动态匹配过程包括完全匹配和快速匹配两个阶段。如图 4.9 所示，其中$\{V_{i,1},V_{i,2},V_{i,3},\cdots,V_{i,j}\}$表示分辨率为 i 的视频的第 j 个视频分段。在完全匹配阶段，只处理前几个经过修正模型还原后的视频分段。完全匹配方法的具体过程介绍如下：如图 4.9 所示，首先在视频指纹上设置一个滑动窗口，窗口初始值设置为 1，上限为 n，将滑动窗口内的视频指纹长度之和与待匹配的修正视频分段进行比对，若比对成功，则将匹配的结果将作为隐马尔可夫模型的隐藏状态，并进行下一个修正视频分段的匹配；若比对失败，则将滑动窗口继续向后滑动一格，再次进行视频分段的比对，当滑动窗口移动到修正视频分段末端的时候，则将窗口长度加一，重复上述操作，直到滑动窗口遍历了整个明文指纹数据库。就可以得到该修正

视频分段序列的候选指纹库，接着在快速匹配阶段处理剩下的修正视频分段，在这一阶段，仅选择候选指纹库中的视频指纹进行匹配即可，从而极大缩减了视频匹配的规模。

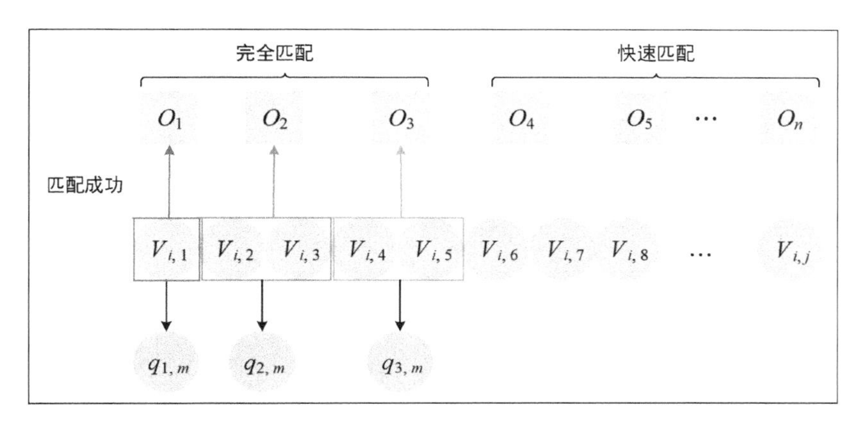

图 4.9　视频分段匹配过程示意图

4.4　实验与结果分析

4.4.1　数据采集

本次实验数据采集的拓扑图如图 4.10 所示。数据采集工作的部署主要包括两部分，分别是视频指纹采集和加密视频流量采集。

(1) 视频指纹采集

考虑到目前没有可获得的公开大型数据集可以用于加密视频的识别工作，因此本研究自行搭建网络环境采集视频明文指纹来构建明文指纹库。明文指纹库中实际存储的是视频分段长度(即视频指纹)与该指纹的标识信息(包括视频序列号、视频标题等)，在进行视频指纹匹配工作时会依据该对照表来得到视频分段对应的标识信息，从而确定待识别视频的内容。

如果将网络中所有的视频明文指纹都确保采集到明文指纹库，这显然

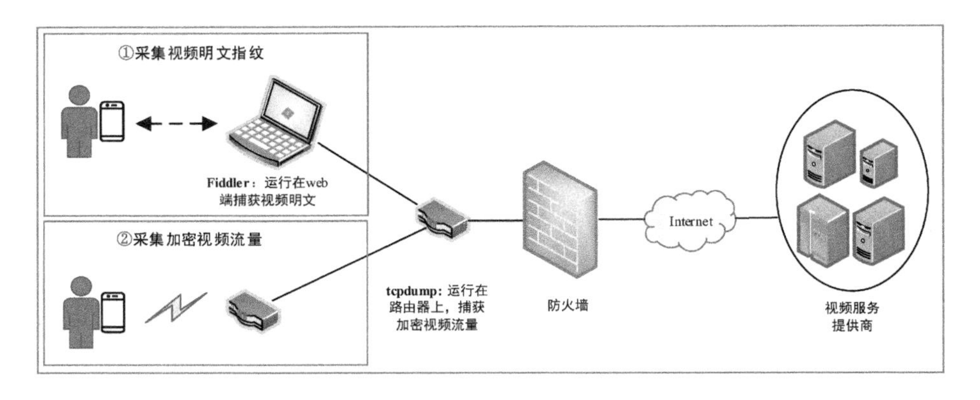

图 4.10　数据采集拓扑图

很难完成，而且网络上的视频更新非常快，保证明文指纹库的实时更新也是有难度的。因此本研究选择从一些热门视频平台采集指纹并构建明文指纹库，并对这些视频进行识别检测。由于这些热门视频在网络流量中的占比较高，通过观测这些视频的播放内容也可以实现对大部分重点视频内容的检测，这样可以很大程度上保证视频内容是健康的。

明文指纹库的基本单元由音视频分段组成，因此需要获取视频的音视频分段。根据 DASH 协议的传输特性，在进行数据传输时，服务器会将客户端所请求的视频分段的 MPD 文件（视频描述文件）回传给客户端，MPD 文件里面记录了待播放视频的所有视频分段的详细信息，如视频分段的数量、播放时长以及负载大小等，本研究便通过解析这些视频的视频描述文件来搜集视频的明文指纹。在本项研究中，我们采用了设置代理服务器的方法来捕获移动设备上的 MPD 文件。如图 4.10 所展示的，通过在客户端上运行 Fiddler 软件，并将移动设备连接至该客户端所在的网络，利用网络热点功能确保所有经过移动设备的网络视频流量也能被客户端所捕获。此外，为了实现这一目的，还需在移动设备上安装 Fiddler 的专用证书并进行网络代理设置。当移动设备播放目标视频时，客户端上运行的 Fiddler 能够利用自签名的 CA 证书作为中间人攻击者，拦截并解密加密的视频流量，随后对解密后的视频信息进行提取和筛选，最终获取到视频的 MPD 文件，这些文件将用于建立视频明文指纹库。

因为本研究中的待识别视频是从 YouTube 和 Vimeo 这两个国际热门视频平台上采集的，为了确保该基于单向请求报文的视频识别方法的性能，因此明文指纹库里面所采集的视频明文指纹也都是从这两个视频平台采集的，其中包括 YouTube 平台上的 362 502 个明文指纹和 Vimeo 平台上的 107 896 个明文指纹。

(2) 加密视频流量采集

本研究主要利用在路由器上执行的 tcpdump[12] 工具来完成视频数据的采集任务。tcpdump 是一个基于命令行的网络分析工具，可以用于捕获和显示通过网络接口传输的数据包，它能够监听网络流量，包括视频流量。首先，需要在路由器上安装并且配置 tcpdump；然后，为其设置捕获条件来过滤特定的符合条件的数据包，这些捕获的数据可以保存为文件，以供后续流量分析使用。如图 4.10 所示，在流量采集图的第一部分展示了加密视频流量的明文指纹采集过程，在第二部分展示了采集 web 端加密视频流量的过程。

本研究从 YouTube 和 Vimeo 这两个热门视频平台收集了多种分辨率和类型的视频流，包括娱乐、体育、音乐、科技、财经等多个领域。视频流的采集涵盖了从 240 P 到 2 160 P 不等的分辨率(240 P、360 P、480 P、540 P、720 P、1 080 P、1 440 P 和 2 160 P)，视频长度从 1 分钟到 15 分钟不等，确保了实验数据的全面性。通过这样的方法，为本研究提供了大量视频数据，为后续的视频流量识别和分析工作奠定了坚实的基础。本研究数据集的详细描述如表 4.1 所示。

表 4.1　数据集的组成描述表

平台	视频指纹	视频流	视频标题
YouTube	362 502	5 168	459
Vimeo	107 896	1 117	479

4.4.2　评价指标

本研究选择了视频流量分类与识别中常用的评价指标来评估本方法的有效性，包括 Precision、Recall、Accuracy 以及 F1-score，在下表中给出了每个评价指标的详细介绍以及计算公式。

表 4.2　评价指标描述表

指标名称	描述	计算公式
Precision	分类模型识别出的真实视频流样本数与其检测出的总视频流样本数的比率	$Precision = \frac{TP}{TP + FP}$
Recall	分类模型识别出的真实视频流样本数与样本集中的所有视频流样本数的比率	$Recall = \frac{TP}{TP + FN}$
Accuracy	分类模型识别出的所有正确结果与全部样本数的比率	$Accuracy = \frac{TP + TN}{TP + FP + FN + TN}$
F1-score	分类模型识别结果的精确率和召回率的调和平均数	$F1\text{-}score = \frac{2 \cdot Precision \cdot Recall}{Precision + Recall}$

4.4.3　实验结果与分析

在本章中，本研究构建了一个包含 470 398 个视频指纹的大型数据库，这些数据的多样性和丰富性为实验结果的准确性和可靠性提供了保障。待识别的视频包括来自 YouTube 平台的 459 个视频标题的 5 168 个视频流；Vimeo 平台的 479 个标题的 1 117 个视频流。本研究通过计算视频识别结果的准确率、召回率和精确率等指标来全面评估本章方法的有效性。在实验中，识别了包含不同分辨率(240 P、360 P、480 P、540 P、720 P、1 080 P、1 440 P 和 2 160 P)的视频，表 4.3 是该实验中识别加密视频的结果，实验结果表明该模型识别加密视频的准确率稳定在 98.21%。

表 4.3　识别加密视频性能表

平台	准确率(%)	召回率(%)	精确率(%)	F1_得分(%)
YouTube	98.215 0	100	79.87	99.099 5
Vimeo	97.428 8	99.081 7	98.86	98.697 7

4.4.4　流量下载时间对识别准确率的影响

除此之外，为了能够在真实的网络场景下尽快准确识别出加密视频，本章还探讨了在不同的流量下载时间内识别出加密视频的准确率。分别在

YouTube 和 Vimeo 上比较了捕获不同流量下载时间下的加密视频匹配的准确率，实验结果如图 4.11 所示。

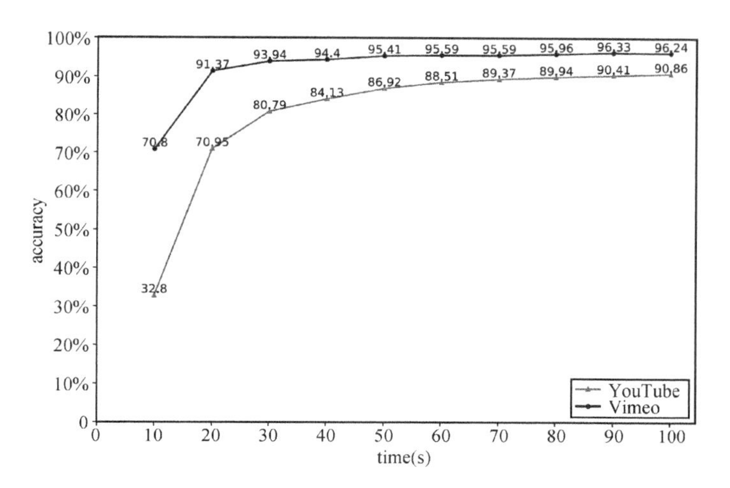

图 4.11　不同下载时间下加密视频识别结果图

将加密视频流量的下载时间分别设置为 5 s、10 s、15 s、20 s、25 s、30 s、35 s、…、90 s、95 s 和 100 s，然后通过实验判断在这些流量下载时间内，使用本研究提出的方法得出的加密视频识别结果。最终实验结果显示，随着加密视频流量的下载时间增加，视频识别结果的准确率也会愈来愈高，这一实验结果也在意料之中，不难得出，加密视频的流量下载时间越长，那么所下载视频包含的视频分段数量就愈多，就意味着有更多的分段序列与明文指纹库中的指纹进行匹配，因此匹配结果的准确率也会增加。但是，当识别结果增加到一定时间值后，视频识别的准确率增长的也会变化的愈发缓慢，即使再延长视频流量的下载时间也无法取得突破性的识别结果。结合本研究的视频分段匹配算法进行详细分析：一方面，因为在视频分段匹配前期使用的是完全匹配算法，只挑选了待识别视频的前几个视频分段进行匹配从而确定了候选指纹库，后续快速匹配算法的进行也都是在该候选指纹库中进行的，这种视频分段匹配算法虽然大大降低了视频分段的匹配规模，提升了加密视频识别的速度，但是因为在快速匹配阶段只匹配了待识别视频的前几个视频分段，在一定程度上降低了视频分段与明文指纹库中的指纹匹配成功的概率；另一方面，视频识别的准确率已经增长到了相对较高的水平了，后续涨幅空间小。

此外，从图 4.11 可以看出，YouTube 和 Vimeo 平台对于不同下载时间下的识别准确率的拐点并不相同，这说明对于不同的视频平台，当能够准确识别视频时，所需的视频下载时间存在差异，这与平台的加密技术和视频流特征都有关系。对于 Vimeo 平台上的视频，只需要 25 s 就可以获得准确率较高的视频识别预测结果，YouTube 平台则需要 60 s 可以获得较为稳定的视频识别预测结果。类似的研究[5]中需要 3 min 的视频下载时间来识别视频，因此本方法在识别视频的时间方面也远远超过了类似研究。

4.5 本章小结

本章提出了一种依靠视频请求流的快速准确识别出加密视频内容的方法。该方法只需要从视频的单向请求报文中提取视频分段长度特征就能达到快速准确地识别出加密视频的目的，并且该方法的性能已经在一个包含 470 398 个明文指纹的大型明文指纹库上得到了验证。除此之外，在该研究中，还通过设计自动化采集程序在主流视频平台 YouTube 以及 Vimeo 上采集了大量的视频明文指纹，并构建了一个包含 470 398 个明文指纹的大型数据集。此外，还研究了在不同视频流量下载时间下识别视频的准确率，以实现在更短的时间内实现加密视频内容识别工作，并与目前已有的视频识别方法进行了对比。最终的实验结果表明，该方法识别加密视频的准确率最高可以达到 98.21%，验证了该方法在当下充满海量视频的网络上实施的有效性和可扩展。

参考文献

[1] Wu H, Li X, Wang G, et al. Resolution identification of encrypted video streaming based on http/2 features[J]. ACM Transactions on Multimedia Computing,

Communications and Applications，2023，19(2)：1-23.

[2] Shafiq M，Tian Z，Bashir A K，et al. IoT malicious traffic identification using wrapper-based feature selection mechanisms[J]. Computers & Security，2020，94：101863.

[3] Doroud H，Alaswad A，Dressler F. Encrypted Traffic Detection：Beyond the Port Number Era[C]//2022 IEEE 47th Conference on Local Computer Networks (LCN). IEEE，2022：198-204.

[4] Li F，Chung J W，Claypool M. Silhouette：Identifying youtube video flows from encrypted traffic[C]//Proceedings of the 28th ACM SIGMM Workshop on Network and Operating Systems Support for Digital Audio and Video. 2018：19-24.

[5] Dubin R，Dvir A，Pele O，et al. I know what you saw last minute — encrypted http adaptive video streaming title classification[J]. IEEE transactions on information forensics and security，2017，12(12)：3039-3049.

[6] Tang P，Dong Y，Jin J，et al. Fine-grained classification of internet video traffic from QoS perspective using fractal spectrum [J]. IEEE Transactions on Multimedia，2019，22(10)：2579-2596.

[7] Schuster R，Shmatikov V，Tromer E. Beauty and the burst：Remote identification of encrypted video streams[C]//26th USENIX Security Symposium (USENIX Security 17). 2017：1357-1374.

[8] Wu H，Yu Z，Cheng G，et al. Identification of encrypted video streaming based on differential fingerprints[C]//IEEE INFOCOM 2020-IEEE Conference on Computer Communications Workshops (INFOCOM WKSHPS). IEEE，2020：74-79.

[9] Yang L，Fu S，Luo Y，et al. Markov probability fingerprints：A method for identifying encrypted video traffic[C]//2020 16th International Conference on Mobility，Sensing and Networking (MSN). IEEE，2020：283-290.

[10] 周莹莲，刘甫. 服务器负载均衡技术研究[J]. 计算机与数字工程，2010(4)：11-14，35.

[11] Franzese M，Iuliano A. Hidden markov models[M]//Encyclopedia of Bioinformatics and Computational Biology：ABC of Bioinformatics. Elsevier，2018，1：753-762.

[12] Goyal P，Goyal A. Comparative study of two most popular packet sniffing tools-Tcpdump and Wireshark[C]//2017 9th International Conference on Computational Intelligence and Communication Networks (CICN). IEEE，2017：77-81.

第5章 高速网络中的视频流量识别

5.1 研究背景

对视频内容的识别为网络空间安全的精细化管理提供支持，但是有些情况下，管理者并不关注视频内容，只是关注流量是否为视频流量。

视频流量的广泛存在对ISP(Internet Service Provider)和网络安全产生了多方面的影响。首先，视频服务对用户具有很大的重要性，其服务质量对吸引用户非常重要。为了满足用户对视频服务的高需求，ISP需要不断提高其网络带宽和服务能力，以提供高质量的视频服务。这不仅能够吸引更多的用户，还能促进互联网的发展，为用户提供更多的学习、娱乐和交流方式。此外，网络安全管理人员通过对网络流量进行较为全面的分析可以识别出恶意软件流量[1]，而视频流量通常是无害的，这些无害而又比重很大的流量将消耗安全分析系统的宝贵资源，网络安全管理人员也需要在进行安全分析之前，先将视频流量过滤掉[2]。因此，从网络流量中识别视频流具有很强

的市场需求。

传统的视频流量识别方法主要是基于有效载荷的方法，通过解析数据包的内容进行识别。然而，由于加密协议的大量应用，明文数据包变得越来越难以获取，因此传统方法的效果受到了限制。为了解决这个问题，近年来研究者们开始将重点转向基于统计的方法，如基于阈值和基于机器学习的方法。这些方法可以从传输规律、上传下载速率、请求间隔、分段长度等方面分析视频流量的特性，不再依赖于有效载荷的解析，因此具有较高的分类性能和稳定性，在视频流量识别中被广泛使用和研究。

然而，现有的研究大多是基于特定的传输协议进行的。不同的视频平台可能会使用多种传输协议，因此现有基于特定协议的方法无法识别来自不同协议传输的视频流量。此外，现有的视频流量识别方法通常是基于全流量进行分析的。在高速网络中捕获和分析全部流量所需的存储开销和时间开销是非常巨大的，因此网络管理员只能对流量进行采样后再分析，这使得现有的方法难以适用于高速网络。

针对上述问题，本章提出了一种实用的视频流量识别方法，可以从高速流量中快速、准确地识别视频流量。该方法不依赖于特定的传输协议，而是从采样的流量中提取稳定的特征，并利用机器学习技术构建分类模型进行分类。该方法可以快速处理高速网络中的流量，识别使用不同传输协议的视频流量，从而具有较高的实用性和适用性。

下一节将对本章所涉及的相关背景技术进行介绍。首先对高速网络中流量处理的相关技术进行介绍，包括流量采样和组流技术。接着对视频流量的传输特征进行介绍。

5.2　高速网络流量处理技术

5.2.1　高速流量采样技术

高速网络流量采样技术是一种在高速网络环境下对流量进行采样的方

法，其目的是在保证采集流量的代表性和可扩展性的同时，尽可能地降低采集和处理的开销[3]。在实际网络环境中，高速网络流量的速率非常快，可能达到几十 Gbps 或者更高的速率，如果直接对所有流量进行采集和处理，会产生非常大的开销，同时会给后续的分析和处理带来非常大的困难。因此，需要使用高速网络流量采样技术对流量进行采样，只采集一部分流量进行分析和处理。

流量采样是网络管理中的一个重要技术，可以有效地减少数据量并提高数据收集的效率。以下是几种常见的流量采样方法：

(1) 随机采样(Random Sampling)：在数据包到达时，以一定的概率对其进行采样。该方法简单易行，但随机性使得采样结果可能不够准确。

(2) 系统采样(Systematic Sampling)是一种等概率抽样方法，是从总体中按照一定规律抽取样本的方法。与随机采样不同，系统采样是通过等间距地从总体中抽取样本来实现的，与随机采样相比，系统采样的优点在于可保证每个样本都是等间距地抽取，从而避免了样本中的随机性可能带来的偏差。

(3) 自适应采样(Adaptive Sampling)：根据当前流量的情况，动态调整采样率。该方法能够适应不同流量情况，但需要更复杂的算法支持。

(4) 基于流的采样(Flow-Based Sampling)：对于同一个流，只采样其中的一个或少数几个数据包。该方法能够保留流的关键信息，但需要更多的计算和存储资源。

根据上面的描述，在进行流量分析时，需要根据不同的分析目的和要求选择合适的采样方法，并根据实际情况对采样率进行适当的调整，以保证分析结果的准确性和有效性。同时，还需要考虑不同采样方法对采样设备的存储和计算资源带来的开销。本研究提出的视频流量复合特征由于不依赖特定数据包，因此选择使用具有轻量化和去随机化等特点的系统采样方法来对高速网络中的数据包进行采样。

5.2.2 高速流量组流技术

为了实现实时的流量监控、流量分类和流量控制等功能，本研究使用网

络数据包重组双向流技术(Packet Reassembly Bi-Directional Flow, PRBF)将乱序的数据包重组为双向流[4]。PRBF 技术可以通过重组数据包来获取有关 TCP 和 UDP 连接的完整信息,例如源和目的 IP 地址、源和目的端口号、数据包序列号等。

本研究使用网络流连接的五个基本信息:源 IP 地址、源端口、目的 IP、目的端口以及协议类型来重组双向流,并将该五个基本信息定义为五元组。为了解决高速网络场景下数据量大、对流量采集设备处理能力要求高的问题,本研究使用哈希技术实现数据包的快速组流。具体而言,本研究通过采用哈希函数将数据包中的五元组信息映射为一个哈希值,然后使用哈希值对流进行组合,并对同一哈希值对应的数据包进行聚合,形成一个具有相同哈希值的流。在实现高速网络组流技术时,哈希函数的选择很重要,哈希函数计算速度对整个系统的运行起着决定作用。

5.2.3　视频流的传输特征

视频流指的是在网络连接上传输的视频数据流。视频流通常采用的是流式传输方式,即实时地传输视频数据,而不是先将所有数据下载下来再播放。这样可以保证视频的连续性和实时性。视频流通常具有以下传输特征:

(1) 高带宽要求:视频流需要大量的带宽来传输,以确保高质量的视频播放。高分辨率、高帧率和高比特率的视频需要更高的带宽。

(2) 实时性要求:视频流通常需要实时传输,以确保观众可以即时观看。任何延迟或卡顿都可能导致不良的用户体验。

(3) 流量不对称性:视频流传输时的流量不对称性指的是视频流的上传流量和下载流量存在明显的不对称性。一般来说,视频流的下载流量要比上传流量多得多。这是因为视频传输通常是一种客户端/服务器模式,在这种模式下,服务器会传输大量的数据流到客户端,而客户端只需要发送一些很小的控制信息给服务器,以请求需要的数据流。

(4) 流式传输方式:视频流的流式传输是指在视频数据产生和传输的过程中,视频数据是以流式的方式被传输和播放的。在视频流传输中,视频数据会被分成一段一段的小数据块(也称为“码流”),然后以特定的协议和格式在网络上进行传输。这些小数据块在传输过程中会依次到达接收端,并被逐段地缓存和播放,从而形成连续的视频流。

在本章的研究中,将基于视频流的传输特征给出视频流复合特征的提取方式。

5.3 基于复合特征的高速网络视频流量识别方法

本节提出了一种快速识别高速网络视频流量的方法,可以从采样流量中准确快速识别多平台视频流量。识别方法的流程框架如图 5.1 所示,可分为模型训练阶段和模型部署阶段。

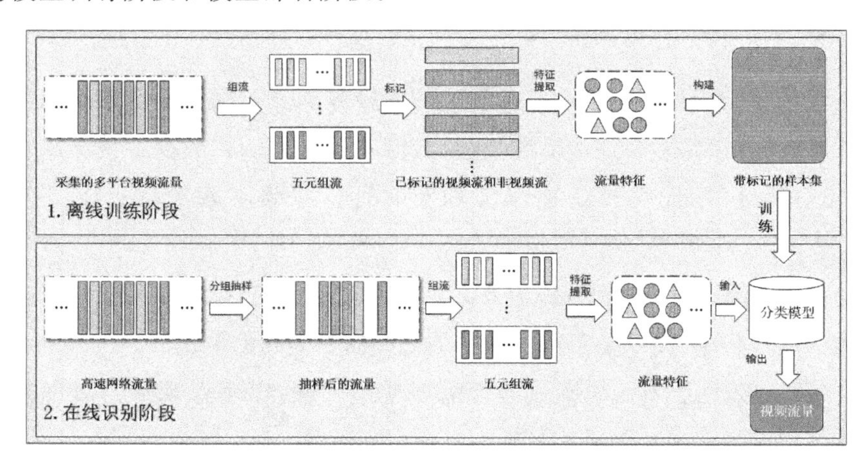

图 5.1　基于复合特征视频流量识别方法的框架示意图

在模型训练阶段,本研究首先从多个视频平台收集大量的视频流量数据作为训练集。接着根据数据包的 5 元组信息(源 IP、目的 IP、源端口、目的端口、协议类型),将数据包组合成双向流。随后,为了获得标记样本集,本研究使用了一种基于握手或请求信息的方法来标注数据集中的视频流量。具体来说,本研究首先捕获视频流量,通过分析捕获的数据包的信息,包括

传输协议类型、请求类型、请求路径、请求参数等，来判断该数据流是否属于视频流量，并对其进行标记。接着，对标记好的流量提取其流量特征，并基于视频流量的复合特征构建特征向量，获得带标记的样本集。最后，本研究使用有监督机器学习算法，接着在样本集上应用多种机器学习算法，如决策树、支持向量机、随机森林等获得多种分类模型，并对不同的分类模型进行对比评估，最终获得一个高性能的分类模型。

在模型部署阶段，本研究首先对高速网络中的数据包进行系统采样。在这一阶段，本研究考虑到高速网络中数据包的数量很大，为了避免存储和计算开销过大的问题，使用系统采样技术对数据包进行采样，随后将采样的数据包重新组合成双向流，这样可以更好地反映流量的整体特征，而不仅仅局限于单个数据包。然后，本研究使用特征提取技术从双向流中提取特征，并将提取的特征输入到模型中进行分类。最后，本研究将模型训练阶段获得的分类模型应用于未知的采样流量中，以识别视频流量。

通过该流程，本研究提出的基于复合特征的视频流量识别方法对采用多种传输协议的视频流量进行识别，从而可以被广泛应用于高速网络中的视频流量管理和控制。

5.4　基于视频流量复合特征的特征构建方法

视频流量识别方法的性能与数据集构建是密不可分的。数据集是指包含多种视频流量的数据集合，它是用来训练和测试视频流量识别模型的基础，数据集的质量和覆盖范围直接影响到识别模型的准确性和鲁棒性。因此，一个优质的数据集对于视频流量识别研究至关重要。在本小节中，将对研究使用的视频流量数据集的构建方式进行介绍，并给出 RSP(Ratio, Speed, and Packet Payload Distribution)复合特征的提取方法。

5.4.1　视频流量数据采集

由于现有的公共数据集通常过于陈旧，或者包含很少的视频流量类型[5-6]，这限制了视频流量识别算法的精度和适用范围。许多公共数据集是基于传统视频流量协议和早期的网络环境所采集的，这使得它们无法涵盖现代视频流的多样性和变化性。此外，随着视频平台不断更新他们所使用的传输协议，现有数据集也可能无法跟上更新速度，导致数据集无法反映当前视频流量的真实特征。

为了解决这些问题，本研究构建了视频流量数据集，通过从多个流行平台上捕获视频流量数据，获得包括多种最新传输协议的多平台视频流量。为了保证视频的多样性，本研究从不同的平台收集了不同播放时长以及不同分辨率下的视频流量。捕获的不同平台的视频流量的数据量及其所使用的传输协议详见表 5.1。

表 5.1　不同平台采集的流量构成表

视频平台	数据量	传输协议
Facebook	378 MB	HTTP+TLS1.2
YouTube	13.85 GB	HTTP+TLS1.3、GQUIC
Twitter	70 MB	HTTP+TLS1.3
哔哩哔哩	2.87 GB	HTTP+TCP、UDT
爱奇艺	5.3 GB	HTTP+TCP、HTTP+TLS1.2
优酷	1.29 GB	HTTP+TCP、HTTP+TLS1.2
快手	3.07 GB	HTTP+TLS1.2、HTTP+TLS1.3
人人影视	1.18 GB	HTTP+TLS1.2
搜狐视频	1.01 GB	HTTP+TCP、HTTP+TLS1.3、GQUIC
抖音	112 MB	HTTP+TCP、HTTP+TLS1.2
火山小视频	344 MB	HTTP+TCP、
其他平台	0.99 GB	HTTP+TCP、HTTP+TLS1.2

5.4.2　视频流量预处理方法

为了在高速网络中快速识别 IP 视频流，需要根据数据包的五元组（协议号、源端口、目的端口、源 IP、目的 IP）来将五元组相同的数据包重组成一条双向流。本节利用 HashTable 来对海量数据包进行组流，HashTable 使用

到的数据结构为哈希表和双向链表，哈希表中的结点存放了指向双向链表的地址，双向链表中包含若干个结点，每个结点用来记录一条双向流的基本信息以及包含的数据包。为了优化组流方法的性能，本研究使用了开放链表法来减少冲突，并使用 LRU(Least Recently Used，最近最少使用)策略来优化查询数据包的存取效率。组流的主要步骤如下：

第一步，使用 FarmHash 算法对数据包的五元组进行计算 Hash 值，然后根据 Hash 值确定数据包对应在 Hash 表中的位置；

第二步，如果当前位置不存在其他五元组，则新建一条双向链表，并将该五元组作为双向链表的第一个结点；

第三步，遍历该位置对应的双向链表，如果找到了相同的五元组的结点，则将数据包的信息统计到该五元组的结点上，并更新双向链表；

第四步，如果遍历完双向链表后，如果没有找到五元组相同的结点，则新建五元组结点，插入到双向链表的头部，并将数据包记录到这个结点中。

在实际应用中，视频流量的标记是视频分析和研究的基础。对于采集到的视频流量，其中可能存在非视频服务的流量，如果不加以区分视频和非视频流量，将会影响到识别结果的准确性，为此，本研究设计方法实现视频流量的标记。在进行视频流量的标记时，可以通过提取流量中的 SNI 或 GET 请求消息等协议字段来判断流量类型。例如，对于使用 TLS 加密的 IP 流量，首先对其逐层解包，直到获得包含 TLS 数据报的协议的应用层信息，然后提取 TLS ClientHello 记录，从中提取出包含服务器域名信息的 SNI。对于使用其他加密协议的流量以及未加密的流量，也可以用类似的方法提取出 SNI 或者 GET 请求消息，进而实现标记。

5.4.3　RSP 复合特征提取方法

在使用机器学习方法之前，必须构建带有标签的样本集来描述想要识别的视频流的特征。为了准确识别不同平台上的视频流，本研究放弃了对特定协议的依赖，只使用视频流本身的普遍特征。在下文中将详细介绍如何从视频流的三个普遍特征中提取特征并构建特征空间。

为了更全面的分析视频流量的特征，我们研究流量传输时两个方向的流量特征,并定义从低 IP 地址到高 IP 地址的方向传输的流量为前向流,反之为后向流。然后为每条双向流收集表 5.2 中描述的信息,用于后续视频流统计特征的计算。

表 5.2 流量统计信息的描述表

名称	描述
f_pck	前向流发送的数据包数量
b_pck	后向流发送的数据包数量
f_len	前向流发送的字节数
b_len	后向流发送的字节数
f_d_p	前向流发送的带有有效载荷的数据包的数量
b_d_p	由后向流发送的带有有效载荷的数据包的数量
f_d_l	前向流发送的有效载荷的字节数
b_d_l	后向流发送的有效载荷的字节数
p_len	数据包有效载荷的字节数
tmGap	该流的实际传输时间

对数据包的采样会影响表 5.2 中的流量统计值的有效性,如果直接用这些统计值作为分类特征,视频流量的识别性能就不稳定。因此,在本文的方法中,这些统计值被进一步处理,通过等采样率的放大或者缩小来消除采样对特征的影响。在此基础上,本研究总结并研究了视频流的三大传输特征,并基于这三大特性给出了特征提取和选择的方法。

(1) 基于视频前后向流的不对称性提取特征

视频流在传输过程中具有明显的前后向流量的不对称性。这一特性来自视频播放过程中的请求和响应机制,具体可以反映在前向流和后向流的有效载荷大小比率上。为了更全面地从统计学的角度描述前向流和后向流量的比率与视频流之间的关系,本研究定义一组特征 $RAT = \{r\_b\_pck, r\_b\_len, r\_b\_dp, r\_b\_dl\}$,并根据公式 5.1计算。其中 r_b_pck 表示后向流中数据包个数与双向流中数据包的比率,r_b_len 表示后向流中字节数与双向流中字节数的比率。而 r_b_dp 和 r_b_dl 与前两个特征基本一致,但只统计带载荷的数据包。

$$RAT=\begin{cases} r\_b\_pck=b\_pck/(b\_pck+f\_pck) \\ r\_b\_len=b\_len/(b\_len+f\_len) \\ r\_b\_dp=b\_d\_p/(b\_d\_p+f\_d\_p) \\ r\_b\_dl=b\_d\_l/(b\_d\_l+f\_d\_l) \end{cases} \qquad \text{公式 5.1}$$

(2) 基于视频流的 Dash 传输机制提取特征

与其他类型的流量不同,视频流具有更高的传输速率,因此定义了以下流速(Speed,缩写为 SPD)特征来描述视频流 $SPD=\{b\_spd\_pck, b\_spd\_len, f\_spd\_pck, f\_spd\_len\}$,计算方法见公式 5.2。其中,$b\_spd\_pck$ 和 b_spd_len 分别表示后向流的数据包和字节传输速率,单位分别为数据包每秒和字节每秒。同样,f_spd_pck 和 f_spd_len 表示前向流的数据包和字节传输速率。由于视频流的分段传输机制,在视频传输连接的持续时间内,存在大量的空闲时间。因此,为了更准确地计算流量传输率,本研究仅统计了数据包的实际传输时长。

$$SPD=\begin{cases} b\_spd\_pck=b\_pck/tmGap \\ b\_spd\_len=b\_len/tmGap \\ f\_spd\_pck=f\_pck/tmGap \\ f\_spd\_len=f\_len/tmGap \end{cases} \qquad \text{公式 5.2}$$

(3) 基于视频流的有效载荷的概率密度分布提取特征

在以往的研究,已经证明数据包的载荷有效长度分布(Payload Length Distribution, PLD)可以对流量进行分类[7-8]。为了证明 PLD 特征能用于与从采样流量中下准确的区分开视频和非视频流量,本研究选择了常见的文本聊天流量、文件流量、游戏流量以及视频流量,分别统计采样数据包的有效载荷大小分布。如图 5.2 所示,可以发现视频流的 PLD 与其他类型流的 PLD 呈现不同的波形曲线。另外还可以注意到,视频流在的数据包载荷大小在大于 1 400 字节的部分也有一定分布,为了获得有效的特征,本研究使用以下方法来计算特征。

为了统一数据包载荷长度的分布区间,本研究设置载荷长度的最大值为 L,并将区间 $[0, L]$ 平均划分为 d 个区间,然后统计数据包载荷长度在这 d 个区间上的分布情况。此外,本研究对载荷长度为 0 或者为大于 L 时单独统计其分布，如果数据包长度 l 大于 L，则统计 l/L 次。对于任意一条流量 i，本研究得到其分布特征集合 P_i，如公式 5.3 所示。

$$P_i = \{L_{ij} \mid j = 0, 1, 2, \cdots, d+1\} \quad \text{公式 5.3}$$

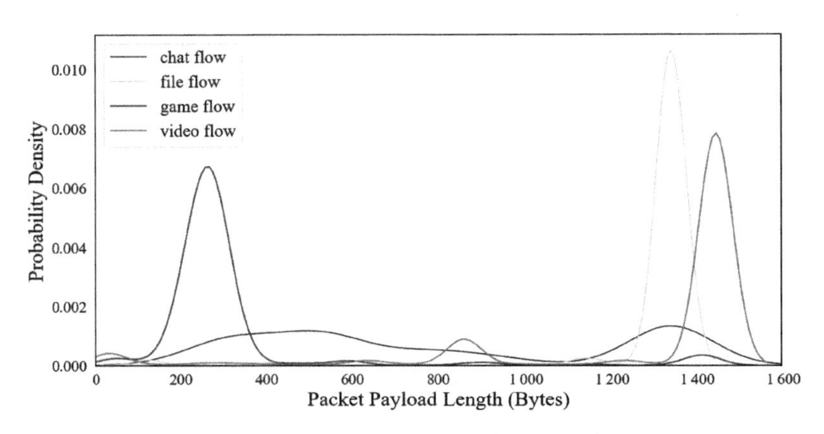

图 5.2 视频和非视频流量的 PLD 示意图

其中 L_{ij} 为数据包载荷为数据包载荷长度在第 j 个区间上时的概率，可以通过在第 j 个区间上的数据包数量除以总数据包数量得到。为了确定需要载荷长度的最大值和区间个数，本研究设置了一系列的对比实验，最终设置 L 为 1 300，d 为 13。通过该方法，本研究得到了 30 个特征（前向流 15 个特征和反向流 15 个特征）。

5.5 特征降维和归一化处理

根据上一节提出的特征提取方法，一共得到了 38 个特征。为了获得更好的模型，本节将使用特征降维以及归一化方法对特征进行处理，以提高模型的训练效率和性能。

对于已提取到的 38 个特征，其中一些可能是冗余的或相关性的，这会导致训练过程变慢、过拟合和维数灾难等问题。因此，通过特征降维可以将高

维特征空间降低到更低的维度，减小模型的复杂度，同时保留尽可能多的信息。为了解决这一问题，本研究计算每个特征的重要性，并基于此来选择少量且关键的特征。具体来说，本研究根据平均不纯度下降 MDI（Mean Decrease Impurity）算法得出 38 个特征的重要性，并将这些特征按重要性排序。接着，选择重要性最高的 8 个特征来构建特征空间。本研究将这 8 个特征构成的特征空间命名为 RSP 复合特征。RSP 特征的详细描述见表 5.3。

表 5.3　RSP 特征的描述及其重要性得分表

特征	描述	特征重要性得分
b_p_(0)	后向流中载荷为 0 字节的数据包所占的比例	0.179
r_b_dp	后向流和前向流中带有有效载荷的数据包数量之比	0.144
r_b_dl	后向流中有效载荷的总大小所占的比率	0.126
f_p_(>1 300)	后向流中数据长度大于 1 300 的数据包所占的比率	0.108
r_b_pck	后向流中的数据包数量所占的比率	0.077
b_p_(1～100)	后向流中数据长度为 1～100 的数据包所占的比率	0.074
r_f_len	前向流中的数据总大小的所占的比率	0.065
b_spd_len	后向流的数据传输速率	0.053

在完成特征的降维之后，还需要考虑特征的取值范围不平衡对模型训练产生的负面影响。例如，某些特征的取值范围可能非常大，而其他特征的取值范围则较小，这会使得某些特征对模型的训练和预测起到更大的作用。此外，不同特征的取值范围和分布也可能对模型的鲁棒性产生影响。为了消除这种特征取值的不平衡性对模型性能的影响，本研究使用 Z-score 方法将所有特征值归一化为均值为 0、方差为 1 的分布。Z-score 方法的计算方法为公式 5.4。

$$X_{scale} = (X - X_{mean}) / \delta \qquad \text{公式 5.4}$$

其中 X 是当前特征值，X_{mean} 是每组特征的平均值，δ 是每组特征值的标准差，X_{scale} 是归一化的特征值。最后，将处理后的视频流数据集按 3∶1 分成训练集和测试集，用于后续分类模型的训练和测试。

5.6 基于监督学习的视频流量识别方法

为了准确识别视频流量，需要训练一个高性能的分类模型。在本研究中，首先使用上一节构建的视频流数据集训练模型。在分类模型的训练中，本研究对比了不同的机器学习模型，并选择使用随机森林分类（Random Forest Classification，RFC）算法，该算法被广泛应用于二分类问题上。RFC是一种基于决策树的集成训练方法，通过训练多个决策树并将它们组合来提高分类准确性。在训练过程中，本研究使用大量的样本和特征来训练RFC分类器，以获得更好的分类效果。

为了确定模型的最佳参数，本研究使用十折交叉验证的网格搜索方法。网格搜索是一种自动化的参数优化方法，它在指定参数范围内搜索最佳参数组合，以获得最佳的分类性能。十折交叉验证是一种评估分类模型性能的常用方法，它将数据集分成10份，每次使用9份进行训练，1份进行测试，重复10次以获取平均性能评估。通过该方法，本研究确定了随机森林算法的最佳参数。

最后，根据选定的算法和参数，本研究得到了一个理想的分类模型，它可以准确识别视频流量。在真实的高速网络中，可以将从采样流量中提取到的特征向量输入该模型，通过模型的预测得到视频流量的识别结果。

5.7 实验与分析

5.7.1 实验环境与数据集描述

（1）实验环境

本次实验环境为一台地理位置位于中国南京的实验室主机，其配置为英特尔酷睿i7机器、16 GB RAM，该设备用于特征的处理以及模型的训练

和测试。后续将介绍实验使用的数据集、评估效绩的指标以及结果分析，最后讨论了采样率以及流的长度对识别结果的影响。

（2）数据集描述

本研究在实验室环境以及校园网边界路由器处捕获了流量数据，用于训练和测试本文提出的基于复合特征的视频流量识别方法的性能。其中，在实验室捕获的多平台视频流量数据集 Dataset-Ⅰ来训练分类模型，并对分类模型进行性能评估。同时，在校园网的边界路由器上捕获的流量数据集 Dataset-Ⅱ作为真实网络流量，以评估本文的方法在实际高速网络中的性能。数据集的信息如表 5.4 所示，其中包括数据集名称、捕获位置、带宽、流量总量和双向流的数量。

表 5.4　数据集描述表

数据集名称	捕获位置	带宽	流量总量	双向流的数量
Dataset-Ⅰ	实验室中捕获的多平台视频流量	100 Mbps	30.7 GB	369 748
Dataset-Ⅱ	校园网边界路由器处捕获的高速流量	10 Gbps	117 GB	1 714 851

（3）评价指标

本研究选择了机器学习领域常用的评价指标来评估提出的视频流识别方法的有效性，包括 ROC、Precision、Recall、Accuracy 以及 F1-score，在表 5.5 中给出了每个评价指纹的描述以及计算公式。

表 5.5　评价指标描述表

指标名称	描述	计算公式
ROC	以分类模型识别结果的真阳性率(TRP)为纵坐标，假阳性率(FAR)为横坐标绘制的平面曲线	$TRP=\frac{TP}{TP+FN}$，$FAR=\frac{FP}{FP+TN}$
Precision	分类模型识别出的真实视频流样本数与其检测出的总视频流样本数的比率	$Precision=\frac{TP}{TP+FP}$
Recall	分类模型识别出的真实视频流样本数与样本集中的所有视频流样本数的比率	$Recall=\frac{TP}{TP+FN}$

（续表）

指标名称	描述	计算公式
Accuracy	分类模型识别出的所有正确结果与全部样本数的比率	$Accuracy = \dfrac{TP + TN}{TP + FP + FN + TN}$
F1-score	分类模型识别结果的精确率和召回率的调和平均数	$F1\text{-}score = \dfrac{2 \cdot Precision \cdot Recall}{Precision + Recall}$

5.7.2 不同机器学习算法下的识别性能比较

为了验证本研究构建的视频流量分类模型在多平台混合视频流量上的识别性能，本研究在包含多平台视频流量的数据集 Dataset-Ⅰ上对其进行了训练和评估，并将本研究构建的分类模型与其他五种分类算法构建的模型进行了比较，以验证本模型的优越性。这些算法是分别是随机梯度下降(Stochastic Gradient Descent，SGD)，支持向量机(Support Vector Machine，SVM)，岭回归（Ridge Classification，RC），K 近邻算法（K-Nearest Neighbors，KNN)，决策树(Decision Tree，DT)。

图 5.3 显示，本研究提出的分类模型的 ROC 曲线覆盖了其他五个模型，而且 AUC 也达到最高的 0.998。此外，图 5.4 显示，提出的模型具有最高 98.84%的 *F1-score*，其精确率为 98.64%，召回率为 99.09%。上述结果表明，本研究给出的分类模型能够准确识别来自多个视频平台的视频流量。

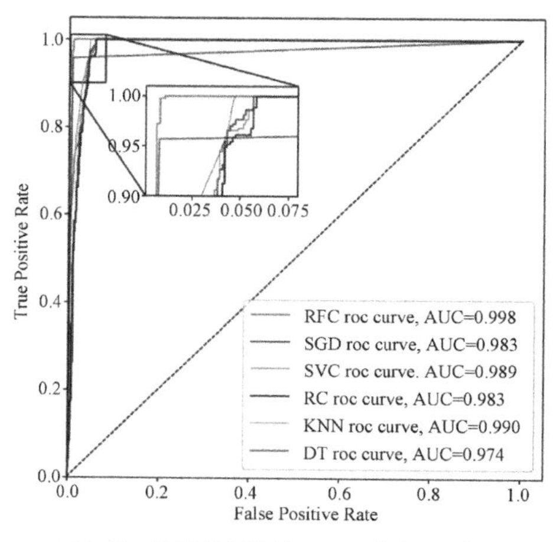

图 5.3 不同模型的 ROC 曲线示意图

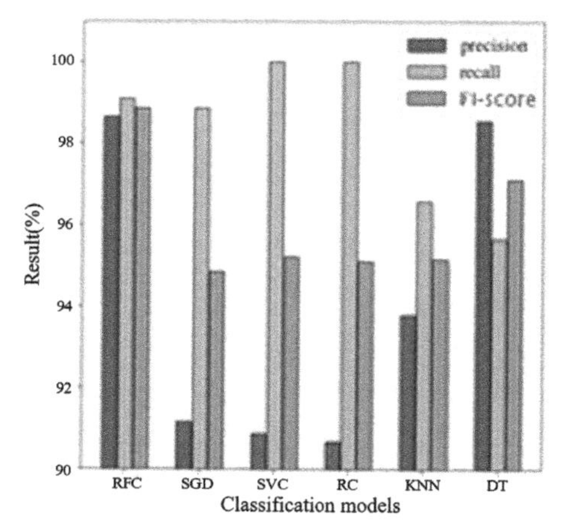

图 5.4 不同模型的性能评估结果示意图

5.7.3　流长度对识别结果的影响

为了尽可能快地识别视频流，本研究希望从尽可能短的双向流中提取 RSP 复合特征。然而，识别精度和流长度之间存在负相关。因此，本研究在 Dataset Ⅰ上设计实验，在确保识别性能的前提下，确定提取 RSP 特征时双向流的最短长度。本研究用双向流中包含的数据包数量描述流的长度，并通过对不同数量的数据包的双向流提取特征，构建数据集训练分类模型，并评估它们对分类效果的影响。本研究分别从每条双向流的 100、250、…、5 000 个数据包中提取特征，构建不同的样本集，然后应用本研究提出的分类模型进行预测。如图 5.5 所示，即使从双向流的 100 个数据包中提取特征，对视频流的识别精确率和召回率都在 95%以上，这证明了本研究提出的方法的即使在视频流传输的早期也可以准确识别，具有实时性。通过实验，本研究最终选择从 500 个数据包来提取特征向量，这在确保视频流识别的有效性的前提下，也能从高速网络中的采样数据中快速获得，证实了该方法可以实现视频流的快速识别。

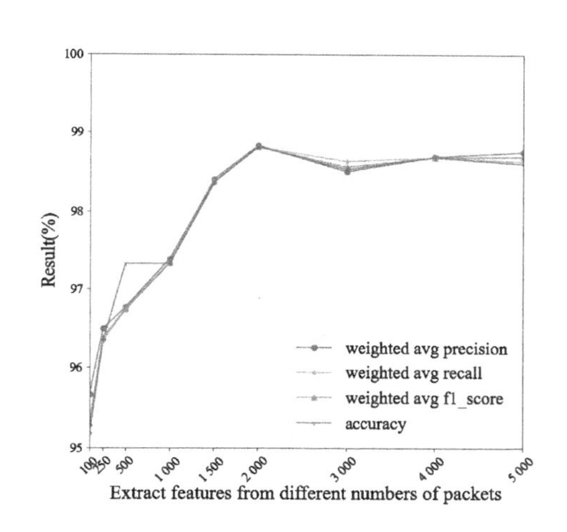

图 5.5　不同流长度下识别的性能示意图

5.7.4　采样率对识别结果的影响

为了评估本研究提出的方法在高速网络上的性能，本研究在数据集 Dataset Ⅱ上模拟采样环境设计实验，并测试在不同采样率下的模型性能。本研究用精确率和召回率这两个指标来量化提出方法的性能。由于 Dataset Ⅱ中的所有数据都是无标签的，本研究使用以下两种方法来计算评价指标的估计值。

(1) 采样验证法：用本研究构建的分类模型去预测 Dataset Ⅱ中的流量样本，获得预测结果。通过对预测结果中一定比例的样本进行手动检查，可以估计出提出方法的精度。

(2) 标记重捕法：事先对 Dataset Ⅱ 中的一些视频流进行标注，然后应用本研究构建的分类模型获得预测结果。提出的方法的召回率可以通过检测有多少标记的视频流被正确识别为视频流来估计。

本研究在不同的采样率下识别视频流量，得到图 5.6 所示的结果。结果显示，在 1/32 的采样率下，提出的方法可以从流传输过程中的任意 500 个数据包中提取稳定的 RSP 特征向量，然后基于该特征向量进行识别可以达到 93.12% 的精确率和 98.03% 的召回率。一般来说，模型的识别性能会随着采样率的提高而降低，但本研究发现，在采样率相对较低时，精确率随采样率的增加而增加。对该现象进行分析得知，数据包的采样会过滤少量特征不够稳定的短流，从而一定程度上提高模型的性能。值得注意的是，在一个 10 Gbps 带宽的高速网络中，即使在 1/32 的采样率下，也只需要 2.24 ms(500 个数据包的总字节数除以采样率，再除以带宽)来收集 500 个数据包。换句话说，假设没有其他处理瓶颈存在，本研究提出的方法可以在高速网络中快速而准确地识别视频流量网络中的视频流量。

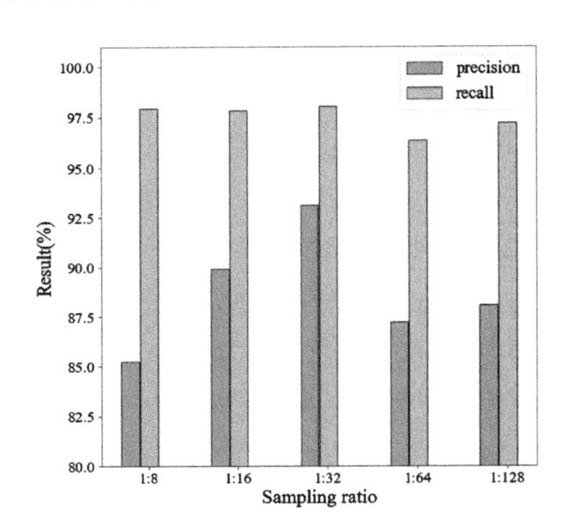

图 5.6　不同采样率下的识别性能示意图

5.7.5　对比实验

在文献[8]中提出了一种叫作 ITP-KNN 的方法，这种方法基于视频流的流式传输特性，从 15 s 的流中提取 70 维特征向量来训练分类模型。本研究复现了 ITP-KNN 方法并与我们的方法进行对比。实验结果如表 5.6 所示，本研究提出的方法只用了 8 个特征就达到了比 ITP 方法更高的识别精度。此外，在特征向量的提取速度方面，ITP-KNN 方法需要从 15 s 流中提取特征，而本研究提出的方法只使用流量的前 500 个数据包(在 10 Gbps 的

高速网络中约为 2.24 ms)就可以获取稳定的特征向量,因此能够更快的识别视频流量。最后,上述讨论表明,提出的方法可以更快并且更准确地识别视频流量。

表 5.6　本文的方法和 ITP-KNN 方法的识别性能表

方法	Precision(%)	Recall(%)	F1-Score(%)	特征维度	特征提取时间
ITP-KNN	78.72	81.06	79.87	70	15 s
我们的方法	98.64	99.09	98.86	8	2.24 ms

5.8　本章小结

在本章中,提出了一种实用的识别方法,可以在较短的时间内从高速网络流量中快速提取特征并准确识别视频流。实验结果表明,本章提出的方法可以从使用不同协议的多视频平台的采样流量中提取稳定的 RSP 复合特征。此外,10 Gbps 带宽的高速采样流量的实验结果表明,提出的视频流量识别方法即使在采样率为 1/32 的情况下,仅从 500 个数据包就可以提取稳定的特征向量,将该特征输入模型中进行识别,可以达到 98%以上的召回率和 93%以上的精确率,这证明了提出的方法能够快速且准确地从高速网络中识别出视频流量。

参考文献

[1] Shafiq M, Tian Z, Bashir A K, et al. IoT malicious traffic identification using wrapper-based feature selection mechanisms[J]. Computers & Security, 2020, 94: 101863.

[2] Das M L, Samdaria N. On the security of SSL/TLS-enabled applications[J]. Applied Computing and informatics, 2014, 10(1/2): 68-81.

[3] Dong S, Xia Y. Network traffic identification in packet sampling environment [J]. Digital Communications and Networks, 2022.

[4] Holland J, Schmitt P, Mittal P, et al. Towards Reproducible Network Traffic Analysis[J]. arXiv preprint arXiv: 2203.12410, 2022.

[5] Abu-El-Haija S, Kothari N, Lee J, et al. YouTube-8m: A large-scale video classification benchmark[J]. arXiv preprint arXiv: 1609.08675, 2016.

[6] Wu Z, Dong Y, Qiu X, et al. Online multimedia traffic classification from the QoS perspective using deep learning[J]. Computer Networks, 2022, 204: 108716.

[7] Qin T, Wang L, Liu Z, et al. Robust application identification methods for P2P and VoIP traffic classification in backbone networks[J]. Knowledge-Based Systems, 2015, 82: 152-162.

[8] Duan C, Gao H, Song G, et al. ByteIoT: A practical IoT device identification system based on packet length distribution[J]. IEEE Transactions on Network and Service Management, 2021, 19(2): 1717-1728.

第6章 VPN 加密视频流平台来源识别

6.1 研究背景

在实际的网络场景，数据流中混杂了来自多个平台的视频流，而 QoS 和 QoE 的优化、安全监控等实际应用场景都需要精细的视频流识别方法。例如需要订阅的平台通常要求较高的 QoS 保证。通过识别出视频流的平台，互联网服务提供商可以基于不同平台的应用要求精准按需分配对应的网络资源，从而提供更精细的服务质量管理。此外，监管部门允许用户使用正规的视频平台，但是禁止用户使用涉嫌传播违规有害内容的非法视频平台。因此，为了满足精细化的网络流量管理需求，互联网服务提供商和监管部门需要考虑新的网络流量管理机制，该机制不仅能识别出视频流，还能进一步识别出视频流来源的平台。

然而，为了保护用户的隐私和安全，许多视频平台纷纷部署了各种加密技术，使得对视频流进行精细化识别变得困难。尤其是这些加密视频流还可能经过 VPN(Virtual Private Network)应用[1]再次封装,进一步增加了视频流精细化识别的困难程度。VPN 作为一种通过在公共网络上创建加密隧道进行数据传输的技术,提供了隐私保护、远程访问、绕过地理限制等功能,丰富的功能促使其使用率不断增长。根据相关研究显示[2],2024 年全球 VPN 市场规模估计为 627.3 亿美元,且预计到 2033 年将增至 1 259.4 亿美元。尽管 VPN 带来了隐私保护和安全访问的益处,但其使用也引入了流量的双重加密、明文信息隐藏以及匿名传输等,给视频流的精细化识别带来了新的挑战。

将流量与生成流量的应用程序(或应用程序类型)相关联的技术称为流量分类[3],该技术可以实现网络流量类型的识别。早期的流量分类方法主要有基于端口的方法[4]和深度包检测(DPI)方法[5]。然而,随着端口混淆技术和各种加密技术的出现,这两种方法的应用遭到了限制[6]。近年来,尽管有不少适用 VPN 加密流量领域的方法被提出,但这些研究大多集中在对 VPN 加密流量进行二分类检测和业务类型识别。然而,视频平台来源的识别比二分类检测和业务类型识别更为精细,因此现有 VPN 加密流量分类方法在应对视频平台来源识别任务时面临一些挑战。

首先,视频流通常由同一类型协议支持,如 HAS(HTTP Adaptive Streaming),导致不同平台的视频流流量模式相似,使得以业务类型作为分类粒度的方法难以有效区分它们。

其次,现有分类方法忽视对视频流特性的研究,大多使用流量分类研究中的通用特征,且大多依赖整条数据流,难以完整提取特征,时间和空间消耗较大。

再者,许多研究仅在封闭实验环境中评估方法的准确性,而忽视了复杂的特征表征可能会降低方法的实时性,以及实际网络环境中大量背景流的干扰可能会导致方法的准确性下降。此外,未考虑到方法是否具备足够的稳健性以应对新出现的样本。

最后,非对称路由很可能造成上行和下行流量流经不同路径,导致在某一采集点上通常只能捕获到单向流数据,且流量传输路径的变化也会影响流量特征描述。这些因素使得依赖双向流进行特征表征的方法难以适用于

非对称路由场景。

针对现有方法存在的问题，本章提出了一种新的 VPN 加密视频流平台来源识别方法。该方法具有以下特点：①仅依赖单向流，以适应广泛存在的非对称路由场景；②仅利用视频流自身的流量传输特性，不依赖 VPN 等协议特性，以适用于不同 VPN 协议加密场景；③通过时间窗口和时间单元灵活提取聚合特征序列，无需依赖完整数据流；④使用 1D-CNN 模型学习序列的深层特征，以在海量背景流场景中区分流量模式相似的不同平台的视频流。

6.2 VPN 加密视频流量特性分析

考虑到存在多种不同的 VPN 协议类型，需要构建一种利用视频流特性而与 VPN 协议特性无关的特征，以适应更广泛的 VPN 协议类型，并提高对 VPN 加密视频流平台来源的识别精度。为了深入挖掘不同平台的 VPN 加密视频流的传输特征，本节将对不同平台的 VPN 加密视频流进行时间和空间上的分析，重点关注数据包大小分布、数据包到达间隔时间以及传输特性等方面。

6.2.1 数据包有效负载长度分布特性分析

在计算机网络中，分层的网络模型提供了一个详细的框架，用于解释应用数据在网络中的传输过程。根据分层模型的原理，数据在传输前需要经过多层协议的逐层封装，包括应用层、传输层和 IP 层等。经过 IP 层协议封装后，所传输的数据单元称为数据包。数据包的有效负载大小指去除协议头部信息后，数据包实际携带的数据量，即数据包有效负载大小＝数据包总长度－IP 协议报头长度－TCP 协议报头长度或 UDP 协议报头长度。

数据包有效负载大小分布是重要的流量空间特性之一，可以较为准确地反映出不同类型流量的传输规律。例如，视频流常伴随着较大的数据包负载大小，反映其对高带宽和低延迟的特殊需求，而电子邮件等通信所使用的数据包则通常具有较小的有效负载大小。本章对不同平台来源的 VPN 加密视频流进行数据包有效负载大小分布统计，以揭示在不同 VPN 加密环境下，不同平台来源的视频流在传输过程中所呈现的空间分布特征。

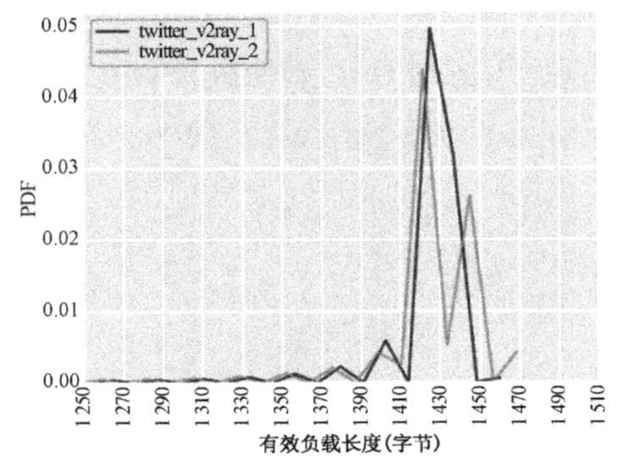

(a) Vmess 加密的 Twitter 视频流

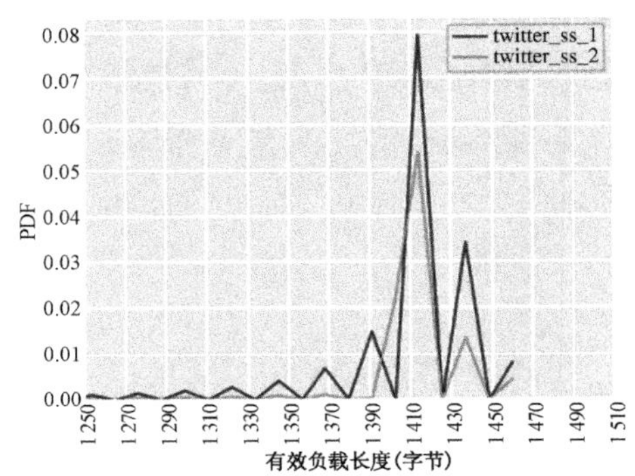

(b) Shadowsocks 加密的 Twitter 视频流

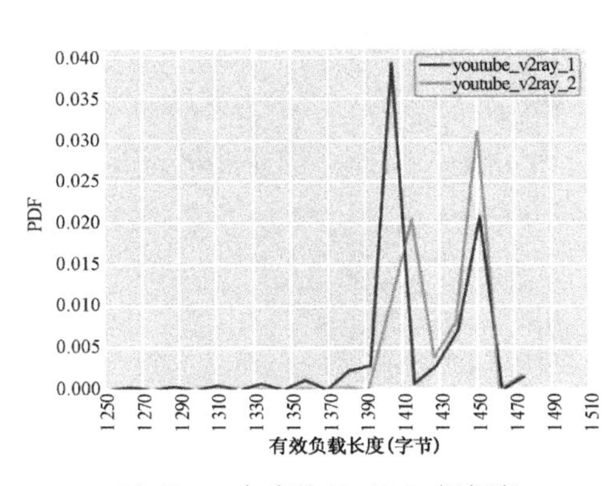

(c) Vmess 加密的 YouTube 视频流

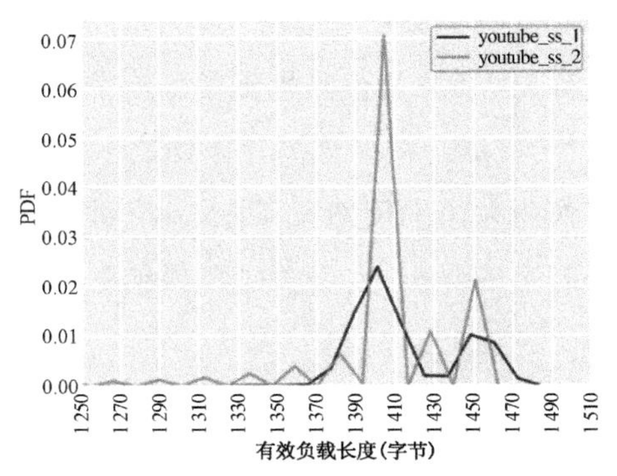

(d) Shadowsocks 加密的 YouTube 视频流

图 6.1 不同平台的 VPN 视频流数据包有效负载 PDF 图

图 6.1 展示了不同 VPN 加密环境下，分别来自 Twitter 和 YouTube 的两个不同标题视频流数据包有效负载大小的概率密度函数(Probability Density Function，PDF)分布曲线。观察图形可知，同一平台的不同 VPN 加密视频流的有效负载大小分布趋势接近，包括峰值的个数和峰值对应的有效负载大小等方面。这表明相同平台的视频流，即使经过 VPN 加密传输，其数据包有效负载大小分布仍具有一定的一致性。此外，同一平台的不同

VPN 协议加密的相同标题视频流的有效负载大小分布接近，包括峰值个数以及峰值对应的有效负载大小等方面，只是峰值大小存在微小差异。然而，由于视频流携带的数据量通常比较大，因此数据包有效负载长度也比较大，从而导致不同平台来源的视频流的有效长度负载分布差异性并不显著，从图 6.1 可见不同平台来源的 VPN 加密视频流的有效负载分布集中在 1 400 字节以上。

6.2.2　数据包间隔时间分布特性分析

数据包间隔时间指传输过程中相邻两个数据包之间的到达时间间隔。在网络通信中，数据包间隔时间是网络流量特性和性能的重要度量，直接反映了数据包传输速率、流量稳定性以及网络负载等情况。数据包间隔时间能够揭示流量的时序特性，通过对数据包之间的时间间隔差异进行观察，可了解不同类型流量的数据包传输规律。例如，视频播放通常要求较高的实时性，因此视频流通常表现出较小的数据包间隔时间。本章对不同平台来源的 VPN 加密视频流进行数据包间隔时间分布统计，以揭示在不同 VPN 加密环境下，不同平台来源的视频流在传输过程中所呈现的时序特征。

图 6.2 展示了不同 VPN 加密环境下，分别来自 Twitter 和 YouTube 的两个不同标题视频流数据包间隔大小的概率密度函数分布曲线。从图中可知，同一平台的不同 VPN 加密视频流的包间隔时间分布趋势接近，且同一平台的不同 VPN 协议加密的相同标题视频流的包间隔分布接近，包括峰值个数以及峰值对应的包间间隔大小等方面。然而，不同平台来源的 VPN 加

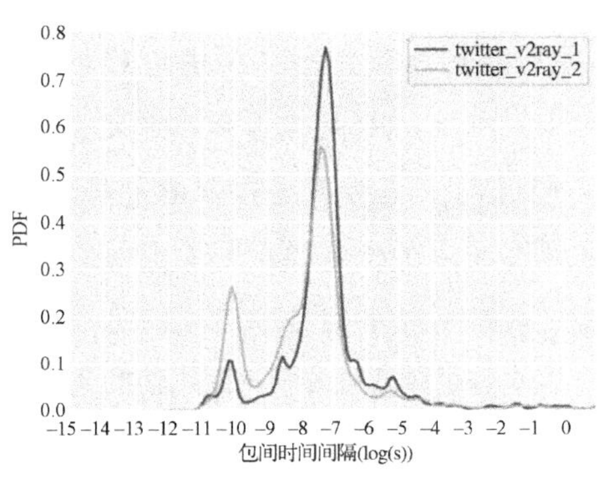

(a) Vmess 加密的 Twitter 视频流

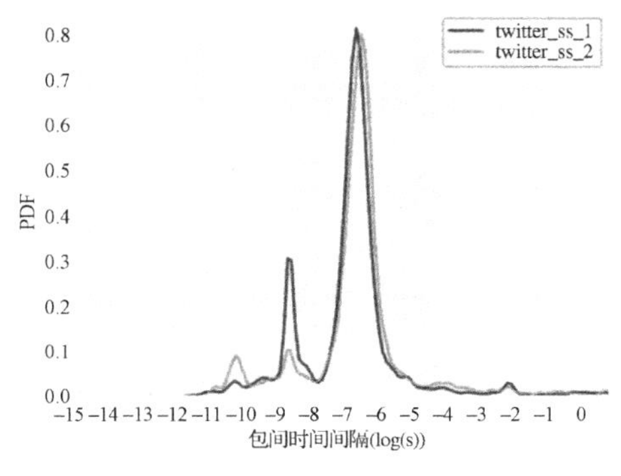

(b) Shadowsocks 加密的 Twitter 视频流

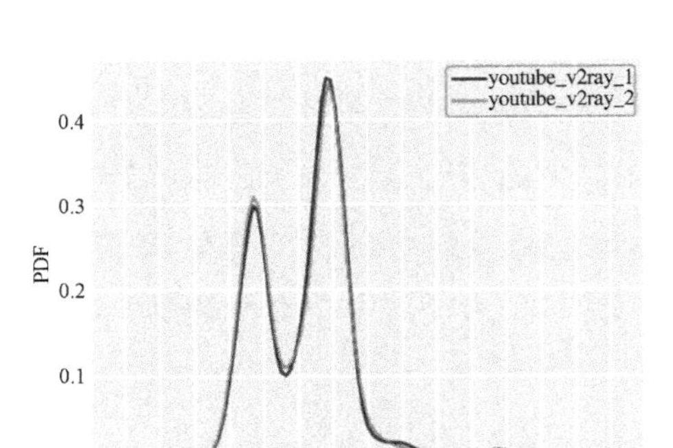

(c) Vmess 加密的 YouTube 视频流

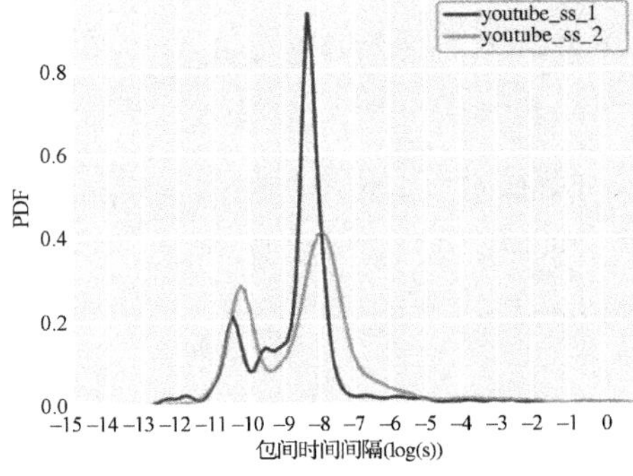

(d) Shadowsocks 加密的 YouTube 视频流

图 6.2 不同平台的 VPN 视频流的包间间隔时间 PDF 图

密视频流的包间隔分布存在比较小的差异性。

6.2.3 VPN 加密视频流的传输特性分析

对平台来源不同的 VPN 加密视频流的数据包有效负载分布和数据包间隔时间分布进行深入分析后,发现即使在 VPN 加密环境下,同一平台的 VPN 加密视频流在流量传输过程中仍然呈现出一定的共性,而不同平台的视频流虽然存在一定的差异性,但并不十分显著。为了更加全面地观察平台来源不同的 VPN 视频流量在传输过程中的差异性,本章将数据包有效负载和包间隔特征结合起来,绘制了不同 VPN 加密环境下,分别来自 Twitter 和 YouTube 的两个不同标题视频流的流量传输过程曲线。结果如图 6.3 示,其中横坐标为时间,纵坐标是每 100 ms 的数据量。

从图 6.3 可以观察到不同平台的 VPN 加密视频流量在传输过程中都呈现出了阶段性特点和周期性的 ON-OFF 模式。即使在 VPN 协议加密下,同一平台的不同标题视频流的流量传输过程依然展现出相似的趋势,主要体现在前期的缓冲阶段时长接近和稳定阶段中的 ON-OFF 周期时间长度相近。然而,从图 6.3 中也可以明显观察到不同平台的 VPN 加密视频流,在缓冲阶段的持续时长和 ON-OFF 周期时间长度上存在明显的差异性。这种差异性主要根源于各视频平台对于初始缓冲阶段参数的不同设置以及选择不同的片段时长来切割视频。

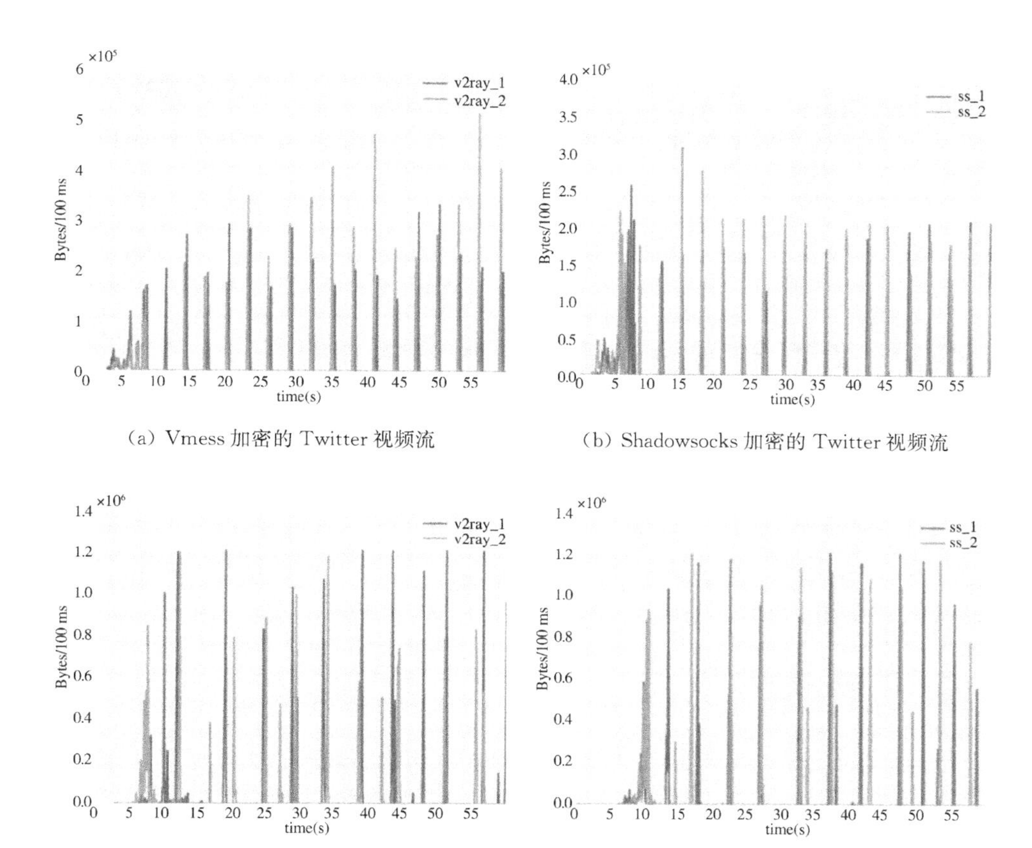

(a) Vmess 加密的 Twitter 视频流　(b) Shadowsocks 加密的 Twitter 视频流

(c) Vmess 加密的 YouTube 视频流　(d) Shadowsocks 加密的 YouTube 视频流

图 6.3　平台来源不同的 VPN 视频流量的传输过程图

此外,从图 6.3 可以观察到,Twitter 平台的视频流传输过程相对稳定,其 ON-OFF 的周期时间长度在整个传输过程中基本保持一致。相反,YouTube 平台的视频流则呈现出相对不太稳定的趋势,其 ON-OFF 的周期时间长度在传输过程存在波动。这种现象主要是由于不同平台采用不同的优化策略、网络架构以及带宽分配策略等造成的。如 YouTube 可能采用了更为动态的适应性调整策略,通过实时监测网络条件和用户设备特性来调整视频流。这种策略使得 YouTube 能够在变化多端的网络环境中动态适应,但也导致了 ON-OFF 周期在整个传输过程中的波动,以满足不同环境下的需求。

总而言之,不同视频平台在 HAS 流媒体协议基础上,在应用开发过程

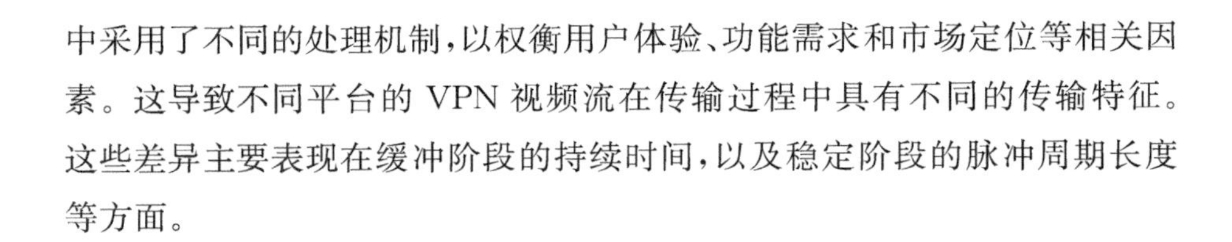

中采用了不同的处理机制，以权衡用户体验、功能需求和市场定位等相关因素。这导致不同平台的 VPN 视频流在传输过程中具有不同的传输特征。这些差异主要表现在缓冲阶段的持续时间，以及稳定阶段的脉冲周期长度等方面。

6.3 VPN加密视频流平台来源识别方法

基于 6.2 节对不同平台的 VPN 加密视频流传输特性的分析，本节构建了能快速从海量流量中识别 VPN 加密视频流平台来源的时间单元聚合序列特征。接下来将给出基于此序列特征进行 VPN 加密视频流平台来源识别的实现过程。

6.3.1 整体框架

本章提出的基于视频流传输特性的 VPN 加密视频流平台来源识别方法的整体框架如图 6.4 所示。该方法主要分为模型训练和模型应用两个阶段。

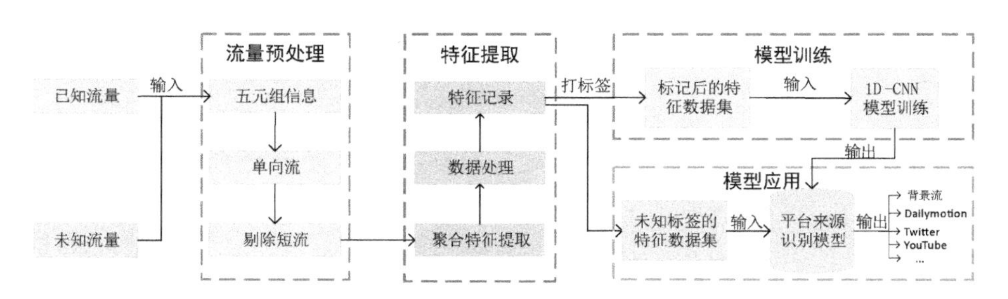

图 6.4　VPN 加密视频流平台来源识别方法的整体框架图

模型训练阶段：首先对已知标签的网络流量进行预处理，包括根据数据包的五元组信息组成单向流、根据流的数据包数量阈值进行剔除短流等处理。接着，基于时间窗口和时间单元对处理后的单向流进行聚合序列特征的提取，并对提取后的特征数据进行归一化等处理。最后，给每条处理过的

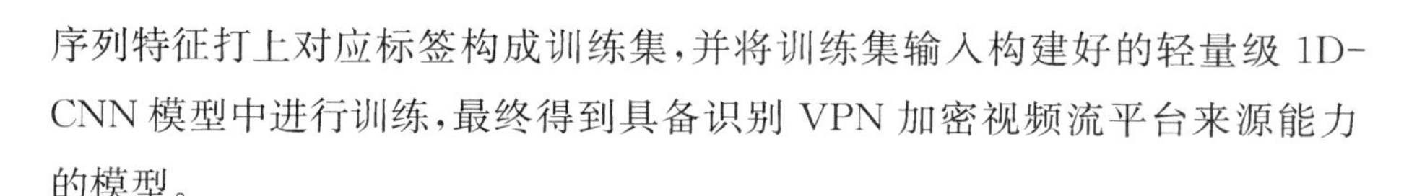

序列特征打上对应标签构成训练集，并将训练集输入构建好的轻量级 1D-CNN 模型中进行训练，最终得到具备识别 VPN 加密视频流平台来源能力的模型。

模型应用阶段： 将未知标签的网络流量依次进行流量预处理和特征提取操作后，得到特征数据集。将特征数据集输入训练阶段得到的平台来源识别模型中进行识别，最终模型输出每条特征数据对应的标签。

6.3.2　时间单元聚合序列特征的构建

现有基于深度学习的 VPN 加密流量分类方法，在特征构建上存在特征复杂、应用场景有限、侵犯用户隐私等局限性。虽然原始流量的多个统计特征（如时间相关特征、协议相关特征等）可以提高分类准确性，但其特征复杂且提取时间长。此外，利用深度模型直接学习数据包相关信息字段以及原始流量的序列特征（如数据包有效负载长度序列、数据包达到时间序列、数据包有效负载的前 N 个字节序列等）虽然可以降低特征处理时间，但也增加了模型挖掘可识别特征模式的时间，而且有效负载内容和数据包相关信息字段的使用可能会侵犯用户隐私。另外，相比单向流，双向流通常包含更丰富的特征信息，但其特征提取对象可能无法适用非对称路由场景。针对上述问题，本章提出一种基于视频流阶段性和周期性传输特点的特征构建方法，以识别 VPN 加密视频流平台来源。

与一些依赖完整数据流进行特征提取的方法不同，本章所提的方法无需依赖完整 VPN 加密视频流，故可以减少特征提取时间和降低特征复杂度。为了方便找出准确分类视频流的最短时间和精准表征视频流量的传输过程，本章引入时间窗口和时间单元概念。其中，时间窗口表示从数据流中提取特征的时间范围，而时间单元则表示特征提取时的最小时间单位，用于刻画特征的细粒度。在流量传输过程中，时间窗口从第一个开始传输的数据包开始截取流量块，然后在时间窗口内滑动时间单元，从而按照时间顺序从流量块中连续提取时间单元内的数据包有效负载长度聚合特征，将这些特征进行组合来构建序列特征。这些序列特征描述了数据流随时间变化的过程，因此保留了视频流流量模式的阶段性和周期性特点。此外，与很多方法基于单个数据包提取特征不同，本章使用时间单元内聚合量作为特征，不仅减少了特征的数据量，同时使得特征更加稳定。

为了更加清晰地描述序列特征的构建过程，本章对相关对象等进行符号化描述。时间窗口 T_W 表示由 k 个时间单元 T_u 组成的连续时间，即 $T_W=\{T_{u1}, T_{u2}, T_{u3}, \cdots, T_{uk}\}$。流量特征提取对象包括数据包(packet)、单向流(unidirectional flow)、双向流(bidirectional flow)等。其中数据包是最小的提取对象，可提取的信息包括经过采集点时间 t_i、五元组信息(源 IP 地址、源端口、目的 IP 地址、目的端口和传输层协议) x_i 和其余信息 $others_i$，因此可被描述为 $P_i=\{x_i, t_i, others_i\}$。单向流 f 表示单一方向的流量传输，由若干个五元组信息相同的数据包组成，即 $f=\{P_1, P_2, \cdots P_k, \cdots\}$。相比单向流，双休流表示双向的流量传输。

基于时间窗口和时间单元等概念，本章的聚合序列特征构建过程为：为了适用于非对称路由场景，将单向流作为特征构建对象。对于持续时间为 S 的完整单向数据流，截取 T_W 大小的流量数据 ($S>T_W$)，随后以 T_u 的步长从时间窗口内最早传输的数据包开始随时间向后滑动到最后一个数据包。每个时间单元内的数据包聚合数据量(Packets Summation within a Time Cell, PSTC)构成为一个特征值 $pstc_i$。公式 6.1 表示序列特征中的第 i 个特征值 $pstc_i$ 由时间窗口内的第 i 个时间单元内的所有数据包有效负载长度的总和值构成，其中 P_1 和 P_n 分别表示一个时间单元内的第一个和最后一个数据包。最终从一条单向流中提取出来的序列特征如公式 6.2 所示。

$$pstc_i=\sum_{1}^{n} Length(P_1, P_2, P_3, \cdots P_i, \cdots P_n) \qquad \text{公式 6.1}$$

$$Feature\ Sequence=(pstc_1, pstc_2, pstc_3, \cdots, pstc_i, \cdots pstc), \quad n=\frac{T_W}{T_c} \qquad \text{公式 6.2}$$

综上所述，本章基于时间窗口和时间单元构建的聚合序列特征，可以精准表征 VPN 加密视频流的阶段性和周期性传输特性，而且无需依赖完整流，特征提取时间少和特征复杂度低。此外，特征不包含有效载荷内容和流的基本信息，因此不会侵犯用户的隐私。另外，将单向流作为特征提取对象

可以适用于非对称路由等实际场景。

6.3.3　时间单元聚合序列特征的提取算法

为了从原始流量中获取时间单元聚合序列特征，本章设计了算法 6.1，该算法描述了从 pcap 文件中提取时间单元聚合序列特征的关键实现部分。

首先前 2 行对提取过程的相关变量进行设置，包括时间窗口 T_W、T_u 和最小数据包数量阈值 $minPckNum$，并根据 T_W 和 T_u 计算得到特征个数 n。pcap 文件包含多个流，为了便于快速定位相应流，本章通过哈希表存储每个流。第 2 行到第 5 行表示将 packet 的五元组信息作为关键字，通过相应的哈希函数，将当前包映射到哈希表中相应流位置。

第 6 行到第 18 行的循环代码中，首先根据最低数据包数据阈值 $minPckNum$ 对哈希表中的单向流进行过滤，避免含有较少信息的短流占用计算资源。接着遍历符合阈值的单向流的每个数据包，当该数据包有效负载长度大于 0 时，按照第 10 行的方法计算该数据包在序列特征中的位置 pos，即属于第 pos 个时间单元。对每个时间单元内的所有数据包有效负载长度进行累加，得到第 pos 个位置的特征值。最终，经过多次循环后，得到时间单元聚合序列特征。

算法 6.1　时间单元聚合序列特征的提取

输入：pcap 文件

输出：时间单元聚合序列特征 vec_length

1：set_parameter(T_W, T_u, $minPckNum$);

2：n← T_W/T_u+1;

2：**for** each packet in pcap **do**

3：　　key ← Hash(packet_five_tuple);

4：　　FlowRecord [key]. append(packet);

5：**end for**

6：**for** each flow in FlowRecord **do**

7：　　**if** flow. packetNum > $minPckNum$ **then**

8：　　　　**for** each packet in flow **do**

（续表）

```
9:         if packet.payloadLength > 0 then
10:            pos ← int((packet.offsetTime-beginTime) / T_u);
11:            if pos > 0 and pos < n then
12:                vec_length[pos] += packet.paylaodLength;
13:            end if
14:         end if
15:      end for
16:   end if
17: end for
18: return vec_length
```

6.3.4 基于1D-CNN的平台来源识别模型设计

CNN(Convolutional Neural Network)在处理序列数据方面表现出优秀的特征提取能力和模式识别能力，尤其擅长捕获局部特征和时序信息。由于本章构建的时间单元聚合序列蕴含视频流的周期性和阶段性特点，因此本章选择使用1D-CNN执行VPN加密视频流平台来源识别任务。

来自不同视频平台的视频流具有相似的流量模式，为了能够学习到深层的可区分的特征模式，同时为了提高时间和空间性能，本章设计了一个包含了四组Conv单元和一组分类单元的轻量级1D-CNN模型，模型的结构如图6.5所示。每组Conv单元包含一个Convolutional layer(Conv1D)、一个BatchNormalization(BN)和一个MaxPooling1D (MP)组成，而分类单元则由一个Dense和Softmax激活函数组成。BN的添加使得每一层神经网络的输入数据保持均值为0方差为1的标准正态分布。这种处理可以使得特征值都落在非线性激活函数的敏感区域，避免梯度消失，加快模型收敛速度，在一定程度上还可以防止过拟合。此外，最大池化层MaxPooling1D的添加可以减少模型的参数量，从而减轻模型负担。在每组单元之间，本章使用Relu作为激活函数。由于本章处理的是多分类任务，因此Softmax激活函数被用来输出各个类别的预测概率值。

每组单元的参数设置如表6.1所示。Conv1D(x,y,z)表示带有x个滤

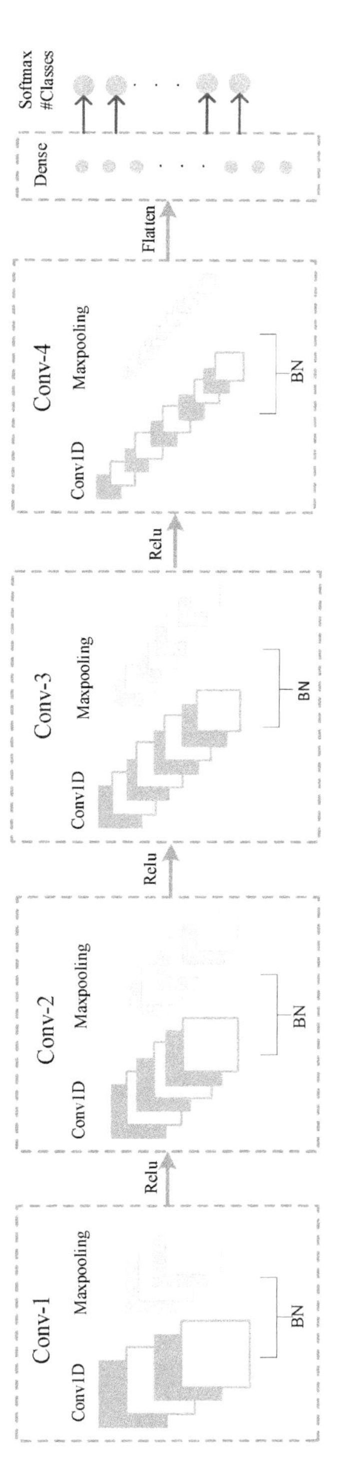

图 6.5　轻量级的 1D-CNN 模型架构

波器、卷积核的大小为 y 的 1 维卷积层，其中 z 表示输入的特征形式。只有第一个卷积层需要设置 z 外，其他的卷积层只需给出 x 和 y 参数即可。第一个卷积层的 z 参数设置为(x_train. shape[1],1)，其中 x_train. shape[1]和 1 分别表示输入特征的个数和维数。MaxPooling1D(x)表示步幅为 2 的最大池化层。Dense(n)表示输出的标签个数为 n。

表 6.1　1D-CNN 模型的参数细节

类型	参数设置
Conv-1	Conv1D(256, 3, (x_train. shape[1], 1)-BatchNormalization()-MaxPooling1D(2)
Conv-2	Conv1D(128,3)-BatchNormalization()-MaxPooling1D(2)
Conv-3	Conv1D(64,3)-BatchNormalization()-MaxPooling1D(2)
Conv-4	Conv1D(32,3)-BatchNormalization()-MaxPooling1D(2)
Dense	Dense(n)

6.4 实验与分析

本节利用公开数据集和自采 VPN 加密视频流量对方法的有效性、实时性以及稳健性等性能进行评估。此外，本节将本章方法与识别粒度接近的现有方法进行了比较。实验设置和实验结果如下所述。

6.4.1　实验环境

由于设备限制和处理数据的需要，本章使用两个实验环境来验证本章所提出的 VPN 加密视频流平台来源识别方法，下面分别介绍。

实验环境 1： 如表 6.2 所示，该环境用于部署模型，并使用 TensorFlow 开源框架和 Kears 库作为模型的运行环境。

表 6.2　模型部署环境配置

名称	版本号
CPU	Intel(R) Xeon(R) Gold 5220R CPU @ 2.20 GHz
GPU	NVIDIA RTX A5000
内存	125 GB
操作系统	Ubuntu 20.04.3 LTS

实验环境 2： 如表 6.3 所示，该环境用于 VPN 加密视频流量捕获和从原始流量中提取特征。

表 6.3　数据处理环境配置

名称	版本号
CPU	12th Gen Intel(R) Core(TM) i7—12700K (20 CPU)
机带 RAM	128 GB
操作系统	X64 windows

6.4.2　数据集构建

为了评估本章提出的 VPN 加密视频流平台来源识别方法的实用性、实时性和稳健性等性能，一共需要四类数据集，包括 VPN 加密视频流数据集、用于验证稳健性的常规加密视频流数据集、作为背景流的公开 MAWI 数据集以及用于测试验证的公开数据集 ISCX VPN-nonVPN。

(1) MAWI 数据集

现有研究主要针对特定类型流量进行分类，忽略了实际网络环境中存在的大量背景流。为验证本章所提方法在海量背景流场景下对特定类型流量进行准确识别的能力，本章使用 MAWI 工作组[7]提供的主干网流量数据，该数据由在 10 Gbps 链路上收集的每周 900 s 流量跟踪组成，数据收集时间为 2020 年 4 月到 6 月。

(2) ISCX VPN-nonVPN 数据集

由于 MAWI 公开数据集中的流量数据不携带有效载荷，无法进行实验结果的深入验证，因此本章将 Draper-Gil 等人[8]于 2016 年构建的 ISCX

VPN-nonVPN 数据集作为验证数据集。该数据集包含 7 种类型的业务流量,包括网页浏览器、电子邮件、聊天、流媒体传输、文件传输、P2P 流量与语音通话流量。其中流媒体传输由来自 Vimeo、YouTube 和 Nextflix 的视频流组成。

(3) VPN 加密视频流数据集

虽然 ISCX VPN-nonVPN 数据集包含来自 Vimeo、YouTube 和 Netflix 的 VPN 加密视频流,但其不适合作为本章训练模型的数据集。一方面,这些视频流是通过 SSL OpenVPN 产生的,而 OpenVPN 采用标准的 TLS 握手过程,涉及复杂的密钥协商过程,与本章研究的 Shadowsocks 协议和 Vmess 协议的特性不符。另一方面,该数据集仅涵盖了三个视频平台,且数据比较老旧。针对这些问题,本章构建了一个全新的 VPN 加密视频流量数据集,覆盖了五个主流的视频平台:YouTube、Facebook、Twitter、Vimeo 和 Dailymotion。为了采集数据,本章设置了如图 6.6 所示的流量采集环境的拓扑结构。在拓扑结构中,软路由 1 部署用于采集 VPN 流量数据的 tcpdump 软件,软路由 2 则部署用于访问外网的 VPN 客户端结点,而 PC 端则用于播放视频。此外,考虑到 CDN(Content Delivery Network)可能会对流量特征产生影响,本章在校园网、家庭网和公司网这三个不同的网络环境进行流量数据的采集。

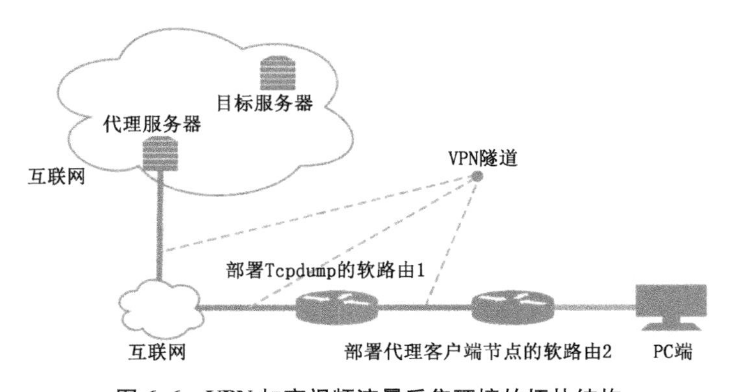

图 6.6 VPN 加密视频流量采集环境的拓扑结构

考虑到本章需要大量数据支撑,本章在 PC 端设计了一个自动化采集数据的 Python 脚本程序。该脚本程序主要具备三个功能:自动爬取视频

URL、自动播放视频以及自动捕获和保存视频播放过程中的流量数据。根据 Vimeo 等五个视频平台的特点，分别设计相应的自动化采集数据的脚本程序，以获取这些平台的 VPN 加密视频流量数据。具体的采集过程如下：首先在 PC 端通过 Uibot 软件控制浏览器，根据视频 URL 文件自动依次播放视频。然后，通过 Uibot 软件控制 Xshell 软件，实现在后台控制软路由 1 的 tcpdump 自动捕获和保存视频播放过程中的流量数据。

经过 2023 年 9 月到 12 月共 3 个月的数据捕获，最终得到了 Shadowsocks 加密数据集（Ss-video）和 Vmess 加密数据集（Vmess-video）。这两个数据集包含多样的视频内容，包括体育、动画、电影、新闻等，每个视频时长大约在 1～10 分钟之间，其中以 3 分钟左右的视频为主。

（4）常规加密视频流数据集

本章的方法是根视频流本身特性进行设计的，因此能够适用于存在多种加密协议的场景。为了评估方法的稳健性，本章引入实验室收集的常规 TLS 加密视频流量数据作为 nonVPN-video 数据集。该数据集包括来自 Vimeo、Facebook 和 YouTube 的 TLS 加密视频流，每一个视频流的时长大约在 2—10 分钟之间。

按照 6.3.3 所述的时间单元聚合序列特征提取算法进行特征提取后，最终可以从上述数据集中得到的样本数量如表 6.4 所示。为了建立模型并评估其性能，本章通过 9∶1 的比例将样本拆分为训练集和测试集，其中训练集用于构建满足不同识别需求的模型，测试集则用于评估模型的性能。

表 6.4　平台来源识别数据集组成描述

数据集名称	类型	文件大小(GB)	流样本数量	流样本总数量
Ss-video	Vimeo	176.53	3 764	18 450
	Twitter	80.22	3 898	
	Facebook	140.53	3 445	
	YouTube	80.08	3 476	
	Dailymotion	102.48	3 867	
Vmess-video	Vimeo	169.75	3 901	18 020
	Twitter	67.34	2 842	

(续表)

数据集名称	类型	文件大小(GB)	流样本数量	流样本总数量
Vmess-video	Facebook	104.82	3 543	18 020
	YouTube	83.3	3 743	
	Dailymotion	109.18	3 991	
nonVPN-video	Vimeo	124	2 436	12 180
	Facebook	102	3 982	
	YouTube	154.2	5 763	
MAWI	10 Gbps 主干网流量	391.2	375 307	375 307
ISCXVPN-nonVPN	七种业务类型流量	22.7	1 136	1 136

6.4.3 模型编译和提取特征的参数设置

本节对 1D-CNN 模型编译时的参数设置以及从五元组流中提取聚合特征序列时的参数设置进行详细说明。

(1) 1D-CNN 模型编译参数设置

本章的实验旨在识别 VPN 加密视频流的平台来源,属于多分类任务。因此,本章选择适用于单标签多分类问题的分类交叉熵函数 categorical_crossentropy 作为 1D-CNN 模型的损失函数,用于衡量模型预测结果的好坏。以下是本章使用的分类交叉熵损失函数的具体公式[9]:

$$loss = -\frac{1}{N}\sum_{i=1}^{N}\sum_{j=1}^{C} y_{ij} * \log(P_{ij}) \quad \text{公式 6.3}$$

其中,N 表示待测样本的数量,C 表示类别的个数,i 表示某一个待测样本。样本的真实标签是一个 one-hot 编码的向量 $y_i = [y_{i1}, y_{i2}, y_{i3}, y_{i4}, \cdots, y_{iC},]$ 表示样本属于各个类别的标记,若属于该类别,$y_{ij}=1$,若不属于,$y_{ij}=0$。模型的预测概率分布为一个向量 $P_i = [P_{i1}, P_{i2}, P_{i3}, \cdots P_{ij}]$,表示模型对每一个类别的预测概率。

本章在使用分类交叉熵损失函数的基础上,使用随机梯度下降优化器

(Stochastic Gradient Descent，SGD)进行参数的迭代优化，具体的参数设置为：SGD(lr＝0.01，nesterov＝true，decay＝1e-6，momentum＝0.9)。其中，lr 表示学习率，用于控制权重更新的步长。nesterov 动量是梯度下降的变体，通过预期下一个位置的梯度来调整当前位置的动量，从而可以提高收敛速度。decay 表示学习率衰减，通过在训练期间逐渐减小学习率的过程可以避免超参，momentum 动量是一种加速 SGD 收敛的技术，它引入了过去梯度的指数加权平均，有助于在梯度方向上积累更多的更新，减少参数更新过程引起的模型震荡。

(2) 时间窗口和时间单元的参数选取

时间窗口是提取特征序列的关键参数，必须足够长以确保能够提取到足够多的特征，以便准确识别出视频平台。根据 6.2.3 节的描述，视频流的流量模式呈现明显的阶段性特点。初始阶段为缓冲阶段，此时视频数据传输密集，其流量模式跟背景流中的某些应用类型相似。当缓冲区达到阈值后，视频流进入稳定阶段，其数据传输呈现明显的 ON-OFF 周期性。然而，某些视频流在缓冲阶段的持续时间较长。因此，如果时间窗口过小，可能仅提取到缓冲阶段的特征，而缺少稳定阶段的周期性特征，从而导致模型学到的特征具有局限性，进而影响分类效果。

在保持 T_u 为 0.1 s 的情况下，本章分别设置 T_W 的值为 20 s、30 s、40 s、60 s、120 s 和 180 s，并使用 VPN 加密视频流数据集 Vmess-video 和 10 Gbps 主干网流量数据集 MAWI 作为背景流，以探究模型对序列特征长度的敏感性。图 6.7 的实验结果显示，当 T_W 大小为 30 s,40 s,60 s,120 s,180 s 时，所有标签的识别准确率都可以达到 92%以上。然而，当 T_W 为 20 s 时，YouTube 的识别准确率只有 86%。经过分析发现，部分 YouTube 视频流被误判为背景流，这表明时间窗口过小可能导致学到的特征受限，进而影响分类效果。

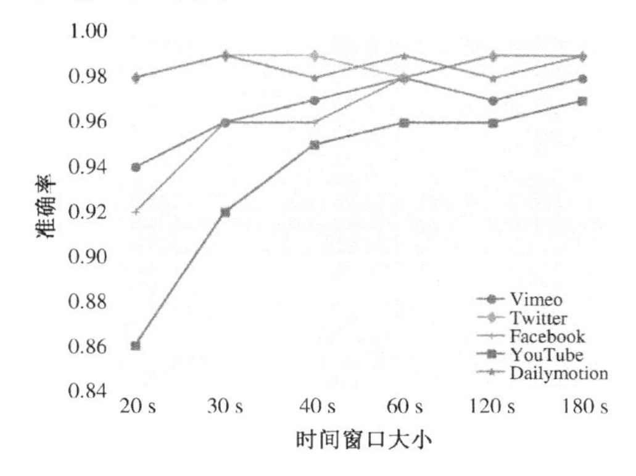

图 6.7　不同时间窗口下的准确率变化曲线

观察图 6.7 可知，当时间窗口设置为 60 s 以上时，各标签的识别准确率均达到了 96%以上，且多个标签的识别准确率在 98%以上。然而，若时间窗口过长，可能会导致采集数据和提取特征所需的时间和空间资源消耗过多。因此，将时间窗口设置为 60 s，可以满足分类精确度高、稳定性强和资源消耗低的要求。基于此，本章节的后续实验均在时间窗口和时间单元分别为 60 s 和 0.1 s 的设置下进行。

6.4.4 海量背景流场景中的有效性评估

在真实网络环境中，存在海量来自不同应用类型、不同协议类型以及不同设备类型的背景流量，这些背景流量可能对模型的正确识别造成干扰。为了评估本章提出的 VPN 加密视频流平台来源识别方法在包含海量背景流场景下的有效性，本章选择 MAWI 数据集作为背景流数据进行实验。该数据集由 10 Gbps 的真实骨干网流量组成，这些流量不包括数据包有效载荷内容，以保护敏感的私人数据。然而，本章的方法是通过基于流量的侧信道攻击来进行识别的，因此，这些骨干网流量仍然适用于评估本章的方法。

表 6.5 10 Gbps 主干网中的识别结果

VPN 类型	标签	Accuracy	Precision	Recall	F1-score	占比(%)
Shadowsocks	vimeo	0.95	0.94	0.95	0.94	0.94
	twitter	0.98	1.00	0.98	0.99	0.95
	facebook	0.97	0.94	0.97	0.95	0.84
	youtube	0.96	0.95	0.96	0.95	0.84
	dailymotion	0.96	0.98	0.95	0.97	0.95
	background	0.99	0.99	0.99	0.99	95.47
Vmess	vimeo	0.98	0.95	0.98	0.97	1.03
	twitter	0.98	0.99	0.98	0.99	0.77
	facebook	0.98	0.95	0.98	0.96	0.94
	youtube	0.96	0.97	0.96	0.96	0.95
	dailymotion	0.99	0.98	0.99	0.99	0.95
	background	0.99	0.99	0.99	0.99	95.35

（续表）

VPN 类型	标签	Accuracy	Precision	Recall	F1-score	占比(%)
Shadowsocks +Vmess	vimeo	0.97	0.96	0.98	0.97	1.95
	twitter	0.98	1.00	0.96	0.98	1.59
	facebook	0.95	0.98	0.96	0.97	1.65
	youtube	0.98	0.95	0.98	0.96	1.79
	dailymotion	0.98	0.97	0.98	0.97	1.75
	background	0.99	0.99	0.99	0.99	91.26

实验结果如表 6.5 所示，表中最后一列表示测试集中每种类型的流量样本占整个测试集样本总数的比例。从表中可以看出，对于 Shadowsocks 加密的 VPN 加密视频流，整体上，准确率等多项指标结果均在 96%以上。而对于 Vmess 加密的 VPN 加密视频流，整体上，准确率等多项指标结果均 98%以上。此外，对于两种协议的混合 VPN 加密视频流，整体上，准确率等多项指标结果均 97%以上。

上述结果表明，即使在背景流占比超过 95%的真实网络环境下，本章方法仍能以 96%以上的高准确率对 VPN 视频流平台进行识别。更进一步地，当不同 VPN 加密协议的视频流进行混合时，本章方法也能够实现准确识别。然而，从表中也可以看出，无法对背景流进行百分之百的完全过滤。考虑到背景流可能包含视频流数据，而 MAWI 数据不携带有效载荷，无法利用 DPI 技术进行深度分析，本章使用 SCIX VPN-nonVPN 数据集进行验证实验。

SCIX VPN-nonVPN 数据集包含来自 Vimeo、Facebook 和 Netflix 的视频流数据，本章将其直接添加到原有测试集中，并使用训练得到的模型进行识别。结果表明，99%的背景流量被预测为背景流。通过对预判错误的背景流进行文件名定位，发现其中一部分被预测错误的背景流来自 SCIX VPN-nonVPN 数据集中的视频流数据，这进一步证实了本章所提方法在实际网络环境中的有效性。

6.4.5　高速网络场景中的实时性评估

为了验证本章提出的方法可以在 10 Gbps 高速骨干流量中实时识别

VPN加密视频流的平台来源，本章选择由Vmess加密视频流组成的数据集Vmess-video，以及由10 Gbps骨干网流量组成的数据集MAWI作为背景流数据集，以分析方法的时间性能，包括模型训练时间和识别流时间。

模型训练时间： 模型的训练周期被设置为30轮，每批次包含256条样本。在包含354 382条样本的训练集上，模型训练总时长为1 179.32 s，平均每轮训练时长为39.31 s，每条样本的平均训练时长为3.33 ms。这表明模型具有轻量级的特性，无需大量时间进行训练。

识别流时间： 在83.62 GB大小的测试集中提取出39 376条特征样本，总的处理时间为130.35 s，总的模型预测时间为6.06 s，总的识别时间为136.41 s，占用的总内存大小为52.7 MB。通过计算得测试集的平均识别速度为4.90 Gbps，而10 Gbps高速流量的最大吞吐量不超过3.4 Gbps。这表明本章所提方法的识别速度快于数据传输速度，从而证明了本章所提方法可以在高速网络中实现实时识别。

6.4.6 开放世界场景中的稳健性评估

6.4.4和6.4.5节的实验证明了本章提出的VPN加密视频流平台来源识别方法在面对海量背景流时仍能表现出色。这一优异表现得益于本章所设计的方法充分考虑了视频流的独特阶段性和周期性特点，因此能有效区分背景流和不同平台的VPN加密视频流。然而，现实网络环境中还存在着许多其他干扰因素，如存在多种不同加密技术和不同MTU(Maximum Transmission Unit)值。因此，为了全面评估本章方法在开放世界场景下的稳健性，本节进行了以下两个场景的实验。

(1) 存在不同MTU值场景下的识别结果

在实际网络环境中，数据包有效载荷大小受设备的MTU值限制，过长的数据包会在传输层被分割成多个比MTU值小的片段。事实上，由于距离和其他因素的影响，网络中的数据通常通过多条路径进行传输，不同路径上的设备可能具有不同的MTU值。然而，MTU值的变化可能导致数据包大小和数量发生波动，这可能会对依赖数据包统计特性的方法造成一定影响。此外，即使模型在测试集上表现良好，但面对从未见过的新样本时，准

确性可能会下降。

为了探究 MTU 值和新样本对本章所提方法的影响,本章通过将路由器的 MTU 值调整为 1 000,额外收集了来自 Vimeo、Twitter 和 Dailymotion 的 VPN 加密视频流。这些 MTU 值为 1 000 的新样本被添加到原始 MTU 值为 1 500 的测试集中,形成一个新的测试集。本章通过在这个新测试集上进行实验来评估模型的稳健性。

从图 6.8(a)和图 6.8(b)可以观察到,在原有测试集中额外添加 MTU 值为 100 的新样本后,原有模型的分类准确率下降幅度不超过 2%。这一结果表明,本章所提出的方法在面对 MTU 值不同的新样本时具有足够的稳健性。这得益于本章所提方法并不是基于单个数据包的统计特征,而是基于时间单元内的所有数据包聚合统计特征进行建模。因此,MTU 值的变化对本章方法的性能影响极小。

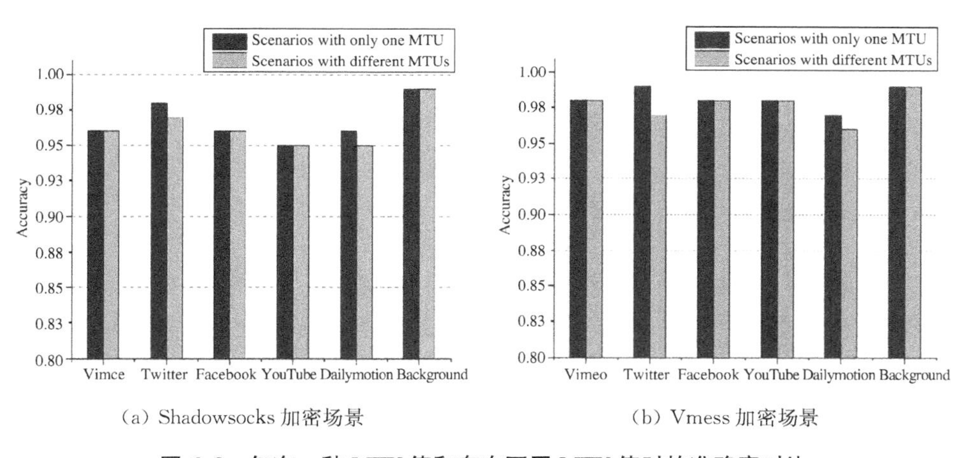

(a) Shadowsocks 加密场景　　(b) Vmess 加密场景

图 6.8 仅有一种 MTU 值和存在不同 MTU 值时的准确率对比

(2) 存在多种不同加密技术场景下的识别结果

文献[9]的实验结果表明,当涉及不同加密技术加密的数据流时,模型的分类准确性显著降低。然而,在实际的网络环境中,同时存在多种加密技术加密的数据流是极有可能的。为了验证本章方法在存在多种不同加密技术场景下仍能实现对视频流平台来源的准确识别,本章将常规加密视频流数据集 nonVPN-video、Shadowsocks 加密视频流数据集 Ss-video 和 Vmess 加密视频流数据集 Vmess-video 进行混合,以形成一个新的具有三种不同加密技术(TLS、Shadowsocks 和 Vmess)的数据集,并在该数据集上进行性能验证。

图 6.9 的实验结果表明,即使在存在多种加密技术场景下,本章提出的方法仍能以超过 96%的准确率对视频平台来源进行识别。这是因为本章方法是基于视频流本身特性设计的,没有提取任何与加密协议相关的特征。这一实验结果进一步证明了本章所提的方法具有很好的稳健性。

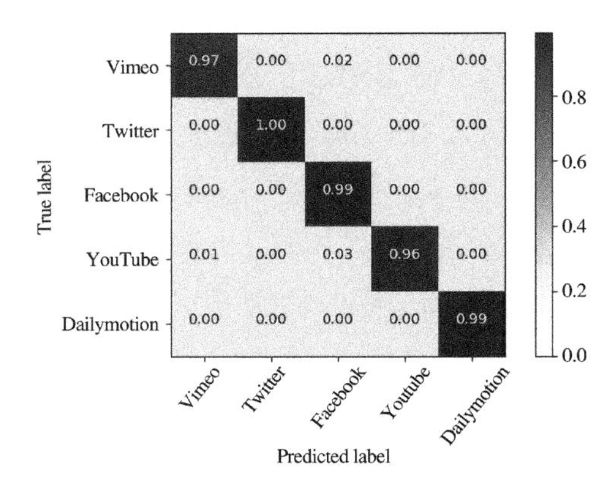

图 6.9　存在多种加密技术场景下的分类混淆矩阵

综上所述,由于本章是基于视频流的传输特性和时间单元数据包聚合构建的序列特征,因此能够很好地适应现实网络环境中可能存在的不同加密技术和不同 MTU 值的情况,具有很强的稳健性。

6.4.7　与其他 VPN 加密流量识别方法的对比

文献[10]和文献[11]的研究在最细的分类粒度上与本章识别 VPN 加密视频流平台来源的任务接近。因此,本节将本章所提方法与这两个方法进行对比实验。

在本章中,文献[11]提出的方法被标记为 Approach1,而文献[12]的方法被标记为 Approach2。Approach1 的最细粒度识别层面是对应用程序进行识别。该方法将数据流分割为 60 s 的片段,然后通过将 x 轴定义为数据包到达的时间间隔,将 y 轴定义为数据包长度,将片段流量数据转换为 1 500×1 500 的像素矩阵。这些像素矩阵被送入 2D-CNN 模型进行处理和识别。Approach2 的最细粒度识别层面是对 OpenVPN 隧道加密的视频应用程序进行识别。该方法使用数据包大小和数据包到达间隔时间作为统计特征,并采用随机森林模型进行分类。本章在数据集 Vmess-video 上将本章方法和 Approach1、Approach2 进行了对比实验,接下来给出三个方法在有效性、

稳健性以及时间和空间性能方面的对比结果。

（1）有效性能对比结果

图 6.10(a)展示了本章方法、Approach1 和 Approach2 在四个评估指标上的平均值比较结果。根据图中结果可知，在有效性方面，本章方法明显优于 Approach1，而 Approach2 的表现则与本章方法相接近。通过输出 Approach2 每个特征值的重要性发现，该方法主要依赖数据包的到达间隔时间统计特征。对 6.2.3 节呈现的不同平台 VPN 加密视频流传输过程进行对比分析发现，由于初始缓冲时长和视频片段时长的设置不同，不同平台的 VPN 加密视频流的缓冲阶段持续时长和 ON-OFF 周期时间长度上存在明显差异。因此，Approach2 利用数据包到达间隔时间统计特征，在一定程度上可以捕获 VPN 加密视频流的阶段性和周期性特性，从而在识别准确性上与本章方法接近。然而，图 6.10(b)的结果显示，Approach2 在面对不同 MTU 值的新样本时，方法的稳健性不如本章方法。

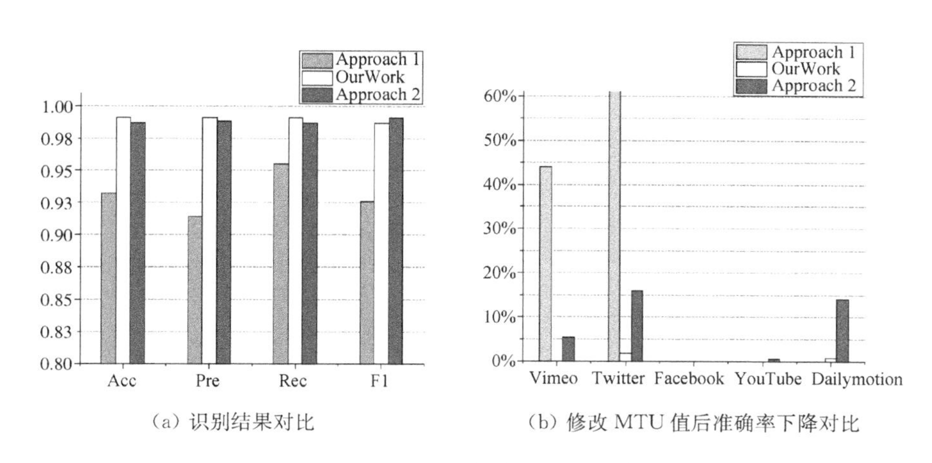

(a) 识别结果对比　　　(b) 修改 MTU 值后准确率下降对比

图 6.10　三种方法的识别结果对比

（2）稳健性能对比结果

根据 6.4.6 节的研究结果可知，MTU 值的变化可能会导致数据包大小和数量发生波动，从而对依赖数据包统计特性的方法造成一定的影响。为了探究三种方法应对从未见过的不同 MTU 值新样本时的稳健性表现，本章将 MTU 值为 1 000 的新样本添加到原始 MTU 值为 1 500 的测试集中，形成一个新的测试集。

图 6.10(b)展示了三种方法在新测试集上相对于原始测试集的准确性下降情况，根据图中结果可知，本章方法的平均下降率仅为 0.6%，而 Approach1 和 Approach2 的平均下降率分别为 7.2%和 21.2%。特别地，Approach1 对某些标签的识别准确率下降超过 60%。这种结果的出现是因为本章方法是基于时间单元内的数据包聚合，而 Approach1 和 Approach2 则是基于单个数据包。由于 MTU 值的变化会影响传输过程中数据包的数量和数据包大小，因此，Approach1 和 Approach2 对 MTU 值的变化更为敏感。这一比较结果表明本章方法具有更强的稳健性。

(3) 时间和空间性能对比结果

为对比三种方法的时间和空间性能指标，本章对三种方法在时间和空间上的开销进行了详细统计。如表 6.6 所示，本章方法相较于 Approach1，具有更低的内存占用和更短的处理时间。具体而言，Approach1 的内存占用和处理时间分别是本文方法的 1 260 倍和 61 倍。这一差异的原因在于 Approach1 处理的对象是图像。另一方面，尽管 Approach1 和本文方法都基于 CNN 模型，但从表 6.6 中可以看出，Approach1 的收敛速度比本文方法慢两倍。

表 6.6 三种方法在时间和空间性能上的比较结果

比较项目	OurWork	Approach1	Approach2
每条特征样本的平均大小	0.001 7 MB	2.142 1 MB	0.000 14 MB
每条特征样本平均处理时间(包括特征提取和识别)	3.31 ms	222.12 ms	4.35 ms
模型的平均训练时间	30.4 s	78.61 s	—

综上所述，相比于现有方法，本章方法在保持高分类准确性的同时，具有更低的时间和空间消耗。此外，采用基于时间单元聚合的特征构建方式，使得本章方法能够有效处理不同 MTU 值设备下采集的流量数据，表现出更强的稳健性。

6.5 本章小结

本章提出了一种针对 VPN 加密视频流平台来源的识别方法，该方法充分利用视频流独特的阶段性和周期性流量传输特点，通过时间窗口和时间单元灵活提取聚合序列特征，从而全面、精准的表征流量随时间的变化过程。同时，基于一个轻量级的深度学习模型来快速获取序列的深层特征，以实现流量模式相似的 VPN 加密视频流平台来源的准确识别。该方法打破了现有的流量识别方法在应用场景有限、实用性评估不充分、分类粒度粗糙等方面的限制。

在实验结果与分析部分中，利用公开数据集和自采 VPN 加密视频流数据集进行实验，并通过三个实验场景的评估，验证了本章方法的有效性、实时性和稳健性。同时，将本章方法与流量业务类型分类领域内的领先研究进行了多维度的对比。对比结果表明，本章方法具有更强的稳健性和更小的时间和空间消耗，对比方法的空间和时间消耗分别是本章方法的 1 260 倍和 61 倍。

参考文献

[1] Stanton R. Securing vpns: Comparing ssl and ipsec[J]. Computer Fraud & Security, 2005, 2005(9): 17-19.

[2] Business Research Company. Virtual Private Network (VPN) Global Market Report 2024[EB/OL]. (2024-01-01)[2024-04-21]. https://www.thebusinessresearchcompany.com/report/virtual-private-network-global-market-report.

[3] Dainotti A, Pescape A, Claffy K C. Issues and future directions in traffic classification[J]. IEEE network, 2012, 26(1): 35-40.

[4] Aceto G, Dainotti A, De Donato W, et al. PortLoad: taking the best of two worlds

in traffic classification[C]//2010 INFOCOM IEEE Conference on Computer Communications Workshops. IEEE, 2010: 1-5.

[5] Finsterbusch M, Richter C, Rocha E, et al. A survey of payload-based traffic classification approaches[J]. IEEE Communications Surveys & Tutorials, 2013, 16(2): 1135-1156.

[6] Aceto G, Ciuonzo D, Montieri A, et al. MIMETIC: Mobile encrypted traffic classification using multimodal deep learning[J]. Computer networks, 2019, 165: 106944.

[7] Fontugne R, Borgnat P, Abry P, et al. Mawilab: combining diverse anomaly detectors for automated anomaly labeling and performance benchmarking[C]// Proceedings of the 6th International Conference. 2010: 1-12.

[8] Draper-Gil G, Lashkari A H, Mamun M S I, et al. Characterization of encrypted and vpn traffic using time-related[C]//Proceedings of the 2nd international conference on information systems security and privacy (ICISSP). 2016: 407-414.

[9] Ho Y, Wookey S. The real-world-weight cross-entropy loss function: Modeling the costs of mislabeling[J]. IEEE access, 2019, 8: 4806-4813.

[10] Shapira T, Shavitt Y. FlowPic: A generic representation for encrypted traffic classification and applications identification[J]. IEEE Transactions on Network and Service Management, 2021, 18(2): 1218-1232.

[11] Shi Y, Ross A, Biswas S. Source identification of encrypted video traffic in the presence of heterogeneous network traffic[J]. Computer Communications, 2018, 129: 101-110.

第 7 章

基于 HTTP/2 传输特征的加密视频分辨率识别

7.1 研究背景

视频流量的飞速增长给网络服务提供商(Internet Service Provider, ISP)带来了一定的压力,为了能够提供良好的服务质量,ISP 需要了解视频的播放状况从而针对性地进行技术更新。同时,考虑到视频流量在网络总流量中的主导地位,视频的播放质量往往能够反映网络整体的性能状况,因而对视频流量的监测工作对于 ISP 进行技术升级和服务优化具有十分重要的意义。但由于 ISP 无法直接获知终端信息,因此只能通过从中间结点观测到的网络流量来分析视频的播放质量。

分辨率是视频的画面质量等级的直接体现,在视频播放过程中,自适应流媒体的切换行为在用户界面上直接表现为视频分辨率的切换现象,其切换的频率和幅度都会对用户的观看体验产生影响。一些研究工作将分辨率等级或分辨率切换事件也作为 QoE 的主要影响因素,纳入监测范围内。其中，对分辨率的识别通常被视为一个多分类问题来处理，在整体上可分为粗粒度识别和细粒度识别。

（1）分辨率的粗粒度识别

粗粒度识别是将视频的所有分辨率等级划分为两类或者三类进行识别，即：将其抽象为二分类或三分类问题。Mazhar 等人[1]在将视频质量作为 QoE 测度开展视频评估工作时，将画面平均分辨率高于 480 P 的视频划分为高质量，其他则划分为低质量。在其研究中还发现 90%的低质量视频的下行吞吐量小于 10 Mbps，这也从侧面说明了低质量的视频所含的数据量往往较小，更适合在受限网络环境中传输。Orsolic 等人[2]在研究 QoE 评估模型时，同样将视频分辨率划分为两类：所占播放时长最多的分辨率如果高于或等于 720 P 则记为“hd”，低于 720 P 则记为“sd”。类似地，Dimopoulos 等人[3]在检测不同程度的 QoE 退化情况时，也根据视频的平均分辨率将视频划分为三类：144 P 和 240 P 为低清晰度，360 P 和 480 P 为标准清晰度，其余视频为高清晰度。这类方法只是粗略地将分辨率划分为两类或三类进行识别，由于高、低分辨率之间往往存在着较为明显的差异，因而此类方法通常能够达到较好的准确率。

（2）分辨率的细粒度识别

细粒度识别则是识别出视频的具体分辨率等级，与粗粒度识别相比，细粒度识别能够刻画出分辨率的细微变化从而有助于深入了解用户所观看的视频的具体质量。然而，在加密流量中进行细粒度识别工作并非易事。除了流量的加密性本身带来的困难外，不同分辨率的数据之间的相似性、视频播放时分辨率切换的频繁性等都使得细粒度识别工作比粗粒度识别要困难得多。

由于视频的应用层信息无法直接从加密视频流中获取，所以只能通过一系列低层协议特征（如网络层或传输层特征）来间接分析视频状态。根据所采用的特征来看，现有的分辨率细粒度识别方法主要可以分为两类：一类是直接从低层协议数据中获取流量的整体统计特征来训练模型，另一类是从获取的低层协议数据中进一步提取视频分段相关的特征作为识别的依据或优化准确率的参照值。

在第一类方法中，由于没有涉及对视频分段的研究分析，因而识别方法往往根据固定的时间窗口（以下简称为“时隙”）对视频流进行划分，以划分后的时隙作为识别单元。Wassermann 和 Seufert 等人[4-6]对视频流所进行的一系列研究工作就是该类方法的代表，例如所提出的系统 ViCrypt 进行细粒度识别的整体准确率在 96%，但对于 240 P 和 360 P 的准确率却低于 90%，这很可能是因为 240 P 和 360 P 的视频流量所呈现出的数据特征具有较高的相似性，因而无法将其准确区分。Shen 等人[7]提出的 DeepQoE 只利用上行数据包的 RTT(Rount-Trip Time)来训练 CNN 模型，并以 10 s 的时隙划分视频流，该方法对于较高分辨率(360 P，480 P，720 P，1 080 P)的识别精确率达到了 92.77%，但对于较低分辨率(144 P 到 360 P 之间)的精确率只有仅 77.36%。这同样可能是由于低分辨率的视频流之间往往具有较高的特征相似性，从而导致模型区分困难。总体而言，第一类方法由于只从低层网络协议中提取了流量的宏观特性，因而在处理特征较为相似的分辨数据率时往往无法做到准确区分。

在第二类方法中，一些研究针对自适应视频流的分段传输特点，从加密流量中提取出视频分段的相关特征，用以改善已有方法的性能或直接作为识别的主要依据。在 Gutterman 等人[8]提出的 Requet 系统中，开发了根据 IP 头部识别视频分段和音频分段的检测算法，并从检测后的数据中提取了与视频分段相关的部分特征作为机器学习模型的输入，用来预测包括分辨率在内的多种 QoE 测度。其实验结果表明：与仅使用 IP 层的特征相比，基于分段的特征能够显著地改善模型的性能。此外，该研究还对 Requet 系统在粗粒度和细粒度识别方面的表现进行了对比，结果显示，进行粗粒度识别时的准确率普遍很高(二分类时准确率为 91%，三分类时为 87%)，而进行细粒度识别时的准确率却明显降低，这也体现出细粒度识别的困难性。Bronzino 等人[9]将视频分段的相关特征归为应用层层面的特征，并且研究了网络层、传输层、应用层的各种特征对于分辨率识别问题的特征重要性，结果发现重要性最高的特征都与视频分段的长度有关。同时 Bronzino 等人所提出的模型在处理分辨率变化较少的 YouTube 和 Twitch 视频流时准确率很高，而在处理分辨率频繁变化的 Amazon 和 Netflix 视频时的准确率则较低，这也从侧面体现出分辨率切换的频繁性会对细粒度识别的准确性造成影响。

值得一提的是，上述方法中是基于 HTTP/1.1 特点的分辨率识别，目前尚未有针对 HTTP/2 下视频流量的分辨率识别工作。如前所述，直接使用低层协议特征无法准确地实现分辨率的细粒度识别，而如果要提取视频分段的相关特征来提升识别性能，则需要在视频流中划分出不同视频段的数据。已有的方法通常是基于 HTTP/1.1 的请求-响应模式来进行分段数据的划分和后续的特征提取工作。然而，在 HTTP/2 协议下，这种划分方式不再可行。HTTP/2 的多路复用的特性允许音频分段和视频分段在同一条流上传输，因而多个请求所对应的响应数据是混杂在同一条流中传输的，此时直接根据请求数据进行划分的方式显然不再准确。因此，目前已有的方法都无法适用于 HTTP/2 下的加密视频流的分析工作。

基于流量分析来评估视频质量的方法，往往与视频服务所使用的传输机制和网络协议紧密相关。在视频传输机制方面，基于 HTTP 的自适应流媒体技术（主要包括 HLS[10] 和 DASH[11]）因为能够适应动态的网络环境、减少视频卡顿，而被广泛应用于视频应用中[12,13]。其中，MPEG 组织提出的 DASH（Dynamic Adaptive Streaming over HTTP）已经发展为国际标准。DASH 使用 HTTP 协议进行数据传输，而由于 HTTP/1.1 协议在网络延迟上的问题日益凸显，IETF（The Internet Engineering Task Force）于 2015 年发布了具有更高性能的 HTTP/2 协议[14]。与 HTTP/1.1 相比，HTTP/2 引入了多种新特性，在显著降低延迟的同时提高了带宽的利用率。目前，HTTP/2 在各种网站中的覆盖率已达到了 46%[15]，部分视频应用也开始尝试使用 HTTP/2 协议来提高视频传输效率。随着越来越多的研究开始关注于利用 HTTP/2 的相关特性来进一步改善视频质量[16,17]，HTTP/2 协议在视频流媒体领域具有明显的发展趋势和良好的应用前景。虽然目前也出现了一些关于针对基于 HTTP/1.1 的 HTTPS 视频流量进行细粒度分辨率识别的研究，因为 HTTP/2 与 HTTP/1.1 相比，在协议实现上已经有了极大的差别，使得目前已有的方法都无法应用于 HTTP/2 协议下的细粒度加密视频分析工作。针对上述问题，本章拟基于 HTTP/2 的传输特征，以加密流量中尚能获得的数据包长度和时序信息作为视频识别的主要依据，基于加密视频流的精细化分辨率识别工作展开研究。

7.2 精细化视频分辨率识别相关知识

7.2.1 基于 HTTP 的流媒体传输技术

DASH 是自适应流媒体的一种代表性实现架构，目前已被广泛地用于各类视频应用中。DASH 视频流的整体场景如图 7.1 所示。视频服务端的内容主要包括两部分：(1) 视频描述文件 MPD (Media Presentation Description)：描述了视频的各种信息，包括视频的分片情况、编码信息、URL 地址等等。(2) 切分好的视频分段：服务器采用 VBR (Variable Bitrate) 模式将视频按照不同的分辨率等级进行编码，并将编码产生的视频文件分片为视频分段，每个分段对应着时长约几秒的视频内容[18]。图 7.1 里不同颜色的矩形分别表示服务端提供的不同分辨率的视频分段，这些视频分段通常被冗余存储在多个服务器上以便允许客户端从最近的服务端下

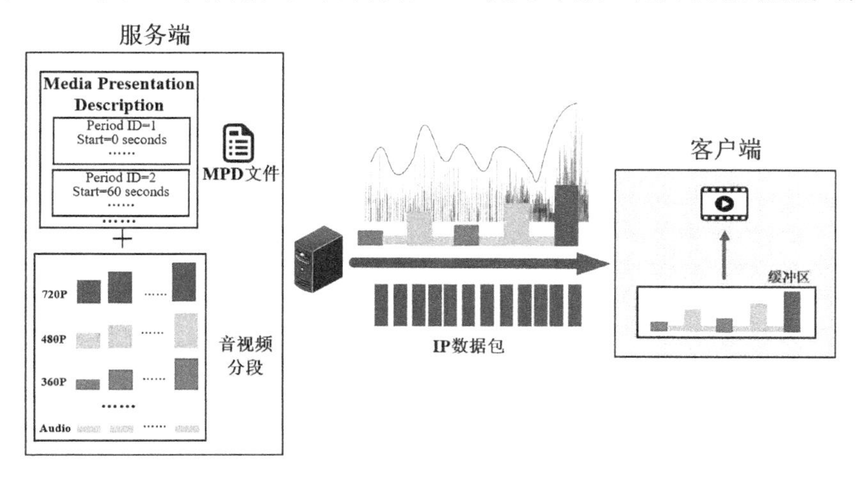

图 7.1　DASH 视频流场景

载这些视频数据。由于 DASH 的切分规范和 VBR 编码的特点，服务端生成的视频分段的长度序列往往与对应的视频内容有密切联系，甚至能够成为该视频的标识性特征。

在视频传输的过程中，DASH 遵循 HTTP 经典的“请求-响应”模式。在传输视频内容之前，客户端需要先获取 MPD 文件并从中解析出所需的视频信息，之后再基于这些信息和 ABR(Adaptive Bitrate)算法依次请求对应的视频分段[19]。不同视频服务商会有自己特定的 ABR 算法，但总体来看，大多数视频应用往往会根据最近的带宽情况、当前缓冲区大小，或者二者的综合情况来设计对视频分段的选择策略[20]。在视频播放过程中，客户端会持续监测本地网络状况，如果网络质量发生变化则会切换所请求的视频分辨率等级，以避免因出现卡顿而造成用户体验下降。通俗来讲，在网络状况较好时，客户端会请求分辨率较高的视频分段，反之则会请求分辨率较低的视频分段[21]。

客户端下载好的视频数据存储在缓冲区中，在缓冲区的管理策略下，视频流量普遍呈现出周期性的 ON-OFF 流量模式(如图 7.2 所示)。首先在播放视频前的初始阶段，缓冲区内需要缓存一定播放时长的视频内容才可以播放，即：当缓冲区内的视频数据对应的可播放时长超过一定的阈值时，

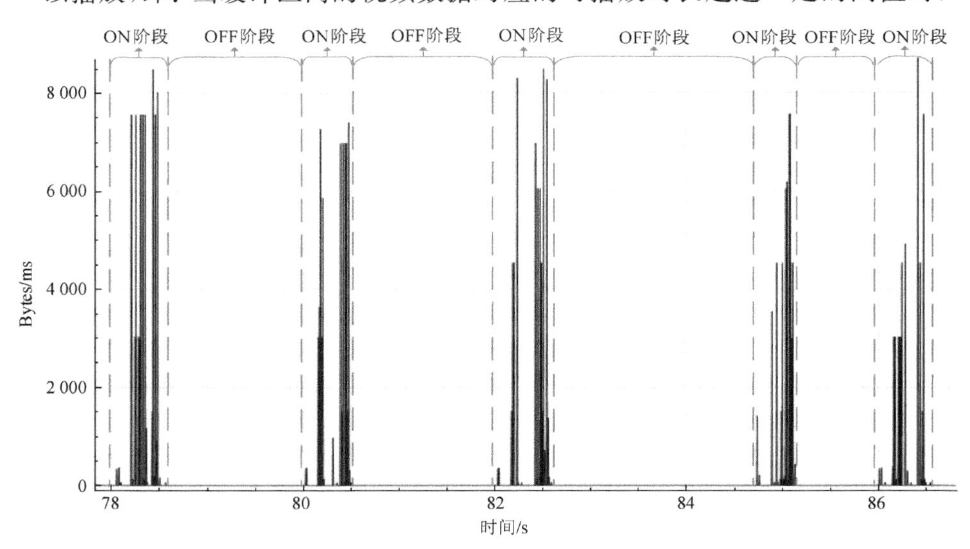

图 7.2　DASH 视频流的 ON-OFF 模式

视频才会开始播放。之后，随着视频的播放，缓冲区内缓存的待播放视频数据被逐渐消耗，当剩余数据量低于一个特定的阈值 a 时，客户端会再次向服务器端发起请求，请求新的视频数据。随着新的响应数据到达，存储在缓冲区内的视频数据逐渐增多，当数据量增长到超过另一个阈值 b 时，客户端会暂时停止请求。这一过程随着视频播放而重复出现，即使在加密流量中，也可以观测到这种周期性的 ON-OFF 模式。一些流量分析方法正是基于这一现象从加密视频流中划分出承载着不同视频分段的数据包的，并进一步根据数据包的特征识别视频的分辨率。

7.2.2　HTTP/2 与 HTTP/1.1 在视频传输上的不同

已有针对基于 HTTP/1.1 的 HTTPS 视频流量进行分辨率识别的研究结果，随着 HTTP/2 协议逐步应用于加密视频传输，需要考虑 HTTP/2 协议导致的视频流量特征变化。

HTTP/2 不仅支持了 HTTP/1.1 的所有核心功能，而且通过多种技术提高了 HTTP 语义的传输效率。与 HTTP/1.1 相比，HTTP/2 引入了二进制分帧、多路复用、头部压缩、服务器推送、流优先级等多种特性，在降低时延的同时提高了网络资源的利用率。由于视频流量通常是加密的，因而二进制分帧特性对视频流量的整体分析工作影响不大。同时，目前视频应用仍遵照原有的“请求-响应”模式，在视频数据的传输中几乎没有出现服务器推送的场景。因此，使 HTTP/1.1 视频流与 HTTP/2 视频流呈现不同流量特征的主要影响因素是 HTTP/2 中的头部压缩和多路复用特性。

在 HTTP/1.1 中，头部数据的长度通常只分布在特定范围内，而在 HTTP/2 中由于采用了头部压缩技术，头部数据的长度分布出现了很大的变化，所以在流量分析方法中，过滤头部数据时所采取的方式也会有所变化。

除了头部压缩之外，多路复用也是影响视频识别的主要因素，直接导致了现有的针对 HTTP/1.1 的视频流分析方法无法适用于 HTTP/2 的视频流量中。在 HTTP/1.1 中，音视频数据往往会通过多条 TCP 流分别进行不同类型的数据传输，以提高效率。而在 HTTP/2 中往往只需要建立一条

TCP 流就能够承载多种数据的交互。如图 7.3(a)所示,在 HTTP/1.1 中,为了提高传输效率,音频数据和视频数据会分别使用两条 TCP 流进行传输。此时,尽管音频和视频从时间上看是被同时传输的,但在一条 TCP 流中,两次请求之间的所有响应数据包都只承载着单一类型的数据,即:只包含音频数据或视频数据中的一类。而在 HTTP/2 中(如图 7.3(b)),对于音频和视频数据的请求可以在同一条 TCP 连接上交互发出,而与这些请求对应的响应数据也会在同一条连接上交错传输。

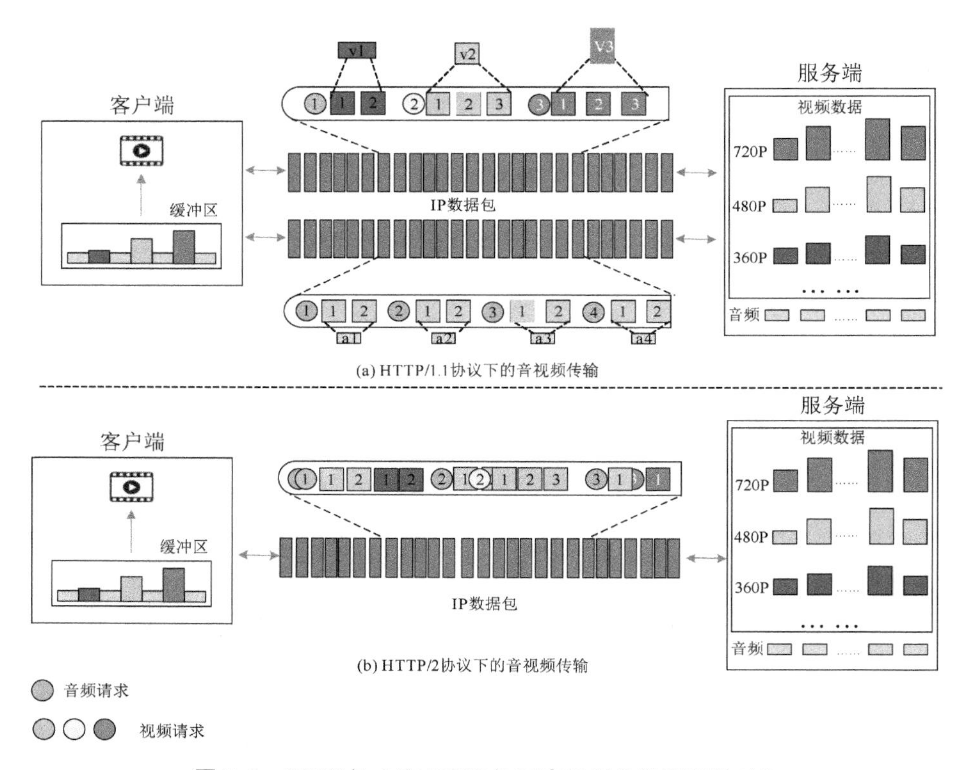

图 7.3　HTTP/1.1 和 HTTP/2 下音视频传输情况的对比

虽然多路复用在很大程度上提高了 HTTP/2 的传输效率,但也使得视频流的分析工作面临着很大的挑战。由于音频数据和视频数据在同一条 TCP 流上交替传输,因而在面对加密视频流时,两次请求之间的响应数据往往是同时包含音频和视频的混合数据,且由于流量的加密性,无法从这些混

合数据中分离出单独的音频分段数据和视频分段数据。在本章的方法中，将针对这一特点展开具体的分析研究。

7.3 加密视频分辨率识别方法

7.3.1 总体框架

本章设计了一种基于HTTP/2传输特征的加密视频分辨率识别方法。具体而言，本方法基于HTTP/2的传输特征，从加密视频流中还原出能够用于识别的视频指纹，并基于该指纹实现分辨率的细粒度识别工作。为了能够实现对视频指纹的精确还原，本方法从影响指纹还原的关键干扰因素入手，通过抗干扰修正模型尽可能地消除各种网络协议引入的干扰量。同时，针对HTTP/2的视频流量特点，设计了一种针对多路复用的HTTP/2视频流的分辨率识别方法，以还原出的视频指纹作为识别单元，将其放到明文指纹库中匹配并使用隐马尔可夫模型处理匹配结果。最终达到准确进行分辨率细粒度识别的目标。图7.4所示为方法总体流程示意图。

为便于后续描述，本章将指纹的真实值称为明文指纹，将使用指纹还原方法从加密视频流中还原出的指纹称为密文指纹。

7.3.2 视频指纹的选取

在多变的网络环境中，要想获取稳定且具有代表性的指纹具有一定的挑战性[22]。在已有研究中通常采用两种方法构建视频指纹，一种是以流量突发模式作为指纹，根据视频播放过程中的流量行为模式进行识别，该方法容易受到网络环境的影响，因而稳定性不佳。另一种方法则是以视频分段的长度作为视频指纹，通常从MPD文件中解析出视频分段的明文长度来构建指纹库，在识别时从待识别的加密视频流中还原出视频密文指纹，然后放入指纹库中进行匹配，这种方法的准确性直接取决于还原出的密文指纹的

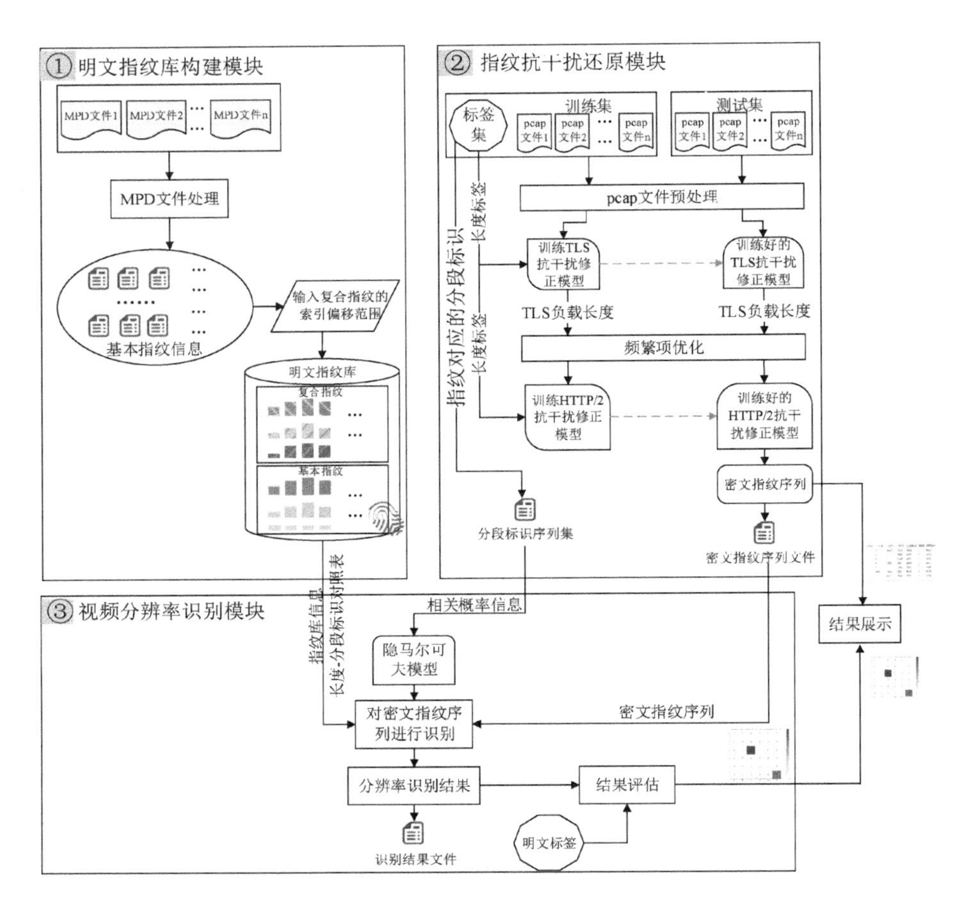

图 7.4　基于 HTTP/2 传输特征的加密视频分辨率识别方法总体流程示意图

准确性。

视频分段的明文长度只与服务端所采用的编码模式有关，具有一定的稳定性，不会受到网络环境的影响。且视频分段的长度往往与视频内容相关，因而也具有一定的代表性。因此本章也采用了第二种方法的思路，以视频分段的明文长度作为视频指纹，但由于 HTTP/2 视频流量的特殊性，本章中指纹的定义范围与已有方法略有不同，包括基本指纹和复合指纹。

7.3.2.1　基本指纹

基本指纹是指单个视频分段和音频分段的明文长度，是构成明文指纹库的基本单元。在客户端第一次请求视频数据时，服务器端会将 MPD 文件

发送给客户端,该文件中包含了所要播放的视频文件的所有视频分段和音频分段信息。这些信息按照播放顺序依次排列,记第 i 个视频分段对应的指纹为 v_i、第 j 个音频分段对应的指纹为 a_j,则对于某个视频而言,其包含的所有基本指纹如图7.5所示。

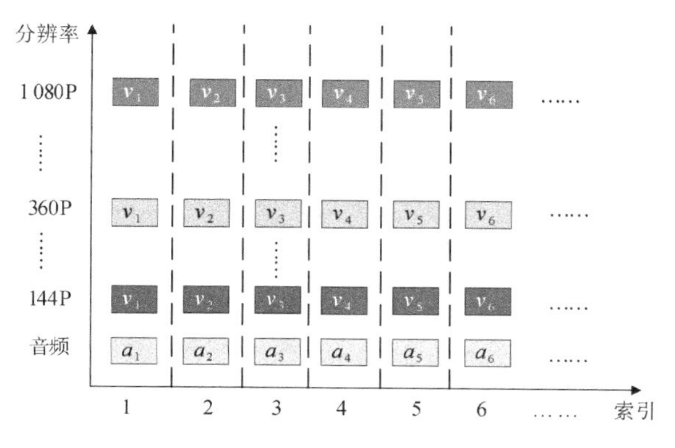

图7.5 某个视频文件的基本指纹

7.3.2.2 复合指纹

复合指纹的构建主要是源于HTTP/2的多路复用特性,在HTTP/2视频流中音视频数据可以在同一条TCP流上混合传输,且由于流量的加密性,很难从这种混合数据中分离出单独的音频数据和视频数据。下面简要说明这种音视频混合数据的构成和复合指纹的含义。

结合客户端缓冲区管理策略和对视频流的分析发现,视频流媒体在每次进行数据传输时都会尽可能少地传输数据,即:如果传输一个视频分段就可以满足当前缓冲区的播放需求,则只会传输一个视频分段。而在实际的视频流中,在一个ON阶段中传输的视频分段通常也确实只有1个。由于视频还需要相应的音频数据才能正常播放,因此1个视频分段的传输往往会伴随着1个音频分段的传输。在HTTP/1.1视频流中,由于会有两条TCP流分别传输音频和视频,因而在一条TCP流中,一个ON阶段只会有一个分段的数据(如图7.6所示),所以在已有的针对HTTP/1.1加密视频流的研究中,常以ON-OFF模式作为划分视频流的依据。但在HTTP/2视频流中,由于音频数据和视频数据是混合在一条TCP流中传输的,因此在这条TCP流中,一个ON阶段传输的数据往往是1个视频分段和1个音频分段的混合数据，本章称之为1V1A。

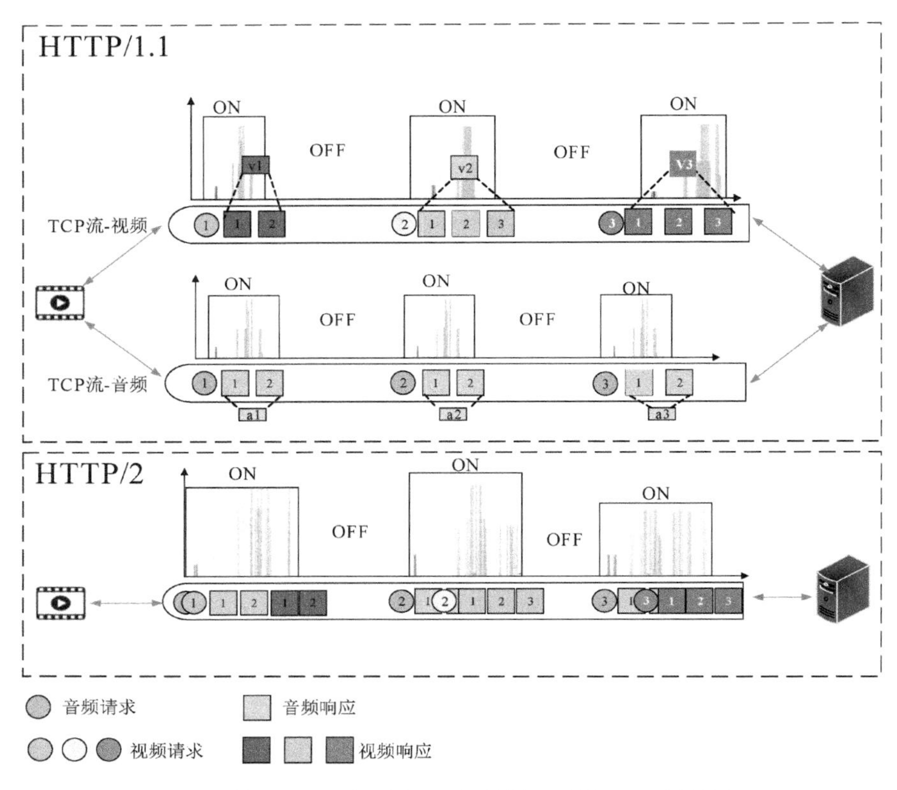

图7.6　HTTP/1.1和HTTP/2视频流中不同ON阶段的数据

通常情况下，在每个ON阶段传输一组1V1A数据就足以保证视频的正常播放。但由于音频分段所对应的播放时长往往会小于视频分段对应的播放时长，随着播放时间的增加，这种音频分段和视频分段对应的播放时间的差值会逐渐积累，当差值过大时会导致某个ON阶段需要传输1个视频段和2个音频段才能满足播放需要，本章称这种情况为1V2A。本章采集了使用HTTP/2协议的Facebook视频流，在某个阶段该视频流量的传输情况如图7.7所示，其中"ON阶段1"和"ON阶段3"就是最常见的1V1A情况，而"ON阶段2"则是1V2A的情况，在"ON阶段2"有3次请求，前两条请求是连续发出的，分别是对音频段和视频段的请求，第3个请求也是对音频段的请求，这种情况通常出现在已下载的音频数据的播放时长不足以覆盖已有视频数据的播放时长的情况。

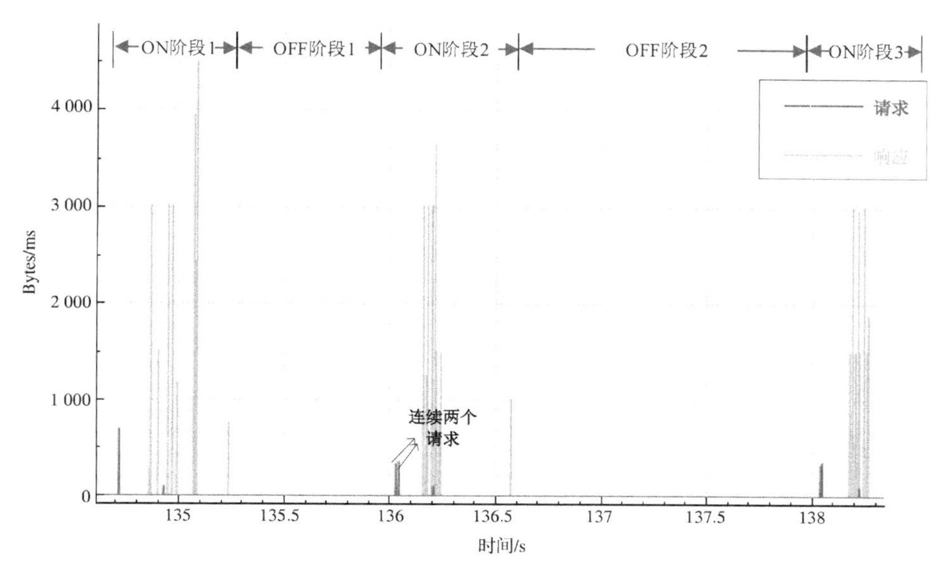

图 7.7　多路复用情况下的 ON-OFF 数据情况

由于 1V2A 只在视频稳定播放到足够长的时间时才会出现，因而很少在正常的动态网络环境下观测到，且 1V2A 中最后传输的音频分段数据在传输时往往具有较为明显的时间间隔，如图 7.7 的"ON 阶段 2"中，在 136.5 秒时间点后才出现第 3 个请求的响应数据。因此，在后续的工作中将只关注对 1V1A 的分析。

在 1V1A 中，承载着音频数据和视频数据的数据包之间没有明显的时间间隔，且由于流量的加密性，很难从这种混合传输的数据中分离出单独的音频数据和视频数据。因而本章将这种 1V1A 的混合数据视为整体进行研究，其长度同样视为一个指纹单元，称为**复合指纹**，在后续构建明文指纹库时，也将该复合指纹考虑在内。

总体而言，不论是单独传输的视频分段和音频分段，还是混合传输产生的 1V1A 数据，都将其作为一个识别的指纹单元，为便于后续描述，本章将其统称为 **CAU(Chunk Data Unit)**。

7.3.2.3　指纹唯一性证明

为了验证以视频分段的明文长度作为指纹进行分辨率识别的可行性，

本章对真实视频中视频分段的长度分布情况进行了研究。

要获取所有的视频分段长度在现有条件下是很难达成的，但基于统计学的知识可知，只要用于研究的样本具有一定的独立性和代表性，在样本容量足够大的情况下，可以根据样本的分布情况来推知整体统计情况。为了能选取到具有代表性的样本数据，本章采集了 277 组真实的 Facebook 视频流量，采集的视频类型包括影视、体育、游戏、音乐和综艺五类，视频的播放时间从 1 min 到 120 min 不等。从这 277 组 Facebook 视频流量中获取了 77 802个视频段明文长度，这些长度的概率密度函数（Probability Density Function，PDF）如图 7.8 所示。

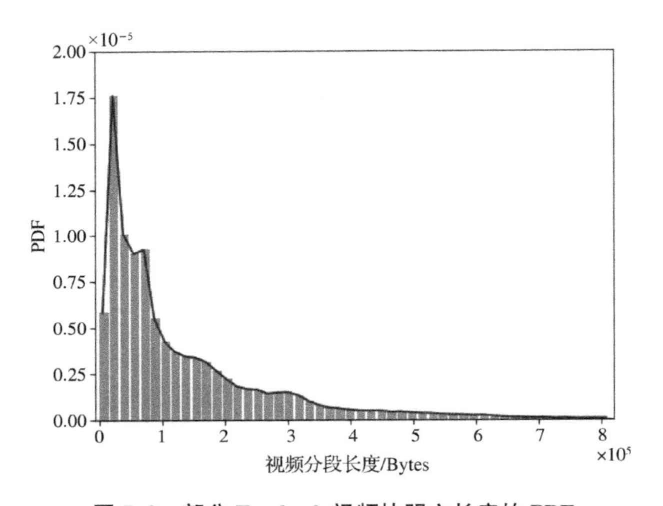

图 7.8　部分 Facebook 视频块明文长度的 PDF

从图中可以看出，任意两个视频段长度发生冲突的概率最高不超过 2×10^{-5}。假设长度冲突概率就是 2×10^{-5}，则对于任意两个具有 150 个视频分段的视频而言，视频分段长度组成的长度序列完全相等（即序列中每个长度都相同）的概率为 $(2\times10^{-5})^{150}\approx10^{-705}$。一个 Facebook 视频分段对应的播放时长约为 2 s，因而包含 150 个视频分段的视频所对应的播放时长约为 5 min。由此可见，即使只是时长 5 min 的短视频，视频的分段长度序列发生冲突的概率已经很低。如果所要识别的视频的播放时长更长、包含更多的视频分段，则整个分段长度序列发生重合的概率会更小。这证实了以视频分段长度所组成的序列具有很好的唯一性，能够用来作为识别的依据。

不可否认的是，上述分析是针对采集到的 77 802 个视频分段所进行的，而视频样本作为变量并不是固定不变的，如果从视频总体中选择两个独立的视频样本集，它们可能会包含不同的个体，因而这些样本集所呈现出的分布情况可能不会完全相同。但大数定理指出，样本数越大，样本均值就约可能接近总体均值。因而只要样本容量足够大，样本的分布就会逼近总体的分布特征，从而具有相对稳定的特性。因此，理论上来说，视频样本的改变并不会影响分段长度的整体统计特性。由于本章所选的视频样本在视频类型和样本数量上已具有一定的代表性，因而可以在一定程度上反映出分段长度的整体特性。后续的实验结果也证实了本方法的可行性。

7.3.3　加密视频指纹的抗干扰还原方法

7.3.3.1　干扰视频密文指纹的因素

对密文指纹还原的准确性直接影响到后续识别的效果，而干扰密文指纹还原的因素通常与数据传输时所采用的协议有关。一些类似的计算视频段长度的研究直接以 IP 数据包的负载长度作为视频分段的长度[23]，但以这种方式获取到的密文指纹其实是不稳定的。视频分段在加密传输时会被各种协议封装，且由于网络环境的影响，视频数据有时会被拆分重组到不同的 IP 数据包中，而拆分重组的过程中不免会加入一些头部数据或标识信息，所以即使是同样的视频内容，在不同的网络环境中，其 IP 数据包的负载长度也可能不同。因此这种获取密文指纹的方式很易受到网络环境的影响，不具备“抗干扰性”。在本小节的研究中，会详细分析影响密文指纹还原的干扰因素。

在进入网络链路之前，视频数据 CAU 会依次被 HTTP/2 协议、TLS 协议、TCP 协议处理，添加相应的协议头部或进行必要的切分操作（如图 7.9 所示），因而在封装过程中引入的 HTTP/2 帧头部、TLS 头部、TCP 头部都是干扰长度还原的干扰量。值得一提的是，虽然理论上，TLS 的压缩和填充机制也会影响数据长度，但一方面视频数据本身在传输前就是压缩的，二次压缩没有意义[24]，且在 TLS1.3 中已经去除了压缩的机制，因此不需考虑 TLS 中压缩机制带来的影响。另一方面，一些研究显示：可能是为了避免相

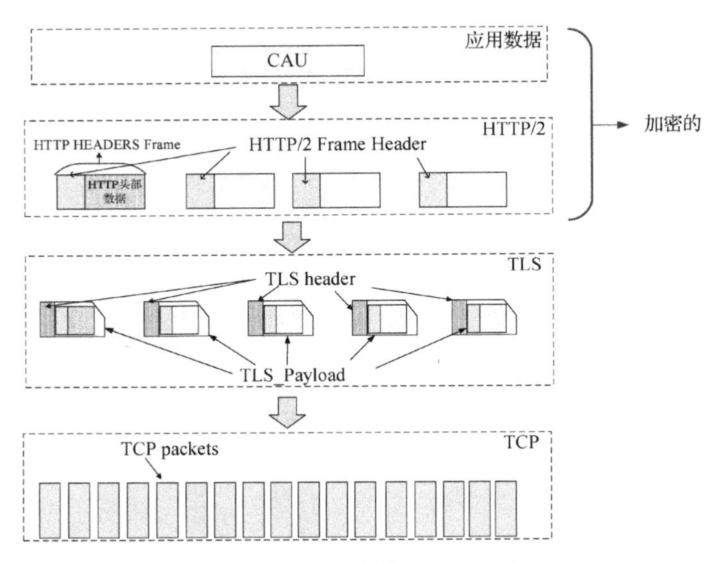

图 7.9　CAU 封装过程示意图

关开销会带来不必要的网络资源消耗[18]，在 HTTPS 中并没有使用 TLS 填充功能来改变负载长度，本章对 Facebook 视频流的分析也证实了这一点，因此在后续的研究中也不再考虑 TLS 填充机制对长度还原的影响。

经过上述分析，可以得出指纹还原的计算公式如公式 7.1 所示：

$$\widetilde{CAU}_{len} = TCPload_{len} - TLSheader_{len} \cdot N_{TLS} - HTTPheader_{len} - H2frameHeader_{len} \cdot N_{h2} \quad \text{公式 7.1}$$

其中，$\widetilde{CAU}_{len}$ 表示还原后的 CAU 长度，即视频密文指纹。$TCPload_{len}$ 表示所有承载着该 CAU 数据的 TCP 数据包的负载长度之和，$TLSheader_{len}$ 表示一个 TLS 头部长度，N_{TLS} 表示所有承载着该 CAU 数据（不含 HTTP 头部数据）的 TLS 片段数，$HTTPheader_{len}$ 表示传输 HTTP 头部数据的 TLS 片段长度，$H2frameHeader_{len}$ 表示一个 HTTP/2 帧的头部长度，N_{h2} 表示所有承载着该 CAU 数据的 HTTP/2 帧数。

在这些干扰因素中，下列参数可以被直接或间接地从流量数据中获得：

(1) $TCPload_{len}$：由于 TCP 不是加密的，因而可以直接从采集的流量中计算出 TCP 的负载长度。TCP 的负载数据就是其封装的 TLS 片段。

(2) N_{TLS}：虽然无法直接从 TCP 或 IP 头部获得 TLS 片段数，但 TLS 片段的"plaintext header"结构中包含着加密记录的长度信息，因此可以从 TCP 负载数据中找到 TLS 片段的"plaintext header"字段并进行解析，从而获取到每个 TLS 片段的长度。由于 TLS 片段的最大负载长度为 2^{14} B[25]，即 16 KB，再加上 TLS 头部信息，其总长度可能会大于 TCP 的最大报文长度(Maximum Segment Size, MSS)，因此一些 TLS 片段会被切分在多个 TCP 报文中进行传输，这种切分也使得分属于两个 TLS 片段的数据会被合并在一个 TCP 报文中发出(如图 7.10 所示)。因此要统计 TLS 片段的个数，需要先基于解析得到的 TLS 长度信息，对 TCP 负载数据进行合并或切分操作，组合出 TLS 片段后再进行数量统计。

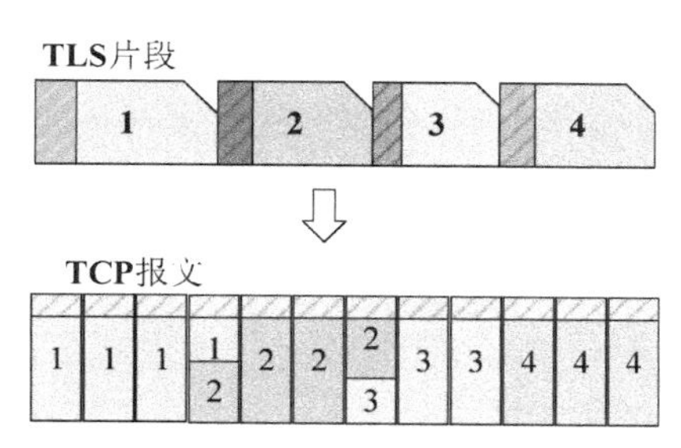

图 7.10　TLS 分段经切分后封装在 TCP 报文中

(3) $HTTPheader_{len}$：HTTP 头部数据使用 HTTP/2 的 HEADERS 帧进行传输，一般只在传输真正的 CAU 数据前出现，且单独封装在一个 TLS 片段中，因此可以直接根据时间戳和阈值信息获取该参数，具体方式也会在 7.3.5.3 节中说明。

(4) $H2frameHeader_{len}$：根据 RFC7540[14]，HTTP/2 帧的头部长度为 9 字节。

在获取了上述参数后，目前公式 7.1 中无法获知的参数只有 $TLSheader_{len}$ 和 N_{h2}，要计算这两个参数，需要分别针对 TLS 协议和 HTTP/2 协议的特点从流量数据中提取目标特征来构建相关的计算模型。考虑到这些特征可能与具体的视频平台有关，需要采集 HTTP/2 视频流量作为数据集。在分析了现有市场中几种流行的移动视频应用后发现，尽管一些视频应用支持 HTTP/2 协议，但在实际传输视频数据时依然主要使用 HTTP/1.1 协议，相比之下，Facebook 应用则普遍采用 HTTP/2＋TLS1.3 的协议来传输音视频数据。因此本章以 Facebook 视频应用作为目标平台，采集 Facebook 视频流量作为本章的数据集。

理论上讲，当还原出的长度完全正确时，还原后的长度应等于原始明文长度，即 $\widehat{CAU_{len}} = CAU_{len}$（$CAU_{len}$ 表示 CAU 的明文长度）。因此，在后续将使用原始明文长度作为数据集的标签，对如何提取或计算 $TLSheader_{len}$ 和 N_{h2} 进行详细的说明。

7.3.3.2 加密视频流的预处理

直接从网络中采集到的流量里往往混杂着许多其他类型的流量数据，为了方便处理，在进行正式的指纹还原工作之前，首先需要对采集到的流量进行预处理，主要包括目标视频流的提取、视频流的切分等操作。

（1）提取目标视频流

从本方法要提取的视频流的角度来看，网络中的流量包括三类：属于目标视频应用且负责传输音视频数据的流量、属于该视频应用但承载着其他类型数据（如广告、网页缩略图）的流量、其他背景流量。从原始流量数据中过滤出本章所要研究的 HTTP/2 视频流是流量预处理的第一步。

首先将流量文件中的所有数据包根据五元组{协议类型（TCP/UDP），源 IP，目的 IP，源端口，目的端口}划分为不同的数据流，由于本章所要研究的 Facebook 视频数据是经过 TLS 协议加密封装后使用 TCP 协议进行数据传输的，因而从所有数据流中筛选出使用 443 端口的 TCP 流。虽然 TLS 协议的加密性使其承载的数据内容无法获知，但 TLS 在建立连接时，所生成的握手消息“Client Hello”中包含了一些未被加密的关键信息，如 SNI（Server Name Indication）字段。根据 SNI 字段中是否含有“Facebook”，可以过滤出属于 Facebook 应用的数据流。

在已经筛选出的由 Facebook 应用产生的数据流中，包含许多非视频流（如广告、弹幕、评论、网页缩略图等）。与视频流相比，这些非视频流的持续时间和数据量通常小得多。且由于 HTTP/2 采用了多路复用技术，在某个视频播放期间，往往只需要一条流就足以承载该视频的所有的会话数据。因此直接从所有 Facebook 相关流量中筛选出数据量最大的流即为本章所要研究的目标视频流。

（2）切分视频流

为方便后续进行长度还原工作，需要对视频流进行 CAU 数据的切分，切分出的每一组包含着承载一个CAU的所有数据包，且不含其他CAU数据。实现切分操作的关键是切分点的确定。

如7.2.1节所述，视频播放过程中经常会呈现出周期性的ON-OFF模式。该模式常被用来确定切分点[18]：当处于OFF阶段时，意味着客户端所请求的音视频数据都已传输完毕、目前属于暂停传输的状态，因此两个连续的OFF阶段之间的响应数据就可以被粗略地划分为一组。但是对于HTTP/2视频流而言，由于使用了多路复用技术，音频请求和视频请求会在一条流上交替发出，其各自的响应数据在传输时也可能存在时间上的重叠，这就使得两个连续的OFF阶段之间可能存在着多个CAU数据。在此情况下，这种仅仅基于OFF模式进行切分的方式不够精确。

考虑到DASH视频流遵循HTTP经典的“请求-响应”模式，因而本章转而基于请求信息来实现切分操作。但鉴于HTTP/2视频流中可能会出现音视频混合传输的情况，如果直接根据请求报文进行划分，可能会导致属于前一个请求的部分响应数据被划分到了后一组(如图7.11所示)，从而造成很大的误差。

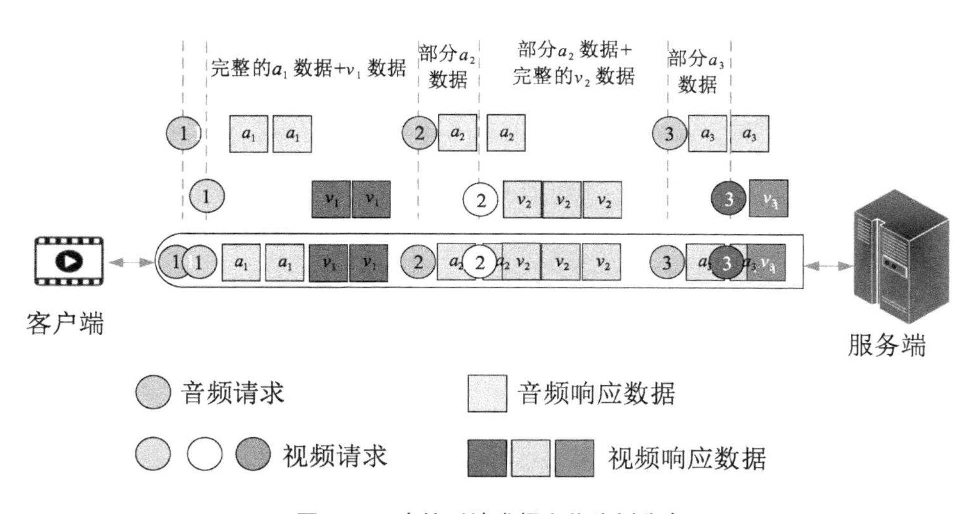

图7.11 直接以请求报文作为划分点

因而本章将两个连续请求之间的时间间隔也纳入考虑范围内。如7.3.2.2节中所述，虽然一个视频分段和一个音频分段可以同时传输，但是相同类型的分段不会同时传输，真正的混合数据其实只有 1V1A 的形式，而这种混合数据对应着两个请求（一个音频请求和一个视频请求）且两次请求之间的间隔不会太久。因此，如果两次连续请求之间的时间间隔小于某个特定的阈值，则说明二者对应的响应数据存在混合传输的可能，因而将其划分到同一组中，并标记为混合数据。在后续的识别过程中也会根据该组是否为混合数据而采取不同的识别策略。

在视频流划分完毕后，即可围绕公式 7.1 对每组 CAU 数据进行长度还原，后续对 $TLSheader_{len}$ 和 N_{h2} 的计算也是以每组 CAU 数据作为处理单元的。本节在对采集的 Facebook 视频流进行预处理后，提取出 35 255 组 CAU 加密数据作为训练集，用于计算 $TLSheader_{len}$ 和 N_{h2}。

7.3.3.3 针对 TLS 干扰的修正

Reed 和 Kranch 在其研究中[26]也考虑到了 HTTP 头部和 TLS 头部带来的额外开销，但只是基于对视频流的观测大致估计出了 TLS 头部和 HTTP 头部的长度占比情况，并未给出具体的数值。而在本小节中，则基于 HTTP/2 视频流的特征提出了一个获取 TLS 头部长度 $TLSheader_{len}$ 的精确值的方法。

由于 $TLSheader_{len}$ 和 N_{h2} 是目前尚待计算的两个参数，如果要基于公式 7.1 来计算 $TLSheader_{len}$，也必然要考虑 N_{h2} 这个未知量的影响。尽管 TLS 协议的加密性使得 N_{h2} 无法直接获知，但在某些特殊场景下，仍可以结合视频流的特征和网络协议特点推断出 N_{h2}。对于 HTTP/2 帧而言，如果帧的长度较大而超过了 TLS 的最大负载长度，则会被切分到多个 TLS 片段中进行传输，但当所要传输的数据量较少而使得整个 HTTP/2 帧的长度小于 TLS 的最大负载长度时，往往只会使用一个 TLS 片段进行数据传输而不再进行切分操作。

TLS 的最大负载长度为 2^{14} B[25]，因而如果一组 CAU 响应数据中只含有一个 TLS 片段，则意味着其负载数据没有超过 2^{14} B。换言之，在该 TLS 片段中封装的上层 HTTP/2 数据帧的总长度小于 2^{14} B，这也意味着所要传输的 CAU 数据总长度也是小于 2^{14} B 的。由于 HTTP/2 的最大负载长度同样为 2^{14} B[14]，对于小于 2^{14} B 的 CAU 数据也只需一个 HTTP/2 帧就足以承

载，因而出于网络资源利用率和传输效率的考虑，此时同样也只会使用一个 HTTP/2 帧来传输数据。在这种情况下，N_{TLS} 和 N_{h2} 均为 1，此时公式 7.1 可以转化为如下公式 7.2：

$$\widehat{CAU_{len}} = TCPload_{len} - TLSheader_{len} - HTTPheader_{len} - H2frameHeader_{len} \qquad \text{公式 7.2}$$

在本章所采集的 Facebook 数据集中，音频分段的长度往往只有 12 KB 左右，远小于 HTTP/2 的最大负载长度，满足这种特殊情况。因而从包含 35 255 组 CAU 加密数据的训练集中提取出只含有一个 TLS 片段的 CAU 加密数据作为训练子集，训练线性回归模型。模型得到的结果显示：$TLSheader_{len}=22$。这表明 Facebook 视频数据在被 TLS 协议封装时，每个 TLS 加密片段都会添加 22 字节的头部信息。

基于计算出的 $TLSheader_{len}$，可以得到每个 TLS 片段的负载长度，为方便后续描述，使用 $TLSload_{len}$ 表示在一组 CAU 数据中的所有 TLS 片段的负载长度之和，$TLSload_{len}$ 可以按照如下公式 7.3 计算：

$$TLSload_{len} = TCPload_{len} - TLSheader_{len} * N_{TLS} \qquad \text{公式 7.3}$$

7.3.3.4　针对 HTTP/2 干扰的修正

N_{h2} 表示所有承载着该 CAU 数据的 HTTP/2 帧数，根据该值可以计算出 HTTP/2 引入的总干扰量。但 HTTP/2 帧的数据被封装在 TLS 协议中，因而需要在获取 TLS 负载长度的基础上才能对 N_{h2} 进行计算。本小节在计算 HTTP/2 引入的干扰量时，先对训练集中的数据去除了 TLS 协议的干扰后，才进一步提取目标特征进行模型训练。同时，本小节还利用 HTTP/2 的协议特点，对数据集进行了优化，以改善方法性能。

(1) 生成 TLS 负载长度数据集

为方便计算，对训练集做进一步处理：对每组 CAU 数据去除 TLS 片段的头部长度、计算每个 TLS 片段的负载长度，构建 TLS 负载长度序列，记为 $\{L_{tlsload_1}, L_{tlsload_2}, L_{tlsload_3}, \cdots, L_{tlsload_n}\}$。将所有 CAU 数据对应的 TLS 负载长度整合为一个 TLS 负载数据集，数据集中的每行都对应着一组 CAU 数据的 TLS 负载长度序列。

（2）生成数据集的标签

本小节的目标是构建出能够计算出每组 CAU 数据中所含 N_{h2} 值的模型，因而需要以 N_{h2} 作为训练集的标签。将公式 7.3 代入公式 7.1 可得：

$$\widetilde{CAU_{len}} = TLSload_{len} - HTTPheader_{len} - H2frameHeader_{len} * N_{h2}$$

公式 7.4

进一步地，可以得到 N_{h2} 的计算公式如公式 7.5 所示：

$$N_{h2} = (TLSload_{len} - HTTPheader_{len} - \widetilde{CAU_{len}}) / H2frameHeader_{len}$$

公式 7.5

根据该式计算出每组 CAU 加密数据对应的 N_{h2} 值，将其作为 TLS 负载长度序列的标签，以此完成对整个 TLS 负载数据集的标签工作。

（3）优化：合并频繁项

由于高、低分辨率对应的数据量之间存在着显著的差异性，高分辨率的 CAU 加密数据中所含的 TLS 片段数往往比低分辨率多得多。而 TLS 负载数据集内每组负载序列的序列长度如果相差太大，可能会影响模型的准确率，因而本方法结合数据特征对 TLS 负载数据集做了进一步处理。

考虑到 HTTP 数据在被切分到 TLS 片段中时往往基于一定的切分算法，因而切分出的数据长度可能会具有一定的规律。因此，本节对数据集中各 TLS 负载长度值的出现频率进行了统计，并将频繁出现的连续项进行合并。例如：1 500 和 14 893 这两个长度字段经常在数据集中连续出现，且二者之和是 16 393，恰为一个 HTTP/2 帧的最大长度（最大负载长度 16 384 字节＋帧头长度 9 字节），因而本章推测这两个长度字段所对应的 TLS 片段中承载着同一个 HTTP/2 帧的数据，即：一个满载的 HTTP/2 帧被切分为 1 500 字节和 14 893 字节，分别被两个 TLS 片段所封装。因此，将这两个字段合并不会影响最终的识别结果。

为了证实合并频繁项能够提高模型的性能，本章分别使用未合并频繁项的 TLS 负载长度数据集和合并后的数据集对几种常见的机器学习模型进行了训练，训练的结果如图 7.12 所示。由图可见，使用合并频繁项后的数据集进行训练时，几种模型都取得了更好的性能。且随机森林（Random

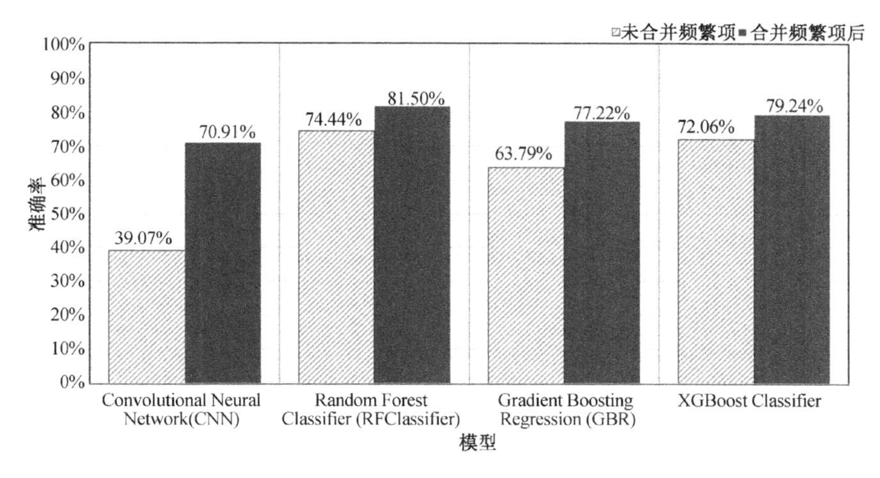

图7.12 几种常见模型在TLS负载数据集上的运行情况

Forest,RF)分类模型的准确率是这几种模型中表现最好的。在一些相似的工作中,RF分类模型同样表现出了更好的性能[3,20,23]。一些研究还显示,RF分类模型可以通过简单的规则达到实时的分类效果[23],而在本章的实验中也同样发现,在这几种模型中,RF分类模型在训练时所用的时间最少。基于以上原因,本章选用RF分类模型进行后续的实验。

7.3.4 明文指纹库的构建

(1) 指纹库的内容

明文指纹库中实际存储的是分段长度(即指纹)与该分段的标识信息{视频编号,分段索引,分辨率}的对照表,在进行指纹识别时会依据该对照表获取密文指纹对应的标识信息。

需要说明的是,指纹库中存放的是需要进行分辨率识别的视频的指纹,而如果将网络中所有视频的指纹都放入明文指纹库中显然是难以实现的。从本章的研究场景来看,对ISPs来说,只需要对热门视频构建指纹库,并对这些热门视频的分辨率进行监测即可。由于热门视频通常具有很高的播放量,在网络的总体流量中也会有较高的占比,因此监测这些热门视频的分辨率就可以达到对大多数用户观看视频时的QoE进行监测的目的。同样地,由于这些热门视频在网络流量中的占比较高,这些视频的播放情况也能够反映出网络的整体状况，通过监测这些视频也可以实现对整体网络性能的评估。所以，虽然指纹库的构建工作需要借助其他工具完成，但只要正确选取热门视频并对这些热门视频进行数据采集，由此产生的工作量并不大。

(2) 解析 MPD 文件提取指纹信息

构建指纹库需要获取各音视频分段的信息，在正式传输视频数据之前，服务器会将客户端所请求的视频数据的索引文件传给客户端，该索引文件就是视频描述文件(MPD)。MPD 文件里记录了所要播放的视频的各种信息，包括视频分段的数量、各分段对应的播放时长及分段大小等。这些分段数据一般以多媒体容器的格式封装，每种分辨率对应着一组分段数据，且只在客户端第一次请求该分辨率时发送给客户端。本方法通过解析存放这些数据的 MPD 文件来实现明文指纹库的构建工作。

通过对视频流的观测发现，Facebook 视频数据大多是以 MP4 的格式封装的，而与这些视频数据对应的分段数据则被封装在 Fragment MP4 格式的文件中。在该文件中有一个 Segment Index Box(sidx box)，里面记录了每个视频分段的大小(以字节为单位)[27]。图 7.13 是一个 MPD 文件中 sidx box 的部分内容，为了方便描述，在图 7.13 中标出了与指纹库构建有关的部分字段，并在图 7.14 里列出了对这些字段的说明。

```
Offset     0  1  2  3  4  5  6  7   8  9  A  B  C  D  E  F
00000800  30 2E 31 30 31 00 00 07  E8 73 69 64 78 00 00 00   0.101   èsidx
00000810  00 00 00 00 01 00 00 BB  80 00 00 00 00 00 00 00        »
00000820  00 00 00 00 A6 00 00 31  14 00 01 70 00 90 00 00        ¦ 1  p
00000830  00 00 00 2E 95 00 01 70  00 90 00 00 00 00 00 2F      .  p    /
00000840  29 00 01 70 00 90 00 00  00 00 00 2E EA 00 01 70   ) p      .ê p
00000850  00 90 00 00 00 00 00 2F  12 00 01 70 00 90 00 00         /  p
00000860  00 00 00 2F 61 00 01 70  00 90 00 00 00 00 00 2F      /a p    /
00000870  79 00 01 70 00 90 00 00  00 00 00 2F 4B 00 01 70   y p      /K p
00000880  00 90 00 00 00 00 00 2E  CB 00 01 70 00 90 00 00         .Ë p
00000890  00 00 00 2F 0E 00 01 70  00 90 00 00 00 00 00 2E      /  p    .
000008A0  DE 00 01 70 00 90 00 00  00 00 00 2F 5C 00 01 70   Þ p      /\ p
000008B0  00 90 00 00 00 00 00 2F  01 00 01 70 00 90 00 00         /  p
```

图 7.13　原始 MPD 文件中 sidx 的部分信息

每个分辨率对应着一份 sidx box 数据，解析这些数据即可得到音视频分段的相关信息，这些信息是构建明文指纹库的基础。以上图 7.14 中的数据为例，通过解析可知，该分辨率下的视频数据包含 166(0x00A6)个视频分段，其中第一个视频分段的大小为 12564(0x3114)Bytes。第一个分片的可播放时长＝

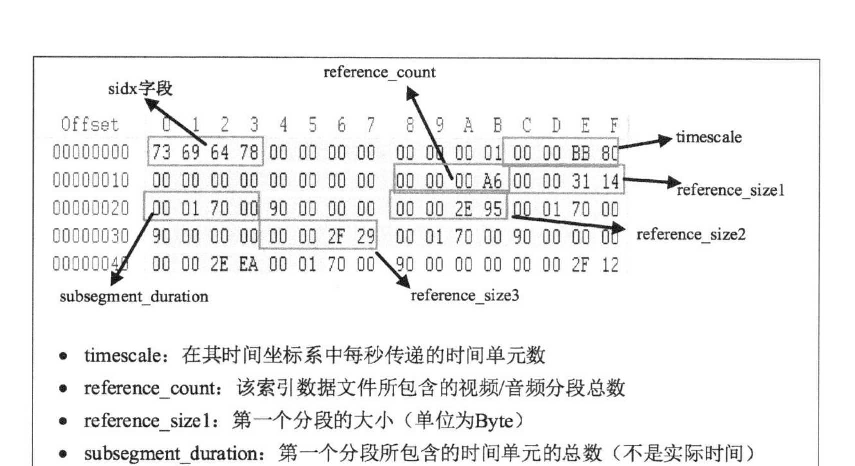

图 7.14　sidx 部分字段标注及说明

subsegment_duration/timescale＝94208(0x00017000)/48000(0xBB80)≈1.96 秒。按照类似的方式对每个分辨率下的视频分段数据进行解析，即可获取所有音视频分段的大小，进而构建出明文指纹库。

（3）MPD 文件的获取

目前，通常有两种方式可以获取视频流的 MPD 文件（如图 7.15 所示）：一种是通过安装代理的方式直接获取移动端的 MPD 文件。一些代理软件如 Fiddler 基于经典的中间人攻击方式，能够实现对加密视频流的解密操

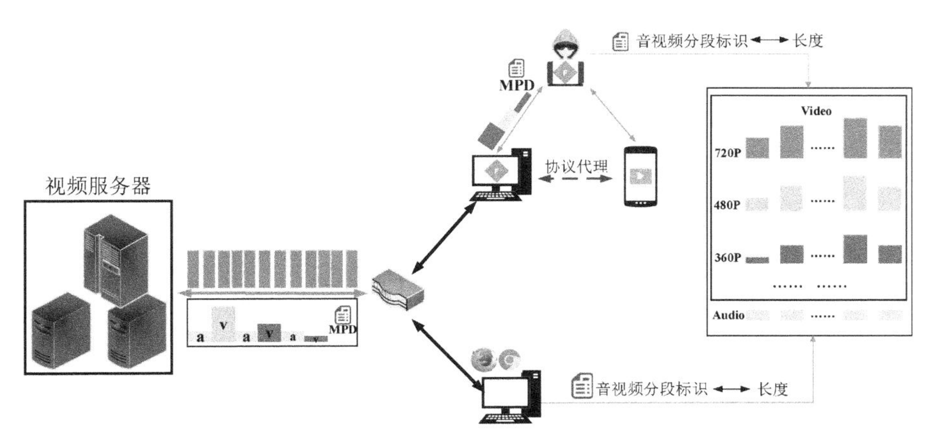

图 7.15　MPD 文件的获取

作，从而获取文件。另一种则是从 PC 端的浏览器端获取 MPD 文件。虽然播放的平台不同，但移动端和浏览器端在播放视频时都是向同一个视频服务器集群发送请求的，因而具有同样的服务器端资源。与移动端相比，在浏览器端获取 MPD 文件要较为容易。一方面，对于一些无法解析 HTTP/2 协议的代理软件，可以在浏览器端对 HTTP/2 协议进行禁用，使得视频流被迫回退到使用较易解析的 HTTP/1.1 协议来传输数据。另一方面，一些浏览器（如 Chrome，Firefox）还提供了许多开发者工具用于帮助流量监测，利用这些工具甚至可以直接获取客户端解密后的明文信息。因而，在浏览器端获取 MPD 文件的难度要大为下降，本章也将采取这种方式进行 MPD 文件的获取工作。

7.3.5 面向多路复用混合数据的指纹处理方法

由于明文指纹库的作用在于对密文指纹进行匹配识别，因而需要根据待识别的密文指纹的特点来确定明文指纹库中所要存放的指纹信息。本小节将对 HTTP/2 视频流中密文指纹的构成加以介绍，并提出两种不同的针对密文指纹单元的处理方法。不同处理方法下所要构建的明文指纹库也略有不同，本小节还分别对两种方法下指纹库的空间开销加以说明。

7.3.5.1 多路复用的音视频混合数据流

如 7.3.2 节所述，因 HTTP/2 的多路复用特性而产生的复合指纹主要是以 1V1A 形式存在的，而视频流中的 1V1A 通常是由索引连续的音频分段和视频分段构成的，即第 i 个视频分段和第 $i+1$ 个音频分段所构成，本章将这种组合形式记为 $v_i + a_{i+1}$。除了这种组合形式外，在播放时间较长的 Facebook 视频流中还出现了 $v_i + a_{i+2}$、$v_i + a_{i+3}$ 等其他组合形式。这是因为：一个视频分段所对应的播放时长通常比一个音频分段所对应的播放时长略长一些，在视频播放的过程中，已下载的音、视频分段所对应的播放时间的差值会逐渐累积，当视频稳定播放到一定时间后，累积的时间差就足以使混合传输的音视频分段的索引值产生新的偏差。

如图 7.16 所示，在视频刚开始播放的初始阶段，由于音频分段 a_1 对应的播放时间比视频分段 v_1 要少，因而在初始阶段除了需要传输一个 1V1A

混合块之外,还要传输一个单独的音频分段 a_2,以确保客户端已下载的视频内容都有对应的音频数据可供播放。之后,客户端会按序请求由 v_i+a_{i+1} 构成的混合块以确保视频的正常播放,与此同时,音、视频分段所对应的播放内容的时间差在逐渐增加,到需要下载第 n 个视频分段 v_n 时,由于 v_n 的视频内容除了对应着 a_{n+1} 的音频内容外,还包括部分 a_{n+2} 的内容。此时为了确保视频能够顺利播放(即不会在播放某段视频时仅有视频画面而缺失音频数据),客户端除了需要下载 v_n+a_{n+1} 外,还需要下载 a_{n+2}。之后,继续下载的1V1A混合数据中,音视频分段的索引值之间的差值就由之前的1转变为了2,且该差值会随着视频稳定播放时长的增加而继续增长。

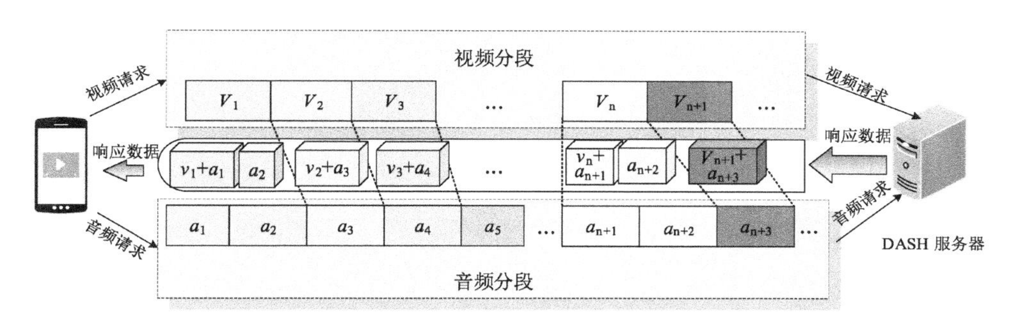

图 7.16 传输过程中音视频索引的偏移情况

因此,如果视频流稳定播放的时间足够长,则构成视频流中1V1A的音视频分段的组合形式除了常见的 v_i+a_{i+1} 外,还可能包括 v_i+a_{i+2},v_i+a_{i+3},v_i+a_{i+4} 等等,这些也属于复合指纹的范围,本章称之为**不同索引偏移下的复合指纹**。需要注意的是,这里的“稳定播放”不仅指视频播放过程中没有出现任何卡顿现象,而且指在播放过程中视频一直保持着单一分辨率,未发生任何分辨率切换的情况。实际上,如果发生分辨率切换,为了方便不同视频数据之间的衔接,常常会出现冗余传输的情况,此时的1V1A混合形式又会恢复到初始阶段的 v_i+a_{i+1} 形式。

7.3.5.2 包含全部复合指纹的密文指纹构建方法

如7.3.2节所述,指纹库中除了需要包含由单独音视频分段直接构成的基本指纹外,还要包括1V1A形式的复合指纹。由上一小节可知,构成1V1A的音频分段和视频分段间的索引差值会随着稳定播放时间的增加而逐渐发生偏移，因而密文指纹可能是具有不同索引偏移的复合指纹。而理论上讲，为了准确地识别出这些密文指纹，明文指纹库中也需要包括各种索引偏移下的复合指纹。

(1) 密文指纹的构建

密文指纹的构建主要使用7.3.3节所述的长度还原方法，同时为了改善识别效率，在构建密文指纹时会基于该指纹所属的类别进行标记，例如：当某个密文指纹对应着两个请求报文时，认为其响应数据为1V1A的混合数据，因而将该密文指纹标记为复合指纹的类别，在后续进行识别时，也只在复合指纹库里进行匹配识别。这种方式相当于对明文指纹库进行了划分，避免了基本指纹与复合指纹之间的冲突，同时在一定程度上减少了指纹匹配时的搜索空间。

(2) 包含全部复合指纹的指纹构建方法下的明文指纹库

假设某个视频文件在某一分辨率下含有 n_1 个视频分段、n_2 个音频分段，则该视频在该分辨率下的基本指纹分别为 $(v_i)_{i=1}^{n_1}$ 和 $(a_i)_{i=1}^{n_2}$，共 n_1+n_2 个，而复合指纹则为 $\{(v_i+a_{i+x})_{i=1}^{n_1},\ x=0,\ 1,\ 2,\ 3,\ \cdots\}$，当复合指纹的索引偏移量 $x=0$ 时，对应的复合指纹 v_i+a_i 有 $\min\{n_1,\ n_2\}$ 个，当索引偏移量 $x=1$ 时，对应的复合指纹 v_i+a_{i+1} 有 $\min\{n_1,\ n_2-1\}$ 个，以此类推，各种索引偏移下的复合指纹共有 $\sum\limits_{x=0}^{n_2-1}\min\{n_1,\ n_2-x\}$。在实际视频数据中，视频分段数和音频分段数虽然不一定相同，但都相差不大、处于同一数量级下，因而设 $n_1=n_2=n$，则该视频文件在该分辨率下所产生的所有指纹共有 $2n+\sum\limits_{x=0}^{n-1}(n-x)=2n+\dfrac{(1+n)*n}{2}$ 个，其空间复杂度为 $O(n^2)$。

Facebook的一个视频分段对应的播放时长约为2 s，按上述指纹处理方法，一个时长为5 min的视频文件所具有的指纹数量已达到 10^4，100个这样的视频所构成的指纹库的数据量已经达到百万级，如果需要识别的视频是时长为十几分钟甚至几十分钟的长视频，则需要消耗更大的内存空间。同时，由于指纹数量过于庞大，指纹库中各种指纹之间发生冲突的可能性也会增加，可能导致在后续进行指纹匹配识别时需要更长的指纹序列才能确定

唯一性的结果。因而综合来看，这种指纹处理方法只适用于处理短视频或者小规模的视频集。

7.3.5.3　分割伪混合数据的密文指纹构建方法

（1）适用场景

上一小节中包含所有复合指纹的处理方式，能够确保所有还原正确的目标视频流的密文指纹都能在明文指纹库中具有正确的匹配项。但如果待识别的视频文件是拥有较多分段的长视频数据，使用这种方式将会消耗大量的存储空间。同时，在对 Facebook 视频流进行分析后发现，在稳定播放时间超过 4 min 的视频流中才可能出现 $v_i + a_{i+4}$ 的情况，且索引偏移量越大的复合指纹在视频流中出现的概率越小，许多复合指纹都只在极少的情况下出现，存储这些指纹在一定程度上是不必要的。因而，采用这种方式来处理长视频数据并不合适。

在此情况下，本章对 1V1A 的混合数据做了进一步分析，发现其中大部分混合数据其实可以根据视频流量特征进一步分割出完整的音频分段和视频分段，本章将这部分可以分割的混合数据称为“伪混合数据”。伪混合数据被分割后，对该数据的识别就不再需要使用复合指纹，而是转为两个基本指纹的识别工作，进一步减少了一些复合指纹的使用频率，使得在构建明文指纹库时不需要再包含所有复合指纹。

切分伪混合数据虽然会消耗一定的处理时间，但是却能够显著减少所要构建的明文指纹库的空间，因而可以很好地适用于长视频数据的识别场景。

（2）分割伪混合数据

该方法中密文指纹的构建是在对伪混合数据进行分割后，再基于 7.3.3 节的指纹还原方法来构建的。具体而言，伪混合数据在分割后，其指纹类型就由之前的复合指纹转变为两个基本指纹，基于指纹还原方法对这两个基本指纹进行还原工作，生成最终的密文指纹。当然，对于不属于伪混合数据的 1V1A 数据，仍将其视为复合指纹，同样使用指纹还原方法还原出对应的密文指纹。

如 7.3.2 节所述，1V1A 是由于在视频播放过程中音频请求和视频请求

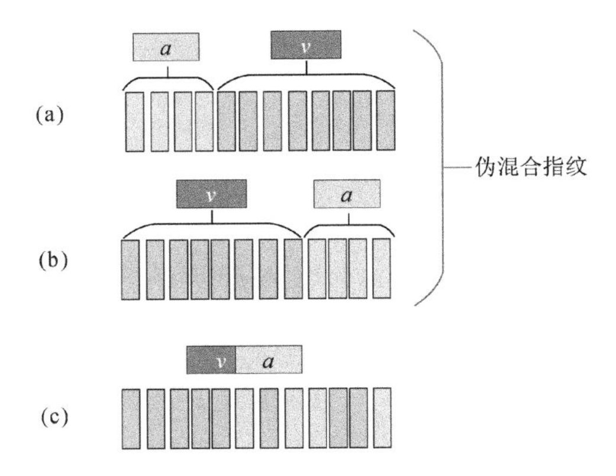

图 7.17　1V1A 中音视频的实际混合情况

的时间间隔不远、导致音频响应数据和视频响应数据在到达时间上发生重叠而导致的。结合对视频流的分析来看，由于这两个请求可能出现在不同的时间节点上，因而不难理解 1V1A 中音视频数据的实际到达顺序包括以下三种(如图 7.17 所示)：(a)所有音频响应数据都在视频响应数据之前到达客户端；(b)所有视频响应数据都在音频响应数据之前到达客户端；(c)音频数据和视频数据交错到达客户端。在前两种混合情况下，构成 1V1A 的音视频数据并非真正地混合在一起，仍有可能将其完全分离开来，因而将以这两种方式构成的 1V1A 数据称为“伪混合数据”。

由于在伪混合数据中，音频数据和视频数据到达客户端的时间间隔可能很近，所以仅仅根据数据包的时间间隔来区分的方式并不可行。本章结合采集的 Facebook 视频流量，对承载音视频数据的 TLS 片段进行了分析，发现以下特性：

① 因为音、视频数据的传输属于不同的 HTTP 流，因而不会被封装在同一个 TLS 片段中，即一个 TLS 片段中承载的必然只是音频数据或视频数据中的一种而非两者的混合；

② 在 HTTP/2 视频流中，HTTP 头部数据使用 HTTP/2 的 HEADERS 帧传输，且这些 HEADERS 帧会被单独封装在 TLS 片段中，而不会和音视频数据混合封装在同一个 TLS 片段内；

③ 承载 HEADERS 帧的 TLS 片段的长度基本在[100 B, 520 B]的范围内，其中，长度在[390 B, 520 B]范围内的 TLS 片段中实际包含了两个 HEADERS 帧；

④ 在承载 HEADERS 帧的 TLS 片段前通常还会有一个 TLS 片段，该片段的长度基本分布在{35,48,61,74}这四个数上，且如果长度为 35 则其后一般会有 1 个 HEADERS 帧，如果长度为 48 则其后一般会有 2 个

HEADERS帧，以此类推，本章推测该TLS片段中传输的可能是某种消息数据；

⑤ 真正的视频分段数据会在HTTP头部数据后传输，且在Facebook视频流中，第一个承载着实际视频数据的TLS片段的长度都是23字节，对于音频数据的传输同样如此。本章推测该TLS片段的作用类似于一个起初位置的标识。

从这些特性来看，在传输音视频分段数据时，到达客户端的TLS片段依次是：一个封装着消息数据的TLS片段、若干个封装着HTTP头部数据的TLS片段、一个23字节的TLS片段、若干个承载剩余音视频数据的TLS片段。可以看出：从第一个封装着消息数据的TLS片段到达、到第一个承载着实际音视频数据的23字节的TLS片段到达之间，存在着足够长的时间间隔。因而如果1V1A中后续到达的那个音频/视频分段所对应的消息数据、HTTP头部数据和23字节的TLS片段在传输时都未被前一个分段的数据所打断，那么可以认为前一个分段的数据在后一个分段传输前就已全部传输完毕，此时的1V1A属于伪混合数据，可以对其进行分割。

基于上述特点和数据包的时间戳，对伪混合数据进行分割并去除HTTP头部数据的过程如算法7.1所示。

算法7.1 分割伪混合数据

输入：TLS片段序列 *TLSBlock_seq*，该序列包括1V1A响应数据中的所有TLS片段，按时间顺序排列。序列中的每个元素代表一个TLS片段，其属性包括该TLS片段的时间戳time和长度length等。

输出：如果该1V1A是伪混合数据，则将切分后的数据分别存储在两个Seg对象中，并添加进列表 *L* 中，否则，将该混合数据存储在一个Seg对象里，同样添加进列表 *L* 中。最终返回列表 *L*。

```
1. Function Split_PseudoMixed(TLSBlock_seq):
2.     FOR each tlsBlock in TLSBlock_seq DO
3.         IF isMessageData(tlsBlock) THEN
4.             cntHH=nextHHcnt(tlsBlock→length) //HEADERS个数
5.         ELSE IF isChunkBegin(tlsBlock)THEN
6.             cntSeg +=1
7.             IF cntSeg==2and cntHH==0 and Flag==True and
               (tlsBlock→time-lastBlock_time)>threshold THEN
```

(续表)

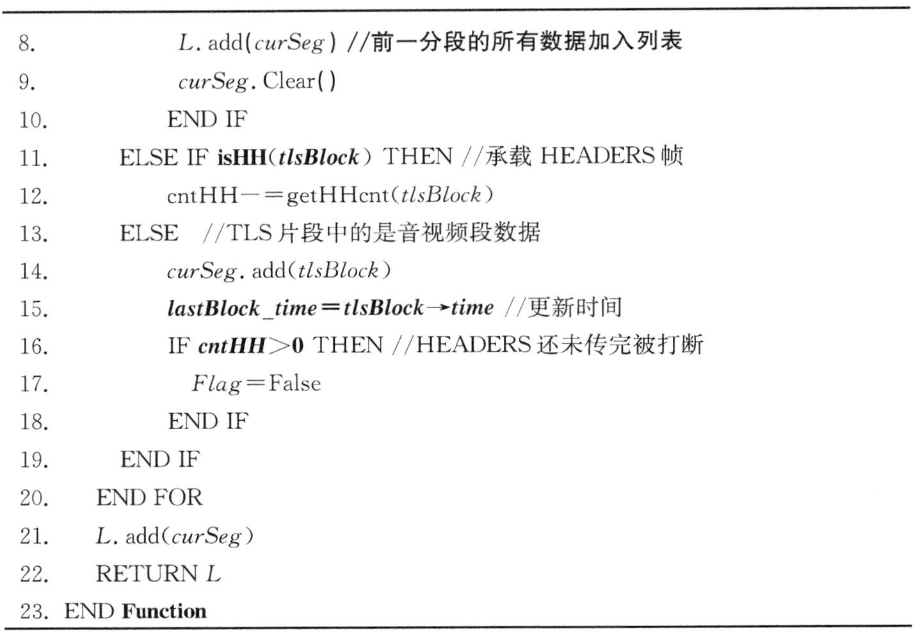

```
8.          L.add(curSeg) //前一分段的所有数据加入列表
9.          curSeg.Clear()
10.         END IF
11.      ELSE IF isHH(tlsBlock) THEN //承载 HEADERS 帧
12.         cntHH-=getHHcnt(tlsBlock)
13.      ELSE  //TLS 片段中的是音视频段数据
14.         curSeg.add(tlsBlock)
15.         lastBlock_time=tlsBlock→time //更新时间
16.         IF cntHH>0 THEN //HEADERS 还未传完被打断
17.           Flag=False
18.         END IF
19.      END IF
20.    END FOR
21.    L.add(curSeg)
22.    RETURN L
23. END Function
```

(3) 分割伪混合数据的密文指纹构建方法下的明文指纹库

伪混合数据被分割后,对该数据的识别就不再需要使用复合指纹,而是转为两个基本指纹的识别,进一步减少了一些复合指纹的使用频率,因而一些极少出现的复合指纹不需要再放入明文指纹库。

为了解视频流中不同索引偏移的复合指纹的占比情况,本章捕获了不同网络环境下的 Facebook 视频流量,得到的数据情况如表 7.1 所示。由该表可知,$v_i + a_{i+n}(n > 3)$ 的复合指纹在视频流中出现的比例很小(仅为 5% 左右),且这部分复合指纹中还有一些属于伪混合数据,能够在分割后使用基本指纹进行识别。因此在识别长视频数据时,可以在构建明文指纹库时只包括基本指纹和部分复合指纹(即 $v_i + a_{i+n}(n \leqslant 3)$ 的复合指纹),然后采用分割伪混合数据的方法处理视频密文数据,以减少指纹库的空间开销。

表 7.1　不同索引偏移的复合指纹占比情况

复合指纹中的索引偏移情况	数据量	占比(%)
$v_i + a_i$	1 763	21.40

（续表）

复合指纹中的索引偏移情况	数据量	占比(%)
$v_i + a_{i+1}$	4 395	53.34
$v_i + a_{i+2}$	337	4.09
$v_i + a_{i+3}$	1 327	16.10
$v_i + a_{i+4}$	234	2.84
$v_i + a_{i+5}$	12	0.15
$v_i + a_{i+6}$	10	0.12
其他情况	162	1.97

在只考虑部分复合指纹的情况下，假设某视频文件在某一分辨率下含有 n_1 个视频分段、n_2 个音频分段，则其所生成的基本指纹分别为 $(v_i)_{i=1}^{n_1}$ 和 $(a_i)_{i=1}^{n_2}$，共 n_1+n_2 个。而需要计算的复合指纹为$\{(v_i+a_{i+x})_{i=1}^{n_1}, x=0, 1, 2, 3\}$，当索引偏移量 $x=0$ 时，对应的复合指纹 v_i+a_i 有 $\min\{n_1, n_2\}$ 个，当索引偏移量 $x=1$ 时，对应的复合指纹 v_i+a_{i+1} 有 $\min\{n_1, n_2-1\}$ 个，以此类推，复合指纹共有 $\sum_{x=0}^{3}\min\{n_1, n_2-x\}$。如前所述，实际视频数据中，视频分段数和音频分段数虽然不一定相同，但都处于同一数量级下，因此设 $n_1=n_2=n$，则该视频文件在该分辨率下需要存储的所有指纹共有 $2n+\sum_{x=0}^{3}(n-x)=2n+(4n-6)=6n-6$，其空间复杂度为 $O(n)$，所需消耗的存储空间与 7.3.5 节相比大为减少。

虽然这种方法可能会因部分复合指纹在明文指纹库中的缺失而导致个别密文指纹无法识别，但正如上文所述，缺失的这些复合指纹在视频流总体流量中的占比很小，因而对整体准确率的影响微乎其微，但却可以极大地降低指纹库的空间开销。此外，如果明文指纹库内的指纹数量太多，指纹库内各明文指纹之间发生冲突的可能性也会增加，这会导致在后续的指纹匹配环节中可能因为面对着多个干扰项而不得不需要匹配更长的序列才能唯一地确定识别结果，进而影响最终识别的效率。因此，这种方法除了节省了空间开销外，还缓解了因指纹数据量增大而可能引发的指纹库内冲突率上升的问题。

7.3.6 基于隐马尔可夫模型的指纹识别算法

由于存在指纹冲突，直接将密文指纹放入指纹库中匹配得到的结果可能存在多个干扰项，因而指纹识别时除了需要进行指纹库匹配，还要合理地选取匹配结果。本节使用隐马尔可夫模型来处理指纹库匹配后的结果。

本节的指纹识别算法的整体过程为：先将待识别的密文指纹依次放入明文指纹库中进行匹配，再使用隐马尔可夫模型处理匹配结果，得到最终的分辨率识别结果。本小节将分别对这两个处理过程加以详细说明。

7.3.6.1 指纹库匹配

对于一个待识别的密文指纹，如果在明文指纹库中存在某个明文指纹与之相同，则认为这两个指纹相匹配，本节称这种匹配为“完全匹配”，匹配出的明文指纹与密文指纹具有完全相同的长度。

但由于7.3.3节所述的长度还原方法可能会产生一定的误差，如果采用“完全匹配”，则可能会导致还原出的密文指纹因误差的存在而在明文指纹库中无匹配项的情况。因此，在本节的工作中并未采用“完全匹配”的匹配方式，而是使用“相似匹配”的方式，即：对于一个密文指纹，如果明文指纹库中不存在与之完全相同的匹配项，则在一定阈值范围内寻找与该密文指纹最相似(即长度最相近)的明文指纹，作为匹配结果返回。

结合7.3.3节对还原方法的误差评估情况，在本节的实际操作中将阈值范围设定为40，即：如果密文指纹 f_x 在指纹库中直接匹配失效，则以在 $[f_x-40, f_x+40]$ 区间内与 f_x 差值最小的明文指纹作为匹配结果。

7.3.6.2 隐马尔可夫模型的构建

本节使用一阶隐马尔可夫模型来实现指纹识别，而隐马尔可夫模型的构建需要一系列的概率信息，因此在进行识别前需要先从采集到的Facebook视频流中获取这些信息，包括各密文指纹对应的分段标识信息({视频编号，分段索引，分辨率})在视频流中出现的概率、各分段标识信息之间转移概率等等。基于这些信息构建隐马尔可夫模型时，实际上相当于构建了一个蕴含着概率转移信息的篱笆网络(如图7.18所示)。对于输入的

密文指纹序列，识别模型所做的工作可看作是从该篱笆网络中找到最可能产生该指纹序列的路径，并将路径上每个结点对应的分辨率信息输出。

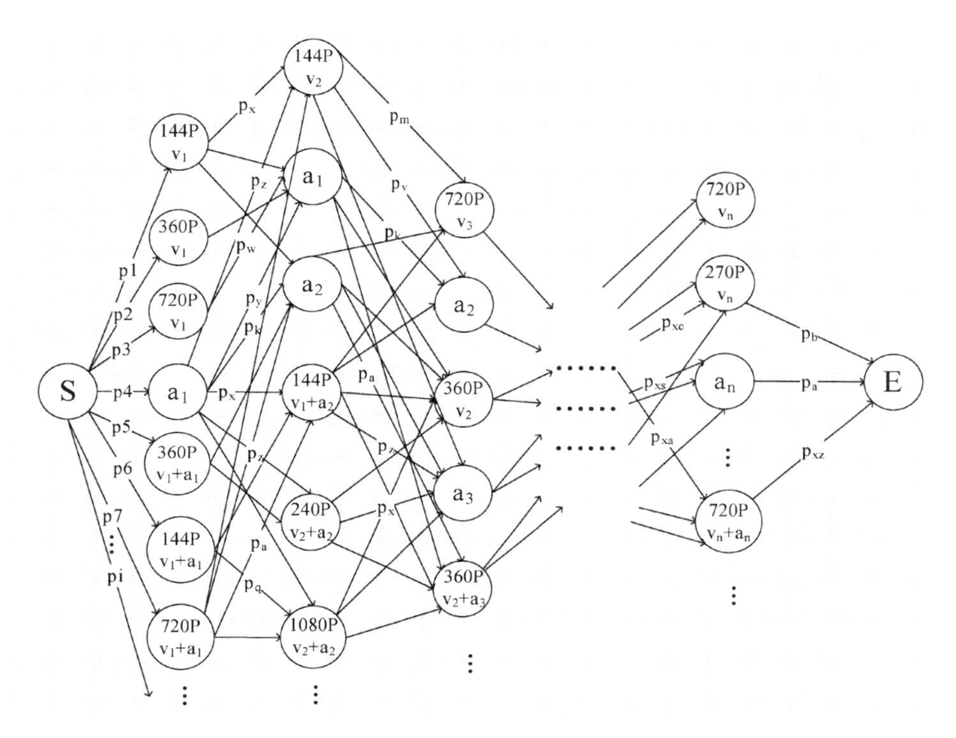

图 7.18　由视频流数据得到的蕴含各指纹间转移概率的篱笆网络

这些概率信息是从所采集的视频流数据中统计得出的，其中转移概率指的是在传输某个分段后紧接着传输另一个分段的概率，即分段 Seg_i 到分段 Seg_j 的转移概率 $P(Seg_i \to Seg_j) = Count(Seg_i, Seg_j)/Count(Seg_i)$，其中 $Count(Seg_i,\ Seg_j)$ 表示"传输 Seg_i 后下一个传输的分段是 Seg_j"这一情况在视频流中出现的次数，$Count(Seg_i)$ 表示分段 Seg_i 在视频流中出现的总次数。这些分段之间的状态转移概率也是其对应的指纹之间的状态转移概率，同样也是其对应的各分段标识信息之间的转移概率。

由于视频播放遵从一定的连续性，因此一些分段的转移概率近乎为 0，例如在视频播放构成中几乎不可能出现从 v_{100} 到 v_1 的转移情况，即使在播放过程中产生了用户拖拽进度条的行为，影响了所下载的视频分段之间的索引连续性，也不可能产生这种 v_{100} 到 v_1 的转移现象。这是因为在视频尚未播放的初始加载过程中，v_1、a_1 等一系列初始数据已经被下载完毕，在后续播放过程中因为缓存数据的存在而不会重复下载这些分段数据，因此视频流中不可能出现传输 v_{100} 后接着传输 v_1 的现象。同理，在实际视频流中，许多分段之间的转移概率为 0，因而这些分段对应的分段标识信息间的转移概率同样为 0，存放这些转移概率的概率转移矩阵是一个稀疏矩阵，在后续实现基于指纹的识别时也会对其进行相应的平滑操作（即以某个极小值代替该 0 值），以免影响计算。

7.3.6.3 识别算法的实现

隐马尔可夫模型最初应用于通信领域，继而被推广到语音识别、机器翻译、基因序列分析等多个领域。对于本节所要研究的视频指纹识别的问题，其本质与翻译过程相近，可以通俗地理解为是将密文指纹翻译为其所代表的分辨率等级。围绕隐马尔可夫模型有三个基本问题，其中一个问题是：给定一个模型和某个特定的输出序列，找到最可能产生这个输出序列的状态序列。而本节所要研究的根据视频指纹序列进行分辨率识别的问题就可以转化为这一基本问题，即：输出序列为密文指纹序列，需要寻找的状态序列就是密文指纹对应的分辨率序列情况。Viterbi 算法是解决此类问题的经典算法，因而本节基于该算法的思想实现对密文指纹序列的识别。

使用 Viterbi 算法进行指纹识别的大致实现思路有两种，一种是在进行识别之前计算好概率转移矩阵，另一种则是将计算概率转移矩阵的步骤放在了识别过程中，当识别需要某个概率时才去计算。

两种实现方式的本质是一样的，只是把求解转移概率的步骤放在不同的阶段实施。第一种实现方式在前期计算概率转移矩阵时的耗时会很长，但在后期进行识别时的执行速度会很快，在处理数据量较大的密文指纹识别工作时效率较高。而第二种方式则不需要耗费时间去提前计算概率转移矩阵，而是在需要用到相关概率时再去计算，并将计算结果存储起来供下次使用，这种方式在进行识别时会不断更新概率矩阵，因而随着识别次数的增加，概率转移矩阵会逐渐完善，后续识别所需的时间也会越来越少。第二种实现方式不需要前期训练，但后期识别时的耗时较长，适合识别数据量较小的密文指纹序列。

在本节的识别场景中，对视频流的密文指纹进行识别的操作可能会频繁发生，所以每次识别的时间不能太长，且在识别一些长视频时，其密文指纹序列通常较长、数据量较大，因而本节主要采用第一种实现方式。

综上，进行指纹识别的主要过程如算法 7.2 所示。

算法 7.2　指纹识别算法

输入：待识别的密文指纹序列 F = $\{f_1, f_2, f_3, \cdots, f_n\}$；
初始概率 I=$\{I_1: p_1, I_2: p_2, \cdots, I_n: p_n\}$，字典形式，表示各指纹对应的标识信息在视频流中的出现概率；
概率转移矩阵 Trans=$\{I_1 \to I_1: p_{1,1}, I_1 \to I_2: p_{1,2}, \cdots, I_n \to I_n: p_{n,n}\}$，包含各标识信息之间的转移概率，字典形式存储；
明文指纹库 P_dict=$\{l_1: <v_{1,1}, v_{1,2}, \cdots, v_{1,x}>, l_2: <v_{2,1}, v_{2,2}, \cdots, v_{2,x}>, \cdots, l_k: <v_{k,1}, v_{k,2}, \cdots, v_{k,x}>\}$，字典形式，键为分段长度，值为满足该长度的所有分段的标识信息，因为存在指纹冲突，同一键下可能有多个值，所以值以列表形式存储。

输出：找出最可能产生该密文指纹序列的音视频分段序列，并将这些分段对应的标识信息(含分辨率)返回

```
1.  Function IdentifyFinger(F, I, Trans, P_dict):
2.      cur_matchRes =NearestVal(P_dict, f_1, threshold)   //指纹库匹配
3.      curCandidSeq=Candidate_Prob(cur_matchRes, I)   //当前候选序列
4.      IF len(F)<2 THEN
5.          RETURN getKey_MaxVal(curCandidSeq)
6.      END IF
7.      FOR i = 2 → len(F) DO
8.          newCandidSeq.Clear()
9.          later_matchRes =NearestVal(P_dict, f_i, threshold) //指纹库匹配
10.             FOR each Flater in later_matchRes DO //遍历所有候选项
11.                 (max_prob, maxp_list)= AddToSeq(Flater, curCandidSeq, Trans)
12.                 newCandidSeq.add([max_list, max_prob])
13.             END FOR
14.             curCandidSeq = newCandidSeq //存储新的候选序列
15.         END FOR
16.         RETURN getKey_MaxVal(curCandidSeq)
17.     END Function
```

7.4 实验与分析

7.4.1 实验环境

为了对本章提出的基于 HTTP/2 传输特征的加密视频分辨率识别方法进行评估，在硬件配置如表 7.2 所示的机器上进行实验。编程语言使用 C++和 Python 3.7，编译环境为 Pycharm。

表 7.2 实验机器硬件配置

名称	类型
CPU	Intel(R) Core(TM) i5－9500T CPU @ 2.20 GHz 2.21 GHz
内存	8 GB
操作系统	Windows x64
外部硬盘	5 TB

7.4.2 数据集构建

出于训练和测试的目的，本章采集了包括 YouTube、Netflix、Facebook、Disney$^+$、Amazon Prime、Hulu、HBO、Vimeo、Bilibili、腾讯视频、爱奇艺等十几个国内外视频平台在移动端的视频流量进行分析，发现只有 Facebook 应用是普遍使用 HTTP/2 协议进行视频数据传输的，因而本章主要基于 Facebook 视频流开展研究工作。采集实验数据的拓扑图如图 7.19 所示，实验数据主要包含两部分，第一部分为加密视频流量，存储在 pcap 格式的文件中，这些流量数据是构建数据集的原始信息，而数据集又划分为训练集和测试集，分别用于模型训练和模型评估；第二部分为这些加密视频流对应的明文数据，基于这些明文数据可以构建明文指纹库并生成数据集对应的标签。

对于加密视频流的采集，主要依靠运行在路由器上的 tcpdump 工具完成。tcpdump 是一个以命令行方式运行的网络数据包分析工具，能够采集

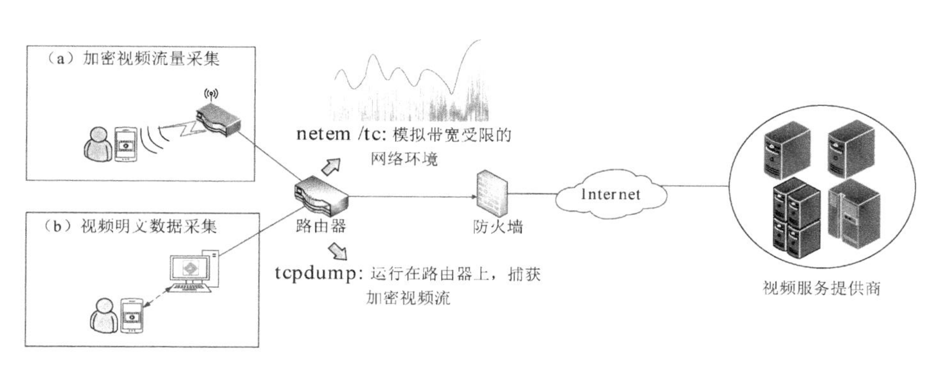

图7.19 实验数据采集拓扑图

流经路由器特定端口的所有网络流量。将移动端连接到路由器所管理的网络中，在使用APP播放视频时，需要到达移动端的视频流量都会通过路由器转达，此时在路由器上运行tcpdump工具即可实现对加密视频流的采集工作。而对于明文数据的采集，则需要借助Fiddler这类代理工具进行。虽然可以使用浏览器端获取的MPD文件来构建明文指纹库（如7.3.4节所述），但由于移动端和浏览器端所采取的自适应算法可能不同，如果需要为到达移动端的加密视频流打上明文标签，则仍需要依据从移动端获取的明文信息。考虑到Android 7版本以上的应用对证书采取了更严格的信任机制，因而使用低于Android 7版本的设备来采集明文数据。

为了使采集的数据集具有一定的代表性，实验使用netem和tc工具来模拟不同的网络环境，以便测试本章所提出的方法在动态网络环境下的有效性。实验中涉及的不同网络环境包括：(1)良好的正常网络环境；(2)带宽受限的网络环境，网络带宽分别设置在50 KBps、80 KBps、100 KBps、150 KBps、200 KBps、300 KBps几种阈值下；(3)在正常网络环境和带宽受限网络环境间切换，包括中途从“受限网络”切换到“正常网络”、中途从“正常网络”切换到“受限网络”、在“受限网络”和“正常网络”间随机动态切换等切换情况。

此外，实验中还将视频应用调节为固定分辨率模式和自动模式分别进行重复采集。在自动模式下，客户端播放器会根据网络状况自适应地切换分辨率等级，而在固定分辨率模式下，客户端只有在视频出现多次明显卡顿后才会被迫进行分辨率切换，这两种模式相当于视频自适应流媒体对网络状况的不同反应程度。同时，考虑到现实观看过程中，用户有时会有拖拽进度条的操作，因此在实验过程中也包括了这种切换播放进度的场景，以便使实验数据能够更全面地涵盖实际的视频播放状况。

采集的视频流量包括 144 P、240 P、360 P、480 P、720 P 这几种分辨率，由于客户端播放器在自动模式下会根据动态的网络环境自适应地切换分辨率，因而在本章的数据集中分辨率的数量分布是不均匀的。在本章的实验中共采集了 438 个 Facebook 视频流量文件，以其中的 288 个作为训练集的数据来源，其余的 150 个作为测试集的数据来源。

7.4.3 指纹抗干扰还原方法的评估

本章采集了约 500 组 Facebook 加密视频流，在对这些视频流进行预处理后，按照 7∶3 划分训练集和测试集，提取出 35 255 组 CAU 加密数据作为训练集，用来计算 $TLSheader_{len}$ 和训练 RF 分类模型，提取出 15 375 组 CAU 加密数据作为测试集，使用已训练好的模型进行长度还原。实验得到的测试集的长度还原误差如表 7.3 所示。

表 7.3 指纹还原方法的误差情况

误差 ($\widehat{CAU_{len}}-CAU_{len}$)	数据量	占比(%)
$\lvert\widehat{CAU_{len}}-CAU_{len}\rvert=0$	12 572	81.77
$1\leqslant\lvert\widehat{CAU_{len}}-CAU_{len}\rvert\leqslant 10$	1 961	12.75
$11\leqslant\lvert\widehat{CAU_{len}}-CAU_{len}\rvert\leqslant 20$	444	2.89
$21\leqslant\lvert\widehat{CAU_{len}}-CAU_{len}\rvert\leqslant 30$	170	1.11
$\lvert\widehat{CAU_{len}}-CAU_{len}\rvert\geqslant 31$	228	1.48

由表 7.3 可知，采用本章所提出的方法进行指纹还原时所产生的误差很小，有 81.77%的 CAU 长度的还原误差为 0，超过 98%的数据误差在 30 Bytes 以内。假设 CAU 的明文长度 CAU_{len} 为 12 KB，30 Bytes 的误差只占实际长度的 0.25%，而绝大多数视频分段的实际长度其实远大于 12 KB，因此超过 98%的指纹还原误差都在 0.25%范围内。实际上，在本次实验的测试集中的最大误差也仅占实际长度的 2.02%。由此可见，本章所提出的指

纹还原方法在处理加密视频流时具有很高的准确性，这也为后续的分辨率识别工作提供了良好的基础。

以视频分段长度作为视频指纹的方法，在已有的加密视频研究中也会出现，如在 Reed 等人[26]和 Xu 等人[18]的研究中都提出了对视频指纹的还原方法，但这些研究都没有对影响密文指纹还原工作的干扰量进行详细分析，因而在动态变化的网络环境中无法实现真正的“抗干扰”还原，本小节将对这几种方法在同一数据集上的实验结果进行对比，以验证本方法的性能。

Reed 等人的还原方法基于从视频流中观测到的统计信息，认为在传输每个视频分段时，由 HTTP 头部带来的额外开销约为 520 Bytes，而 TLS 协议带来的额外开销则占视频内容和 HTTP 头部总长度的 0.18%。由于文中为每个匹配窗口建立了 6 维特征，为了方便描述，下面以“6D_key”来代指这种方法。

Xu 等人所提出的 CSI 方法同样使用还原后的音视频分段长度作为视频指纹，对于 HTTPS 下的视频流，该方法考虑到了 TLS 的头部开销，将 TLS 负载长度之和作为还原后的长度。但在其论文中 Xu 等人并未对如何去除加密视频流里的 TLS 头部开销加以介绍，因而本小节使用 7.3.3 节中得到的 $TLSheader_{len}$ 来复现该方法。

由于本方法以 HTTP/2 的分段作为处理单元，因此将本方法长度还原方法简称为 H2SI(HTTP/2 Segment Inference)。

分别使用 CSI 方法和 6D_key 方法对本节测试集中的 15 375 组 CAU 加密数据进行指纹还原后，将其结果与本方法的长度还原方法 H2SI 的实验结果进行对比，其还原后长度与真实值之间的误差情况如表 7.4 所示。从表中的数据可以看出，这几种方法所能达到的最小误差相差不大，但结合平均误差和最大误差来看，6D_key 方法的误差分布范围明显较大。尽管如此，在这几种方法中都有超过 50%的数据的误差集中在 1%的范围以内。

表 7.4　几种方法的误差情况

误差范围 \ 数据量占比	H2SI(%)	CSI(%)	6D_key(%)
0	81.77	0	0
(0, 1%]	18.19	66.66	59.11

（续表）

误差范围 \ 数据量占比	H2SI(%)	CSI(%)	6D_key(%)
(1%，5%]	0.04	33.22	40.33
>5%	0	0.12	0.57
最大误差	2.020 7	11.033 3	43.004 1
平均误差	0.002 9	0.501 5	1.751 6
最小误差	0	0.042 5	0.000 05

无论是误差的极值和平均情况，还是误差的整体分布范围，本章提出的还原方法都具有最佳的准确性。而本章的方法之所以能达到高度准确，是因为对干扰指纹还原的干扰量进行了详细的分析，并对 HTTP 头部和 TLS 头部引入的干扰量进行了精确计算。相比之下，另两种方法对干扰量的计算都不够精确：CSI 方法中没有考虑到 HTTP 头部带来的干扰量，6D_key 方法也只是根据统计信息对头部长度进行粗略地去除，这都会导致对干扰量的去除不够精确从而产生较大的误差。由于 CSI 方法所忽略的 HTTP 头部长度通常分布在固定的范围内，而 6D_key 方法对于 HTTP 头部长度的估计值固定为 520 Bytes，因此一般而言，真实长度越小，这两种方法因干扰量去除不精确而产生的误差相对于真实长度的占比就越大(如所示)。在视

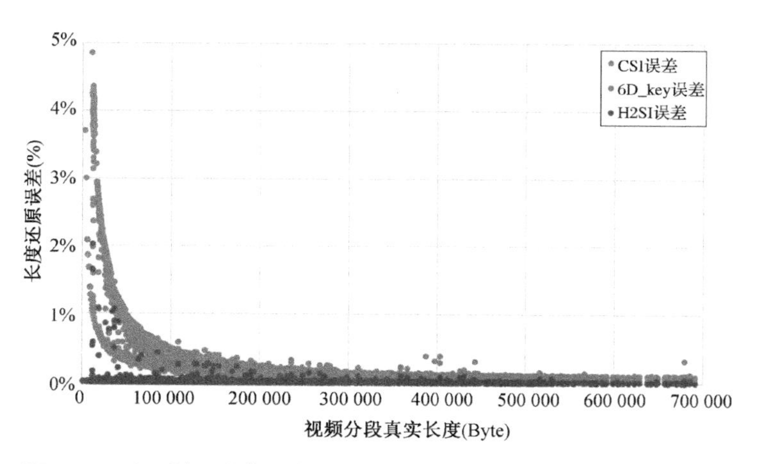

图 7.20　在 5%误差范围内，三种方法的误差与实际视频段长度情况

频分段的长度较大时，这些误差的占比较小，对后续识别的准确率也不会造成很大的影响，但在处理较小的视频分段时（一般是低分辨率的视频分段），这些误差将严重影响到后续的识别结果。因此这两种方法不仅无法准确消除网络协议产生的干扰量，而且其误差分布还会受到数据集的影响，因而都没有做到真正的“抗干扰”还原。

7.4.4　分辨率识别方法的评估

本节使用常见的准确率（Accuracy）、精确率（Precision）、召回率（Recall）、假阳性率（FPR）、F1 得分（F1-Score）这几个测度来评估实验的结果，这些测度的计算都依赖于真阳样本数（True Positive，TP）、真阴样本数（True Negative，TN）、假阳样本数（False Positive，FP）、假阴样本数（False Negative，FN）这四个指标，具体的计算公式如下：

$$Accuracy = \frac{TP + TN}{TP + FN + FP + TN} \qquad \text{公式 7.6}$$

$$Precision = \frac{TP}{TP + FP} \qquad \text{公式 7.7}$$

$$Recall = \frac{TP}{TP + FN} \qquad \text{公式 7.8}$$

$$FPR = \frac{FP}{TN + FP} \qquad \text{公式 7.9}$$

$$F1\text{-}score = 2 \cdot \frac{precision \cdot recall}{precision + recall} \qquad \text{公式 7.10}$$

考虑到数据集中部分视频的播放时间较长，本节采用如 7.3.5 节所述的分割伪混合数据的指纹处理方法进行实验。在对加密视频流进行预处理后，采用 7.3.3 节的指纹抗干扰还原方法，得到含有 25 907 个密文指纹的训练集和包含 14 049 个密文指纹的测试集。从训练集中获取到隐马尔可夫模型所需的概率信息后，对测试集数据进行识别，识别结果如表 7.5 所示。

表 7.5 对不同分辨率下的视频流识别结果

	TP	TN	FP	FN	准确率	精确率	召回率	假阳性率	F1 得分
144P	580	13 447	20	2	0.998	0.967	0.997	0.002	0.982
240P	1 647	12 287	71	44	0.992	0.959	0.974	0.006	0.966
360P	2 719	11 077	97	156	0.982	0.966	0.946	0.009	0.956
480P	1 683	12 133	138	95	0.983	0.924	0.947	0.011	0.935
720P	2 178	11 746	48	77	0.991	0.978	0.966	0.004	0.972
audio	4 868	9 181	0	0	1	1	1	0	1

本章所提出的识别方法是以音视频分段为基本识别单位的，除了能够识别出视频分段对应的分辨率，也能够区分出音频分段，因此表中也显示了对于音频分段的识别情况。由于音频分段通常具有较小的长度范围，因而很容易被准确识别出来，如表 7.5 所示，在本次实验中音频分段可以被全部识别出来，而对于视频分段的分辨率识别而言，本章的方法能够以超过 98%的准确率实现分辨率的细粒度识别，且在所有分辨率上的 F1 得分都超过了 95%、假阳性率都不超过 1.2%，这都证实了本章的方法可以准确地实现加密视频流的分辨率识别工作。

尽管目前已经出现了一些基于加密视频流进行分辨率细粒度识别的研究，但这些研究都没有涉及 HTTP/2 协议下的视频流量。现有的分辨率细粒度识别方法主要可以分为两类：一类使用流量的整体统计特征来训练模型，另一类则是从低层协议数据中更进一步地提取视频分段相关的信息并以此为特征开展识别工作。本章的方法本质上属于第二类。

第一类方法虽然适用性较广，但由于只使用了宏观的统计特性，因而准确性通常不佳。而在目前已有的第二类方法中，所研究的 HTTPS 流量都指的是“HTTP/1.1 over TLS”的加密流量而不涉及对 HTTP/2 流量的研究。目前已有的方法在提取视频分段的相关特征时，通常是根据 GET 请求报文来划分视频分段数据。因而，在面对 HTTP/2 下的加密视频流时这些方法都不再可行。HTTP/2 的多路复用特性允许音频分段和视频分段在一条 TCP 流上传输，多个请求所对应的响应数据在传输时会被混合在一起，已有方法对视频流的划分不再准确。

为了证实原有方法无法适用于 HTTP/2 视频流，本小节分别从两类方

法中各选取了一种代表性的研究方法，使用这些方法来处理本文的HTTP/2视频流，并将实验结果与本文方法的识别结果进行对比。Shen等人提出了一个名为DeepQoE的方法[28]，该方法以10 s的时间间隔作为识别的时间窗口，且只使用数据包的RTT(Rount-Trip Time)特性来训练CNN模型，属于第一类方法。Bronzino等人[20]将视频分段的相关特征(包括视频段长度、视频段请求的到达间隔等)归为应用层层面的特征，在其研究中主要使用网络层特征和应用层特征(Net+App)来训练随机森林分类器进行分辨率识别工作，属于第二类方法。本小节分别复现了这两种方法，来处理本章的HTTP/2视频流数据集，并与本章的方法进行对比。为了后续描述方便，将Bronzino等人的方法简记为"Net+App"。Net+App方法同样是根据请求报文来划分视频分段数据的。

与DeepQoE方法相似，Net+App方法同样选取了10 s作为识别窗口的大小。考虑到在10 s的时间窗口内可能发生分辨率切换的情况，因而在本小节的实验实现中，以时间窗口内出现次数最多的分辨率作为该窗口对应的分辨率值。虽然两种方法都是以10 s作为窗口的大小，但由于DeepQoE方法的实现中只考虑了视频流的RTT情况，因此实验实现时是以视频流的第一个数据包作为时间起点的。而在Net+App方法中需要提取的特征包括了非视频流的吞吐量，因此是以采集的pcap流量文件中的第一个数据包作为时间起点的。所以这两种方法虽然识别窗口的大小相同，但最终提取出的数据集的数量可能略有差异。

在对流量数据进行特征提取并使用训练集数据对模型进行训练后，两种方法对测试集数据的识别结果如表7.6所示。

表7.6　DeepQoE和Net+App方法在HTTP/2视频流上的运行结果

方法	分辨率	准确率	精确率	召回率	假阳性率	F1得分
DeepQoE	144P	0.955	0.630	0.132	0.004	0.218
	240P	0.869	0.739	0.091	0.005	0.162
	360P	0.724	0.445	0.387	0.162	0.414
	480P	0.759	0.494	0.475	0.152	0.484
	720P	0.620	0.446	0.724	0.430	0.552

（续表）

方法	分辨率	准确率	精确率	召回率	假阳性率	F1 得分
Net＋App	144P	0.966	0.758	0.376	0.006	0.503
	240P	0.883	0.565	0.634	0.078	0.598
	360P	0.792	0.603	0.564	0.129	0.583
	480P	0.787	0.558	0.480	0.118	0.516
	720P	0.820	0.689	0.808	0.174	0.744

由表中的结果可以看出，DeepQoE 在识别高分辨率时的准确率急剧降低，其原因可能是由于本实验数据中包含着带宽受限的网络场景，在带宽较低时用于识别的 RTT 特征会受到显著影响。通常而言，分辨率较低的视频分段所对应的数据量相对较小，相应的传输所用的 RTT 也较小，而分辨率越高、数据量越大，传输时的 RTT 也越大。而在带宽较低的网络环境中，传输所用的 RTT 会增大，使得低分辨率呈现出的 RTT 特征的分布情况开始向高分辨率的特征分布偏移，使低分辨率更可能被误识别为高分辨率，从而导致高分辨率的 TN 下降，最终导致相应的准确率降低，同时也会导致高分辨率的假阳性率上升。

而在 Net＋App 方法中，虽然考虑到了视频分段长度这一特征，但在获取视频段长度时，该方法是依据请求报文的时间点来从下行数据包中划分出视频分段数据的，如前所述，这种方法在 HTTP/2 的混合音视频数据流中无法准确地划分出完整的视频分段数据，因此识别的精确率也不是很高。

为便于比较本章的方法和已有的两种方法在 HTTP/2 视频流上的实验情况，将三种方法的几种评估指标汇总在图 7.21 中。整体来看，本章的方法在准确率、精确率、召回率、F1 分数等各项评估指标上都优于其他两种方法。因此在实际应用中，本章的方法能够很好地适用于 HTTP/2 下加密视频流的分析研究中，能够准确地实现加密视频流的分辨率细粒度识别工作。

7.4.5 时间消耗评估

为测试本系统的时间开销，基于前期构建的指纹库（含 315 214 个指纹）和离线训练好的模型，对 480 组视频流进行分辨率识别工作，得到的耗时情

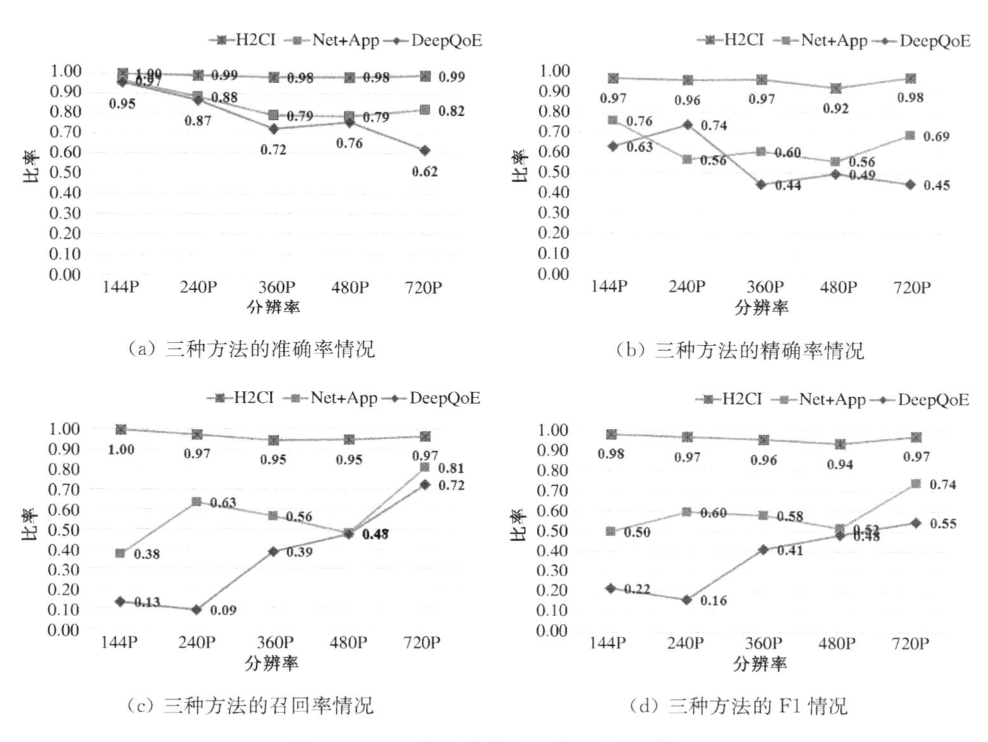

(a) 三种方法的准确率情况
(b) 三种方法的精确率情况
(c) 三种方法的召回率情况
(d) 三种方法的F1情况

图7.21 三种方法的识别效果对比情况

况如图7.22所示。其中,指纹抗干扰还原模块对每组视频流中的每个数据包的平均处理时间(包括流量预处理和抗干扰修正)如图7.22(a)所示;分辨率识别模块对每组视频流中的每个密文指纹的平均匹配识别时间如图7.22(b)所示。

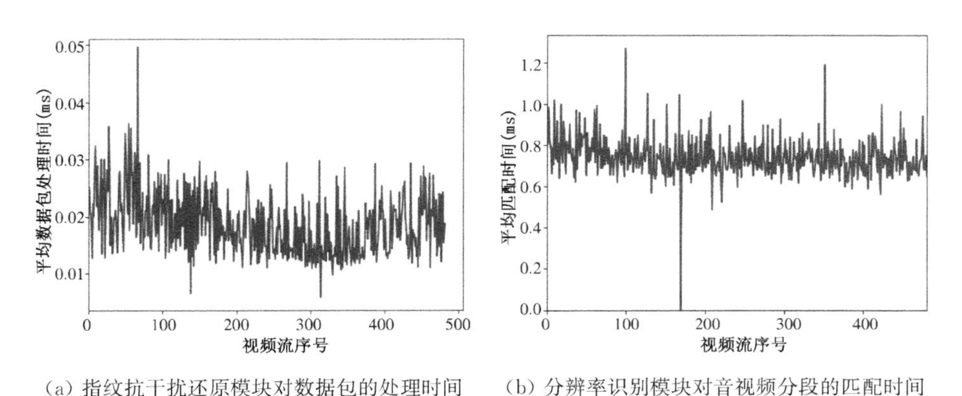

(a) 指纹抗干扰还原模块对数据包的处理时间
(b) 分辨率识别模块对音视频分段的匹配时间

图7.22 对视频流进行分辨率识别时的时间开销

综合在处理所有视频流时的运行时间来看，指纹抗干扰还原模块对每个 IP 数据包的平均处理时间约为 0.018 7 ms，而分辨率识别模块对每个还原后的密文指纹的平均匹配时间约为 0.742 ms。在本章采集的数据集中，视频分段的平均长度约为 135 KB，这一长度的分段在传输时需要约 93 个 IP 数据包来承载（135 000/1 460≈92.466），因而识别出这个分段所需的总时间（包括指纹还原和指纹识别）约为 0.018 7×93＋0.742＝2.481 1 ms。而在视频稳定播放时每次发送视频分段数据的时间间隔大约为一个视频段对应的播放时长（约 2 s），因而以本方法的运行时间能够满足对视频流进行近实时处理的需求。

7.5 本章小结

本章提出了基于 HTTP/2 传输特征的加密视频分辨率识别方法并进行了实验验证与分析。本章首先分析了原有的加密视频分辨率识别方法都不再适用于 HTTP/2 视频流，之后提出了基于 HTTP/2 传输特征的加密视频分辨率识别方法，对其中的整体设计、指纹抗干扰还原方法、基于视频指纹的分辨率识别方法以及部署环境进行了详细说明。最后进行了相关实验设计与结果分析，说明了使用的数据集，给出了实验的评价指标，并使用隐马尔可夫模型得到最终的分辨率识别结果。实验结果表明，本方法能够以高于 98％的准确率实现分辨率的细粒度识别，实现了 HTTP/2 视频流细粒度分辨率识别工作。

参考文献

[1] Mazhar M H, Shafiq Z. Real-time Video Quality of Experience Monitoring for HTTPS and QUIC[C]//IEEE INFOCOM 2018 - IEEE Conference on Computer Communications. IEEE, 2018: 1331-1339.

[2] Orsolic I, Suznjevic M, Skorin-Kapov L. YouTube QoE Estimation from Encrypted Traffic: Comparison of Test Methodologies and Machine Learning Based Models [C]//2018 Tenth International Conference on Quality of Multimedia Experience (QoMEX). IEEE, 2018: 1-6.

[3] Dimopoulos G, Leontiadis I, Barlet-Ros P, et al. Measuring Video QoE from Encrypted Traffic[C]//Proceedings of the 2016 Internet Measurement Conference, IMC 2016. ACM, 2016: 513-526.

[4] Wassermann S, Seufert M, Casas P, et al. Let me Decrypt your Beauty: Real-time Prediction of Video Resolution and Bitrate for Encrypted Video Streaming[C]// 2019 Network Traffic Measurement and Analysis Conference (TMA). IEEE, 2019: 199-200.

[5] Wassermann S, Seufert M, Casas P, et al. I See What you See: Real Time Prediction of Video Quality from Encrypted Streaming Traffic[C]// 4th ACM MOBICOM Workshop on QoE-based Analysis and Management of Data Communication Networks (Internet-QoE). ACM, 2019: 1-6.

[6] Wassermann S, Seufert M, Casas P, et al. ViCrypt to the Rescue: Real-Time, Machine-Learning-Driven Video-QoE Monitoring for Encrypted Streaming Traffic [J]. IEEE Transactions on Network and Service Management, 2020, 17(4): 2007-2023.

[7] Shen M, Zhang J, Xu K, et al. DeepQoE: Real-time Measurement of Video QoE from Encrypted Traffic with Deep Learning [C]//2020 IEEE/ACM 28th International Symposium on Quality of Service (IWQoS). ACM, 2020: 1-10.

[8] Gutterman C, Guo K, Arora S, et al. Requet: real-time QoE detection for encrypted YouTube traffic[C]//Proceedings of the 10th ACM Multimedia Systems Conference. ACM, 2019: 48-59.

[9] Bronzino F, Schmitt P, Ayoubi S, et al. Inferring Streaming Video Quality from Encrypted Traffic: Practical Models and Deployment Experience[J]. Proceedings of the ACM on Measurement and Analysis of Computing Systems, 2019, 3(3): 1-25.

[10] Fecheyr-Lippens A. A review of http live streaming[J]. Internet Citation, 2010: 1-37.

[11] ISO/IEC. Information technology — Dynamic adaptive streaming over HTTP

(DASH) — Part 1: Media presentation description and segment formats (Fourth edition)[S]. 2019.

[12] Yarnagula H K, Juluri P, Mehr S K, et al. QoE for Mobile Clients with Segment-aware Rate Adaptation Algorithm (SARA) for DASH Video Streaming[J]. ACM Transactions on Multimedia Computing, Communications, and Applications (TOMM), 2019, 15(2): 1-23.

[13] Spiteri K, Sitaraman R, Sparacio D. From Theory to Practice: Improving Bitrate Adaptation in the DASH Reference Player[J]. ACM Transactions on Multimedia Computing, Communications, and Applications (TOMM), 2019, 15(2s): 1-29.

[14] Belshe M, Peon R, Thomson M. Hypertext Transfer Protocol Version 2 (HTTP/2)[R]. IETF Proposed Standard, RFC, 2015, 7540.

[15] W3Techs. Usage statistics of HTTP/2 for websites [EB/OL]. https://w3techs.com/technologies/details/ce-http2, 2023.

[16] Nguyen M, Timmerer C, Hellwagner H. H2BR: An HTTP/2 - based retransmission technique to improve the QoE of adaptive video streaming[C]//Proceedings of the 25th ACM Workshop on Packet Video. 2020: 1-7.

[17] Yahia M B, Louedec Y L, Simon G, et al. HTTP/2-based Frame Discarding for Low-Latency Adaptive Video Streaming[J]. ACM Transactions on Multimedia Computing, Communications, and Applications (TOMM), 2019, 15(1): 1-23.

[18] Xu S, Sen S, Mao Z M. CSI: Inferring mobile ABR video adaptation behavior under HTTPS and QUIC[C]//Proceedings of the Fifteenth European Conference on Computer Systems. ACM, 2020: 1-16.

[19] Bentaleb A, Yadav P K, Ooi W T, et al. DQ-DASH: A Queuing Theory Approach to Distributed Adaptive Video Streaming[J]. ACM Transactions on Multimedia Computing, Communications, and Applications (TOMM), 2020, 16(1): 1-24.

[20] Bronzino F, Schmitt P, Ayoubi S, et al. Inferring Streaming Video Quality from Encrypted Traffic: Practical Models and Deployment Experience[J]. Proceedings of the ACM on Measurement and Analysis of Computing Systems, 2019, 3(3): 1-25.

[21] Wu H, Yu Z, Cheng G, et al. Identification of Encrypted Video Streaming Based on Differential Fingerprints[C]// IEEE INFOCOM 2020 — IEEE Conference on Computer Communications Workshops (INFOCOM WKSHPS). IEEE, 2020:

74-79.

[22] Gu J, Wang J, Yu Z, et al. Walls Have Ears: Traffic-based Side-channel Attack in Video Streaming[C]// IEEE INFOCOM 2018 — IEEE Conference on Computer Communications. IEEE, 2018: 1538-1546.

[23] Gutterman C, Guo K, Arora S, et al. Requet: real-time QoE detection for encrypted YouTube traffic[C]//Proceedings of the 10th ACM Multimedia Systems Conference. ACM, 2019: 48-59.

[24] 吴桦,于振华,程光,等.大型指纹库场景中加密视频识别方法[J].软件学报,2021,32(10):3310-3330.

[25] Rescorla E. The Transport Layer Security (TLS) Protocol Version 1.3 [R]. 2018.

[26] Reed A, Kranch M. Identifying HTTPS-Protected Netflix Videos in Real-Time [C]//Proceedings of the Seventh ACM on Conference on Data and Application Security and Privacy. ACM, 2017: 361-368.

[27] Reed A, Klimkowski B. Leaky streams: Identifying variable bitrate DASH videos streamed over encrypted 802.11n connections[C]//13th IEEE Annual Consumer Communications & Networking Conference (CCNC). IEEE, 2016: 1107-1112.

[28] Shen M, Zhang J, Xu K, et al. DeepQoE: Real-time Measurement of Video QoE from Encrypted Traffic with Deep Learning [C]//2020 IEEE/ACM 28th International Symposium on Quality of Service (IWQoS). ACM, 2020: 1-10.

第8章

面向报文采样的网站指纹识别

8.1 研究背景

网站和社交媒体的普及使得信息传播更加便捷，但也伴随着一些负面问题的出现。随着网站的增多，出现了大量传播虚假信息、网络诈骗等公害信息的平台。据中国互联网违法和不良信息举报中心资料显示，利用境外服务器等网络资源向中国境内网民实施网络犯罪已成为当前网络犯罪的突出动向。针对这些网络犯罪行为，如果只寄托于事件发生之后的补救，就会导致危机反应的滞后，不仅错失及时应对的机会，还有可能会带来严重的经济损失。如果在访问有害网站的流量产生的初始阶段就针对这些流量进行行为识别，可以对部分危险访问行为进行预警，有助于全面了解网络的安全状况，对于保障稳定的网络环境起到重要的作用。

为了满足网络流量中的网页类型流量的识别管理需求，网站指纹识别技术应运而生。网站指纹识别作为细粒度网络流量识别的一个特殊应用场景，其定义为网络第三方通过分析用户网页类型流量的统计特征从而去识别用户正在访问的网站信息。网络第三方不具有对流量进行解密的能力，仅能获取每次访问过程中产生的报文序列的载荷和元数据信息。通过从元数据信息中提取出能够有效区分不同平台的特征信息作为网站指纹，在识别出所属平台后进行网络安全管理等操作。

在网站指纹识别的定义中，识别方首先会选定受监控网站，访问这些网站并采集访问过程中网络流量，从中提取流量特征并训练分类模型。在这之后，识别方可以选择在局域网中截获，或者通过网络服务提供商的中间路由器方式收集目标用户对受监控网站的访问流量。最后，通过预先训练好的分类模型来识别目标用户访问了具体哪一个网站。

在上述识别流程中，现有的网站指纹识别研究对于用户，识别方的能力和网站做出了部分设定。在 Juarez[1] 的总结中，假设识别方能够检测到用户在网页加载过程的开始和结束时刻。同时，识别方能够过滤掉不属于网页加载的背景流量，从而获取到目标用户完整纯净的网站访问流量。这意味着识别方不仅需要精确地知道网站访问的开始时刻和结束时刻，同时还要将流量完整的采集保存下来。

受到上述网站指纹识别设定的限制，网站指纹识别实验大多部署于可控的局域网中，但为了实现这一研究领域的最终识别目标，即在真实网络条件下进行网站指纹识别，则必须考虑到实验网络条件与真实网络条件之间的现实差异。

在现实网络环境中，网络中的用户数量巨大。同时，为了适配庞大用户群体的服务需求，网络基础设施正在经历高速化发展，各网络交换结点之间通常有着 Gbps 的带宽。因此，如果想要分析网络中所传输的流量，一方面，首先需要海量的存储资源将网络数据进行保存，另一方面，还需要充足的计算资源对网络流量进行分析。这些要求都使得上述设定在真实网络条件下难以得到落实，因此针对此设定而产生的网站指纹识别方法也仅局限于部署在实验室网络环境中，难以在现实网络环境中进行部署。

此外，在高速网络管理的研究领域中，网络管理方为了分析网络的传输性能，通常在网络中借助报文采样技术，即按照特定规律选择一些数据包进行记录和分析，而不是捕获网络中所有的数据包，借此方式在降低处理和存储成本的情况下以获取对整体网络流量的了解。但是，报文采样分析目前仅能完成一些粗粒度的统计性分析，尚未实现对于网络流量的细粒度管理。对于诸如网站指纹识别的细粒度流量管理而言，报文采样将导致以往识别方法中统计特征的缺失，直接导致识别准确率的下降。但是，报文采样技术的运用为在真实网络环境下进行细粒度流量识别提供了新的思路。

因此，为了适应真实网络条件的要求，在本研究的方法中，尝试将报文采样部署于网站指纹识别过程中，能够有效缓解在存储、分析流量过程中的所需的各类资源，提高识别效率和识别速度，同时满足识别的准确性和高效性要求。

8.2 面向报文采样网站指纹识别方法的系统架构

本章所提出的识别方法旨在对真实网络条件中部署报文采样，同时对采样后的流量数据进行分析，以识别用户所访问的网站信息。面向报文采样的网站指纹识别方法的整体系统框架如图 8.1 所示。

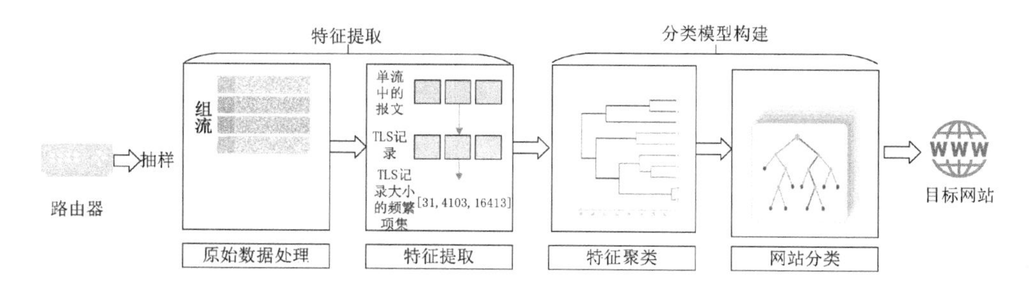

图 8.1 识别方法的系统架构

首先在网络中的路由器等结点中开启报文采样，从网络中采集流量数据。接下来进入原始数据处理阶段，对于保存下来的流量数据进行数据清洗，提升数据集的可用性。下一步，系统将进入识别模块，该模块主要分为

两个阶段。第一个阶段为特征提取阶段，即从采样后的网页流量中提取出能够标识该网站流量的特征作为网站指纹；第二个阶段为分类模型构建，将第一阶段中所提取出的流量特征根据识别目标进行特征粒度上的调整，然后选择适合特征的分类算法训练分类模型，并对分类模型的性能进行测试和评估。

8.2.1 原始数据处理

首先，在流量采集过程中，本研究选择在采集设备中部署最为常见的系统抽样法。系统抽样又称为等距抽样[2]，从数据流中的连续的 p 个报文中选择一个报文，所以 p 代表采样距离，$1/p$ 代表采样率。如图 8.2 所示，在图中的案例中，绿色代表采集到的报文，因此采样距离为 3，采样率为 1/3。

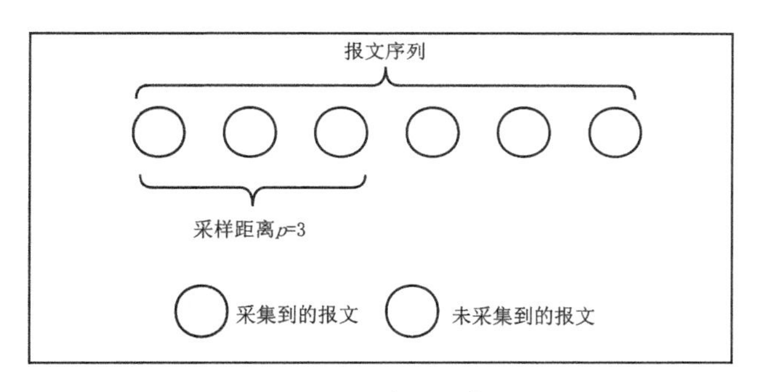

图 8.2 系统采示意图

在采集到网络流量之后，网络流量以报文序列的方式进行保存。在本研究中，选择 TCP 流粒度特征作为标识网站的指纹。因此，在特征提取之前，还需要对流量进行组流处理。组流操作的定义就是将流量数据根据＜源 IP，目的 IP，源端口，目的端口，传输层协议＞五元组进行划分，将原始的报文序列进一步划分为若干条 TCP 流。在完成对流量的目标粒度划分之后，就可以进入下一个特征提取阶段。

8.2.2 构建网站指纹特征

在本研究中，选择 TLS 记录的频繁项作为主要特征。在本节中，将首先对所选择特征的可行性进行分析，然后详细阐述了特征的提取方法和过程。

(1) 特征可行性分析

现有的网站指纹识别研究在流量特征方面主要选择完整数据包序列的统计特征。在流量完整性方面,完整流量指的是在网站在加载过程中的完整流量。在特征粒度方面,指的是网页流量在网络层中报文序列的统计特征。在以往的文献中,Hayes[3]将常见的网站指纹特征总结为 4 种类别:

① 报文数量的统计特征,包括报文的总数,出方向和入方向的报文数量,以及出方向和入方向报文数量在报文总数中的占比等。

② 报文方向序列,是指将出方向报文的方向定义为 +1,而将入方向报文的方向定义为−1,由此得到的由+1,−1 构成的方向序列。

③ 报文的时间统计特征,包括报文的时间序列,各个报文之间的到达时间间隔,每秒的平均报文数量等。

④ 报文分布特征,例如在报文序列的最初和最后的 30 个报文中,出方向和入方向报文所占的比例;或者将报文序列分成等长的分块,并在各个分块中,统计出方向和入方向报文数量所占的比例等。

上述类别特征的有效性都建立在获取到完整的网络流量基础上。而在报文采样之后,相当一部分的报文缺失,使得上述特征的有效性受到影响。例如,Dong 和 Xia[4]指出,在采样前,如果在报文分布中存在一个特征的差异性较为明显,那么在采样后,特征的差异化程度将会变小。后续的实验也将证明已有文献的识别方法在面对非完整流量时,识别性能会受到严重的影响。

因此,在报文采样环境中,需要提取能够在部分流量缺失的情况下仍然能够代表网站流量传输特征的网站指纹。在 Yan 等人的文献[5]中,将网站指纹中用到的特征粒度进行了总结,除了报文粒度的特征之外,还包括流量突发粒度、TCP 流粒度、端口粒度和 IP 地址粒度。

本章提出了一种新的识别方法,相比于传统识别方法中以单个网站报文序列作为特征粒度,本方法选择了更细粒度的特征——TCP 流粒度特征。这样做的好处是可以更进一步地细化网站流量,并且可以从一次网站访问中提取出多组特征。就特征内容来说,选择每个 TCP 流中 TLS 记录(TLS Record)序列中的频繁项作为该流的指纹特征。首先,将网站访问流量进行组流，这样就得到了若干条 TCP 流。在每条 TCP 流中，每一个 TCP 报文段的载荷为 TLS 记录。下一步统计所有的 TLS 记录长度及其频次，并将超过预设阈值的 TLS 记录长度作为频繁项纳入流特征。

本文选择 TLS 层记录序列作为目标流特征，是因为，当客户端向服务端请求网站内容时，组成该网站的所有资源，包括 HTML，CSS 和嵌入网站的图像等，会在 TCP/IP 分层协议中进行切分和封装。如图 8.3 所示，首先将会在应用层进行切分，并封装成 HTTP 消息(HTTP Message)。下一步，在 TLS 层，HTTP 消息将会被封装成 TLS 记录。而后，TLS 记录会在传输层被封装为 TCP 报文段。最终，TCP 报文段将会被继续切分并封装为网络层的报文。而在分层封装机制中，在每一层中都会在切分之后添加该层的管理信息字段，也就是头部字段。但是，引入的头部字段会在原始资源构成的数据特征中增加干扰，在多层封装之后，引入的干扰就更为严重。在考虑减少干扰情况下，如果能从最接近应用层的分层中提取特征，则能最大程度上还原原始网站资源的数据特征。但是，在现行 HTTPS 协议中，在引入了 SSL/TLS 加密之后，无法将报文序列还原至应用层的 HTTP 消息。因此，TLS 层特征是能够还原的最接近应用层的特征。

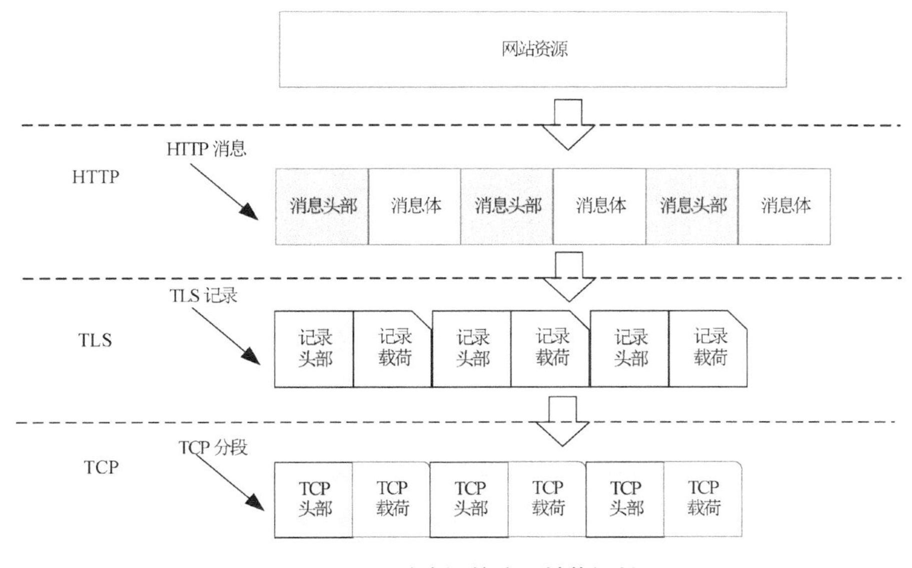

图 8.3　网站资源的分层封装机制

同时，从 TLS 记录的构成来看，不同网站在元素构成上各不相同。在图 8.4 中，通过刻画两个知名网站的 TLS 记录的概率密度函数曲线，能够清楚地发现不同网站在 TLS 记录序列的分布上同样呈现出较为明显的差异，因此可以用来有效地标识不同网站。

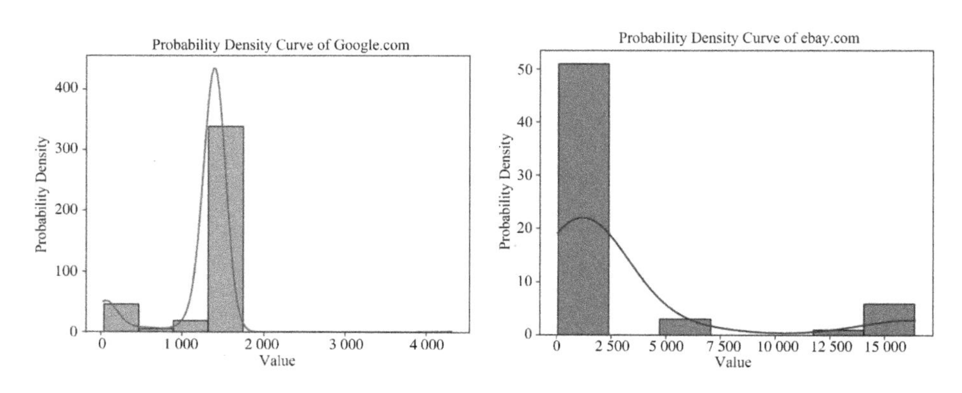

图 8.4　Google. com 和 ebay. com 在 TLS 记录序列分布上的对比

目前，各大主流网站正在逐步向 HTTP/2 迁移，以换取 HTTP/2 在传输性能上的提升。根据在图 8.3 中的分层封装机制，应用层原始数据会在切分为 HTTP/2 帧载荷后加上 HTTP/2 头部。根据 RFC 7540[6] 的规定，HTTP/2 帧载荷最大长度为 2^{14} 字节。在 RFC 8446[7] 中定义了 TLS 载荷的最大长度同样不能超过 2^{14} 字节。在这两条规定的影响下，部分 HTTP/2 帧在封装到 TLS 记录时将不可避免地超过这一限制。为了解决这一情况，TLS 将会把 HTTP/2 载荷进行拆分，由此产生了不同的 TLS 载荷大小。在 HTTP/1.1 中，类似的数据分段机制同样存在，具体来说，如何对超过限制的数据进行切分，取决于每个网站在服务端的配置或者网络条件，因此，不同网站之间的 TLS 载荷大小呈现出较大的差异性。同时，网络的传输情况处在一个动态变化当中，例如丢包、带宽和时延在不同访问时刻都不相同。另外，流量采集的开始和结束时间结点也会影响到报文序列的完整性。

因此，考虑到真实网络管理中报文采样的场景，本研究的方法并不采用采集到的所有 TLS 记录序列作为特征，而是根据每个 TLS 记录长度统计其在 TLS 记录序列中的出现频次，并设定一个频次阈值，将超过这个阈值的 TLS 记录加入最终的 TLS 记录的频繁项集中作为网站指纹特征。在系统

抽样方法下，虽然会有部分TLS记录未能被采集到，但是在原始序列中出现频率高的TLS记录在采样之后仍然有着较高的频次，而本来出现频率低的TLS块在采样后也同样保持着较低的频率。所以，在原始序列上取频繁项这一做法有效地保持了所选择的目标特征在采样前后的稳定性。

(2) 特征提取方法

在本研究的方法中，选择单流中TLS记录的频繁项作为单流的特征。而在网络中进行流量捕获时，采集到的已经是对应网络层的IP报文序列。因此，在实践中，为了提取单流中的TLS记录序列，就要对图8.3中的分层封装过程进行逆向处理。首先，将采样后的数据根据＜源IP，目的IP，源端口，目的端口，传输层协议＞五元组进行组流。组流的一大优势，可以实现对流量的精细化管理。例如，在网站访问过程中，客户端会向多个服务器发起连接请求，在TCP建立连接之后，会尝试建立TLS连接。对于每一条流，在最开始的TLS握手过程中，客户端向服务端所传递的Client Hello报文中包含了SNI字段。SNI标志了客户端正在与之建立连接的主机的名称。可以根据这一字段辅助判断流量的归属。具体来说，可以将产生流量中的所有流的归属与网站本身进行对比分析，以区分与网站访问过程相关的流量和无关流量。为了降低对分类模型的干扰，提高后续识别的准确率，可以考虑过滤掉与网站访问过程无关的背景流量，这样便无需要求在采集过程中采集纯净的网站访问流量。这是以往方法中以报文为粒度的特征所不能实现的。

在图8.5中的上部，呈现了TLS记录的格式图，详细解释了每个字段的含义。根据RFC 8446的定义，TLS记录头部的长度字段标志着TLS记录的长度。而在长度字段之前，是内容类型和协议版本两个字段。对于网页数据而言，内容类型指定为Application Data。对于协议版本字段，在TLS1.2和TLS1.3中，这一字段的值保持相同。具体呈现在数值上，这两个字段的值为十六进制的0x170303。在图8.3的分层封装机制中，TLS记录位于TCP报文段的载荷位置。所以通过遍历每一个TCP报文段，检查其中载荷位置的起始3个字节，如果匹配0x170303，则认为这是一个TLS记录头部，便读取在这之后的长度字段，并将每一个TLS记录头部中的长度字段保存下来，以构建单流中完整的 TLS 记录序列。

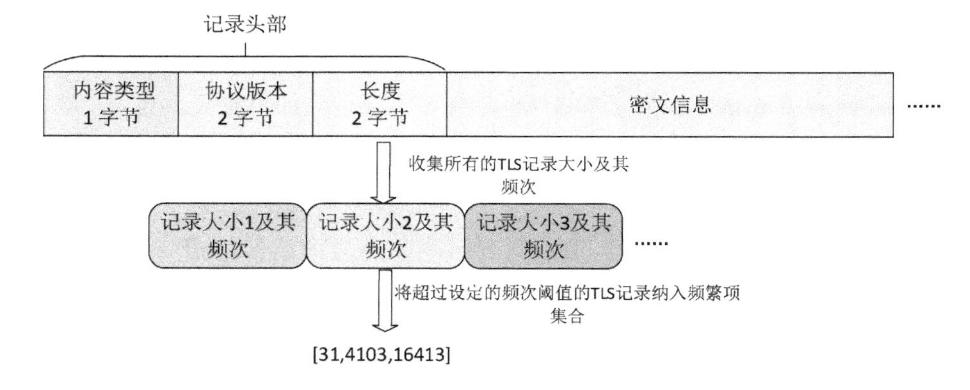

图 8.5　构建 TLS 记录的频繁项

在获取到完整的 TLS 记录序列之后，接下来进入到频繁项构建阶段，统计序列中每一个 TLS 记录大小以及对应的在序列中的出现频率。通过观察对同一网站的多次访问特征序列，可以发现，出现频次较低的 TLS 记录在数据集中波动较为明显，受到网站访问时的网络波动影响较大。而出现频次较高的 TLS 记录则在多次访问的特征集中稳定的出现。因此，为了获取稳定的目标特征，如下文中的伪代码所示，根据数据分布情况设定一个频率阈值，以过滤掉出现频率较低的 TLS 记录。同时，将各个 TLS 记录按照频率进行排序，筛选出前 k 个元素，形成一个最终的 TLS 记录频繁项集。具体执行流程如算法 8.1 所示。

算法 8.1　统计 TLS 记录频率并输出前 k 个元素

```
1: Initialize tlsRecordMap as a map from TLS Record to Frequency
2: Initialize pq as a priority queue of pairs (TLS Record, Frequency)
3: for each record in tlsRecords do
4:     if record exists in tlsRecordMap then
5:         tlsRecordMap[record] += 1
6:     else
7:         tlsRecordMap[record] = 1
8:     end if
```

（续表）

```
9: end for
10: for each (record, frequency) in tlsRecordMap do
11:       pq.push(pair(record, frequency))
12:       if pq.size() > k then
13:             pq.pop()
14:       end if
15: end for
16: while pq is not empty do
17:       (record, frequency) = pq.top()
18:       output record, frequency
19:       pq.pop()
20: end while
```

如图 8.6 左侧所示，对于一次网站访问，其中所包含的所有流以及每一个流所对应的频繁项集都已经提取出来。为了后续的模型训练，还需要将人工设计的特征转化为机器能够理解的特征向量，具体来说，将每一个频繁项集转化为一维向量，向量的模定义为 16 500，略大于 TLS 记录的最大有效长度 2^{14} 字节。向量中的每一位代表着一种长度的 TLS 记录，如果对应的 TLS 记录长度在频繁项集中出现，就在向量中对应的元素置 1，向量中的剩余元素保持为 0。至此，完成了系统框架图中的特征提取阶段。

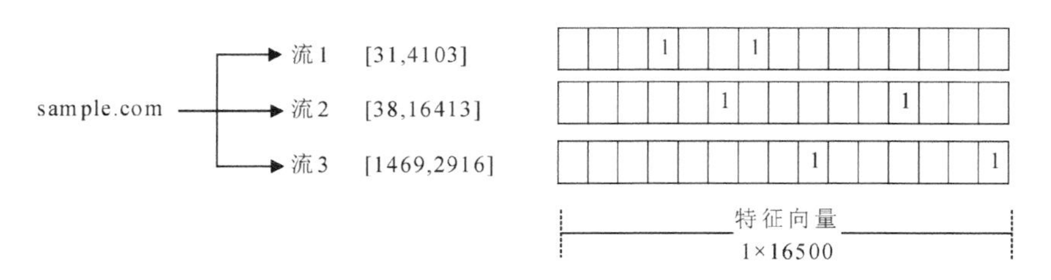

图 8.6　构建一次网站访问中的特征向量

8.2.3　频繁项特征聚类

（1）特征聚类过程

通过观察数据集中每个网站所包含的频繁项集，可以发现不同网站可能会包含相同的频繁项集。这可能是因为多个网站之间使用某一个相同公司所提供的服务,所以在访问这些网站的时候都向同一个服务器发起了同样的请求,从而产生了相同的频繁项集。这对后续分类模型设计会产生一定的影响。例如,如果直接根据特征向量所属的网站对特征向量进行标记的话,可能会给同样的特征向量打上不同的标签,在后续的机器学习过程中产生混淆。另外,站在网络流量采集的角度而言,采集过程中可能发生的网络波动等现象都会导致相同类别的目标特征在数值上产生部分差异,同样会导致机器学习中的混淆问题。为了解决上述问题,可以使用聚类算法将所有的特征向量进行聚类操作,聚类算法将所有的特征向量聚类为若干个集群,具有相似数据特征的向量将被划分在一起,而具有不同数据特征的向量将被归属到不同的集群。如图 8.7 所示,经过聚类之后,本属于相同类别的样本 1,2 之间由于网络波动而导致的微小数值差异得以解决,而样本 3,4 虽不属于同一个 SNI,但是由于传输特征的相似同样被划分进了同一个类别,最终不同类别之间样本的传输特征差异更为明显。

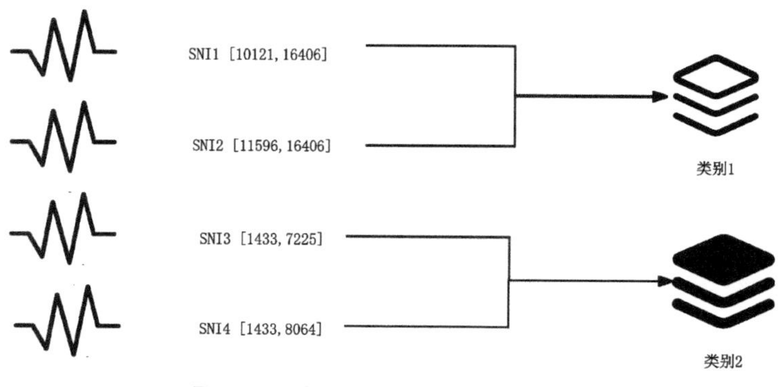

图 8.7 对特征向量进行聚类的效果

在本方法的具体实现上,我们选择层次聚类算法作为聚类模型。其主要思想是通过逐步合并或分裂数据样本来构建一个聚类层次结构。在层次聚类中,数据样本首先被看作是单个由自身构成的类别,然后根据样本之间的相似度逐步合并成越来越大的聚类,直到所有的数据点都合并到一个聚类中为止,或者直到满足某种停止准则为止。在相似度计算中,通常根据样本之间的欧氏距离作为衡量标准。

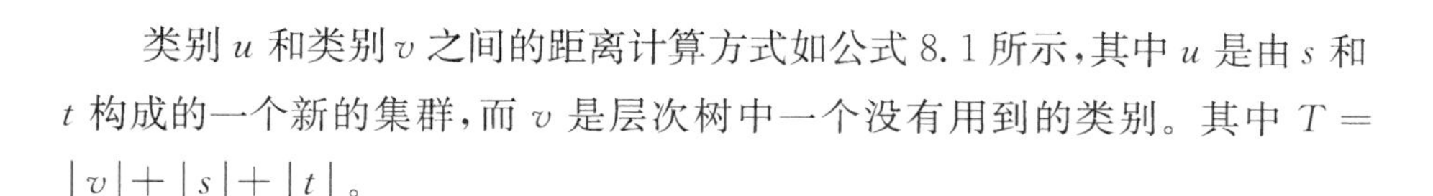

类别 u 和类别 v 之间的距离计算方式如公式 8.1 所示，其中 u 是由 s 和 t 构成的一个新的集群，而 v 是层次树中一个没有用到的类别。其中 $T=|v|+|s|+|t|$。

$$d(u,v)=\sqrt{\frac{|v|+|s|}{T}d(v,s)^2+\frac{|v|+|t|}{T}d(v,t)^2-\frac{|v|}{T}d(s,t)^2}$$

公式 8.1

(2) 层次聚类参数讨论

在层次聚类过程中，需要通过对聚类树进行划分以确定每个样本所属的集群，而在聚类树划分过程中，需要对聚类树的划分高度进行讨论。

层次聚类的工作过程可以用树状图来表示，如图 8.8 所示。当参与聚类的所有的样本通过距离计算纳入到最终的一类过程中，或者说所有样本都被纳入这棵树之后，还需要根据样本的数据特征将树沿着某一高度切开，便将一棵树划分为若干个集群，手动的划分样本的所属集群。在集群的划分效果上，应满足单一集群内的数据样本应尽可能相似或者属于来源于同一个服务器下的数据流。因此，在将聚类树切开的过程中，高度值将成为聚类过程中的重要参数。对于高度值的设定，同样借助于可视化的聚类树形图。在前述章节中，曾经提到，对于一个网站而言，除了向网站自身所属的服务器请求之外，还会向网站中集成的第三方网络服务商的服务器进行请求。因此，不同的网站之间也可以存在相同的 TCP 流特征。根据这一流量特性，在确定聚类高度值时，可以借助在网站流量进行组流过程中提取到的 SNI 字段进行辅助判断。在绘图过程中，在树形图中的纵轴中用 SNI 标记每一个特征向量，此时每一个特征向量的归属服务器都有了清晰的标记。在确定划分高度时，尽可能将同属于同一个域名或者相关域名的特征向量划分在同一类别中。以图 8.8 为例，共有 10 个样本参与层次聚类，在聚类树构建完成后，选择将树在高度值为 3 进行切开，由此产生了 5 个集群，对应 5 种类别。对于每一个特征向量，都获得了聚类后的所属集群标签。

8.2.4　网站分类模型设计

在上述的特征提取过程中，将一次网站访问的流量实例划分为多条

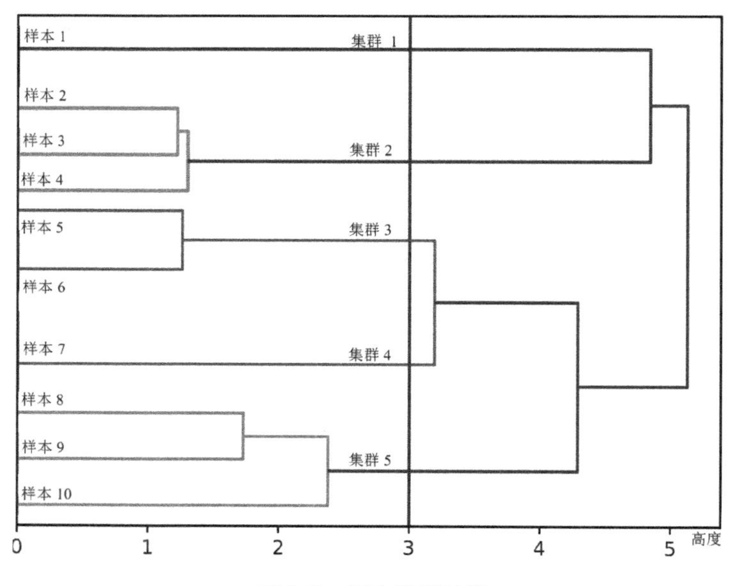

图 8.8　层次聚类过程

TCP 流，并从单流中提取了频繁项特征，因此对应一次网站访问得到了多个频繁项特征。但是，在网站分类模型设计过程中，还需要将多个流特征还原为一个唯一对应该次网站访问的特征向量，并给特征向量打上网站的标签进行训练。

具体流特征还原过程如图 8.9 所示。首先，在层次聚类中，在聚类树中选定高度进行集群划分。当集群划分完之后，每一个向量都获得了一个对应的类标签，同时也对应着一种传输特征。至此，对于一次网站访问中的多个流粒度特征，每一个流粒度特征都获得了自己的聚类标签。接下来将创建一个新的一维特征向量，用以对单次网站访问过程进行特征表示，向量的

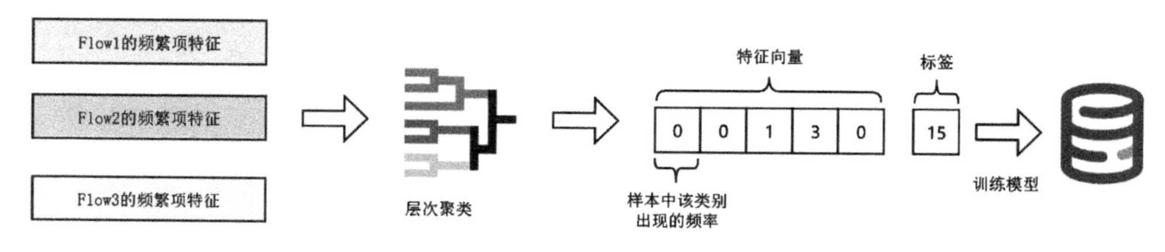

图 8.9　特征还原过程

维度为所有特征样本在聚类之后的集群数量总数，向量中的每一个元素则代表在单个网站访问过程中每一个集群出现的频率，未出现的集群则置0。这样的一维向量将作为每一次网站访问过程对应的单一特征，并且将其打上所属网站平台的标签，用以训练分类模型。

在获得每个网站的最终特征向量和标签后，本研究决定采用随机森林算法来训练分类模型。随机森林是一种基于集成学习的机器学习算法，它通过构建多个决策树并取其投票结果来进行分类。这种方法具有良好的泛化能力，对于处理高维数据和大规模数据集也表现出色。在后续的实验中，通过对比可以发现，相较于同类型方法中所采用的深度学习算法，随机森林在模型训练过程中具有更高的计算效率。它的训练过程计算开销较小，不仅能在较短时间内完成训练，还无需过多的调参工作。这为在资源受限或时间敏感的情况下的识别场景提供了更可行的选择，更适合应对在真实网络条件下对识别效率的要求。

8.3　实验与分析

8.3.1　实验场景

在网站指纹识别的实际部署中，网络管理方期望监控一系列包含潜在公害内容的网站，通过对网络中的流量进行识别，以此判断在网络中是否有用户访问了这部分网站。如图8.10所示，在最初的场景设计中，设定用户仅会访问这部分目标网站，而识别方法也只需要判断访问了其中哪一个网站，该场景通常被定义为封闭世界实验场景[8]。但是，封闭世界实验场景严格限制了用户的访问行为，因此也被认为是不符合现实的评估场景[9]。在后续的研究中，提出了与封闭世界场景相对的开放世界评估场景[10]。在此场景中，网络管理方仍然保持着对部分网站的监控，而用户则能够自由地访问任意网站，此时的识别过程将首先判断流量是否属于受监控网站，如果是，则进一步判断是哪一个受监控网站。在本方法中,将同时在封闭世界场景和开放世界场景下进行评估。

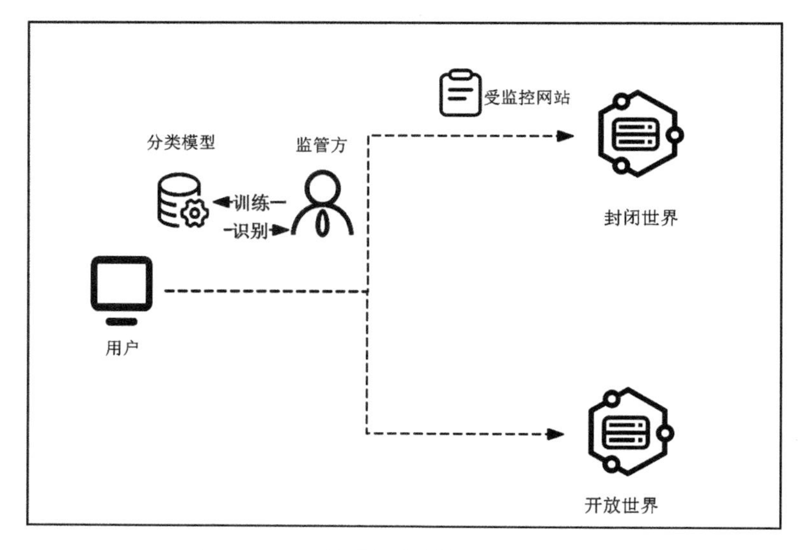

图 8.10　开放世界和封闭世界识别场景

8.3.2　对比的类似方法

在本节中,将对提出的识别方法进行系统的评估,并与业内领先的识别方法进行对比。本节首先实现了下列识别方法,并在同一数据集上进行性能对比。

CUMUL[11]是一个基于支持向量机(SVM)分类器的识别方法。它选用报文长度的累计和,并从中计算线性插值作为主要特征。

Deep Fingerprinting[12]是一个基于卷积神经网络的识别方法,它选用报文的方向序列作为主要特征。

Tik-Tok[13]是一个基于时间特征的识别方法,它分别使用了流量突发特征,原始报文的时间序列,以及方向性时间序列＜±时间戳＞(＋/－由报文方向决定)作为特征,并在 K 近邻、支持向量机、卷积神经网络等分类模型中进行评估。

8.3.3　数据集构建

表 8.1　数据集总结

场景	网站范围	网站访问实例数量
采样场景数据集	Alexa Top 100	50×60(封闭世界)
非采样场景数据集	Alexa Top 50	100×100(封闭世界)+9 000(开放世界)

在已有的公开数据集中，仅提供报文长度、方向、时间戳等简化信息，并不提供原始的采集流量，因此无法从中提取本方法所需的 TLS 层特征信息。所以在实验验证阶段，将自建数据集，而在网站选择方面，依据现有研究中常用的 Alexa 网站排名选择网站集合[14,15]，采集访问网站过程中流量数据并构建数据集。Alexa 网站排名是在世界范围内根据网站的访问量而综合计算出的一项网站排名。如果方法能够在 Alexa 数据集上通过评估，则代表该方法对于整体网络流量有着较好的适配性。

在数据采集过程中，为了避免用户访问行为的差异对实验数据的影响，将使用自动化程序来标准化流量采集过程，即通过自动化程序来操作浏览器的网站访问行为。如图 8.11 所示，自动化程序通过变量 i 控制访问的轮数，当 i 到达最大值 i_{max} 时，程序退出。在一轮操作内，将预设网站集合内的每一个网站分别访问一遍并将访问流量进行保存。在这样的设定下，使得对于同一个网站的多次访问之间间隔了一定的时间，充分考虑了网站内元素随时间变化的可能性，体现了数据集对现实情况的考虑。除了对访问行为的标准化之外，还需考虑浏览器的设置对访问数据的影响，因此在浏览器设置中禁用缓存等功能，同时禁用浏览器自动更新等功能，以确保每一次网页请求产生的流量不受到背景流量干扰[16]。

数据采集完成后，将进入数据清洗阶段。在数据清洗阶段中，将对原始数据进行预处理，去除无效访问数据或者重复数据等，以提高数据的可用性。具体而言，由于用户端的网络环境波动及服务端设置的保护措施等原因，部分网站请求可能会失败。因此，在自动化程序中增加了对访问结果的

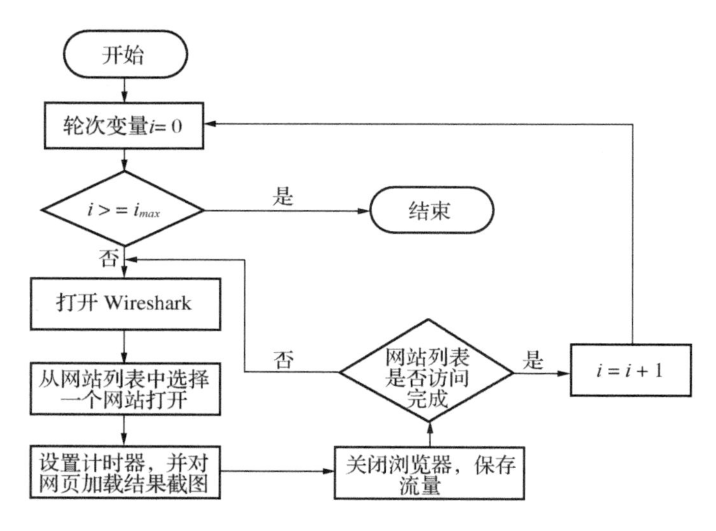

图 8.11 自动化程序流程图

截图记录操作，截图记载了计时器结束时网站的加载情况，可以用来对数据包质量进行筛查，过滤掉部分网站的无效访问，例如空白页面，拒绝访问错误页面以及超时错误页面等。

在本章中，为了验证识别方法的有效性及在采样环境和非采样环境中的通用性，将同时构建采样场景和非采样场景数据集。

非采样场景数据集。对于封闭世界实验场景，选择网站的主页作为访问对象。为了确保识别方法的有效性，从 Alexa 世界网站排名中选择前 100 个网站作为受监控网站，并将清单中同一网站在不同地区的域名予以排除，确保有 100 个完全不同的网站。最终将这 100 个网站作为网站集合，并在自动化程序中将访问轮次设置为 100，即每一个网站访问 100 次。对于更符合现实环境的开放世界实验场景，从 Alexa 排名中选择后续的 9 000 个网站作为非受监控网站。在自动化程序中将轮次设定为 1，即每个网站仅访问 1 次。

采样场景数据集。在非采样数据集构建完成后，由于部分网站的主页元素相对简单，所以部分网站访问场景产生的数据量较为有限，而在部署报

文采样之后，较高的采样率后可能会导致部分网站因报文数量不足而难以进行识别，不符合实验场景的要求。而在用户的网页访问习惯中，除了主页访问行为之外，在同一网站的多个子页面之间进行顺序浏览也是一个常见的访问习惯，例如在新闻和购物类网站中进行内容浏览。在同一网站内的多页面访问为采样场景产生了足够的流量，同时，也模拟了用户的常见访问行为。因此，对于封闭世界识别场景，从 Alexa 网站排名中选择前 50 个网站，在自动化程序中，将顺序访问网站中的若干个子页面，同时将自动化的轮次设定为 60，即对每个网站及其子页面访问 60 次。

8.3.4　评价指标

在机器学习中，分类模型的预测结果可以分为以下四种情况：

1. TP(True Positives)表示真阳样本数，即模型将正例正确预测为正例的数量；

2. TN(True Negatives)表示真阴样本数，即模型将反例正确预测为反例的数量；

3. FP(False Positives)表示假阳样本数，即模型将反例错误预测为正例的数量；

4. FN(False Negatives)表示假阴样本数，即模型将正例错误预测为反例的数量。

在评估模型的分类性能时，在封闭世界评估场景中，通常使用准确率(Accuracy)，精确率(Precision)，召回率(Recall)作为主要评价指标。而在开放世界评估场景中，则通常使用真阳性率(TPR)，假阳性率(FPR)作为主要评价指标。它们的计算公式如公式 8.2—8.6 所示。

$$Accuracy = \frac{TP + TN}{TP + TN + FP + FN} \qquad \text{公式 8.2}$$

$$Precision = \frac{TP}{TP + FP} \qquad \text{公式 8.3}$$

$$Recall = \frac{TP}{TP + FN} \qquad \text{公式 8.4}$$

$$TPR = \frac{TP}{TP + FN} \qquad \text{公式 8.5}$$

$$FPR = \frac{FP}{FP + TN} \qquad \text{公式 8.6}$$

8.3.5 实验结果

(1) 采样场景下的封闭世界评估实验

首先，将在采样环境中对识别方法进行评估。在下文中，为了方便描述，将本章所提出的方法命名为SAPWF。

在数据集的构建过程中，根据产生的流量大小规模，选择了多个采样率，包括1/4，1/8，1/16。在数据集划分上，将每个网站的50次访问实例作为训练集，剩下的10次访问实例作为测试集。接下来将所提出的识别方法在各个采样率情况下的识别准确率和业内其他方法进行了对比。当采样率为1/4时，SAPWF获得了领先的98.2%的准确率，而随着采样率逐渐提高，识别准确率受到了一定的影响，当采样率为最大的1/16时，识别准确率为88.7%，仍保持了一定的识别可用性。这是因为在实验过程中，当采样率逐渐提高时，从网络流中能够还原的TLS记录的数量也会下降，使得特征向量产生波动，特征向量内的元素数量下降较为明显，特征向量之间的差异性也因此减小，因此对识别准确率造成了影响。在本节所采集的数据集中，多网站访问所产生的网络流量相对较少，数据集规模也较为有限，因此对准确率产生了一定的影响。而如果在更贴合现实的网络条件下，网络中所存在的海量流量将产生相对稳定的样本特征，因此该方法预计将在真实网络条件下有着更为稳定的识别性能。

如图8.12所示，在其他方法中，Deep Fingerprinting方法在1/4的采样率下中仅有着61%的识别准确率，且随着采样率的增加，识别性能急剧下降，最后仅有43.7%的准确率。这是因为在DF方法中，使用了报文方向序列作为其主要特征。而方向序列的分布情况在采样后会产生较大的波动4，各个样本之间的差异性也因此而变小，因此该方法并不适用于报文采样环境。此外，CUMUL和Tik-Tok方法在识别准确率上的波动较小，最终分别

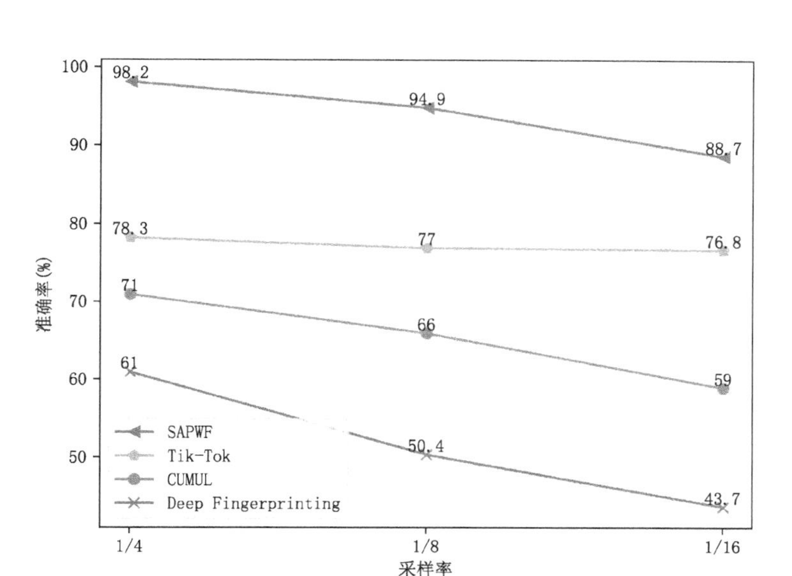

图 8.12　各识别方法在不同采样率下的性能对比

稳定在 77%和 60%之间。具体来看,不同网站之间在元素构成上有着较大的差异,这一差异同样也会反映在网络流量的报文长度和加载时间上。所以,分别以报文长度作为特征的 CUMUL 和报文时间戳作为基础特征的 Tik-Tok 的两类识别方法,在本实验中的采样数据集上同样有着相对较高的准确率。但值得注意的是,这两个识别方法的结果是在同一稳定网络条件下所采集的数据集上实现的。在真实网络中,网站的访问时间取决于用户所在的地理位置和所接入网络的带宽情况。网站访问流量的报文长度会受到用户终端中其他应用产生流量的干扰。当部署于更加贴近现实环境的网络中时,这两类方法的准确率会因为在报文长度序列和时间戳序列的波动受到更大的影响,其识别性能预计将进一步下降。

而在识别效率上,如表 8.2 所示,SAPWF 也呈现出较为明显的优势。在模型训练阶段,由于对特征序列的聚类处理,成功地将原始特征维度进行了有效的缩减,相比于原始长度为 16 500 的特征向量,聚类后的特征向量长度仅为聚类后的类别数量,其数值远小于报文序列长度。因此,在同样的数据集上进行训练的过程中,本方法在模型训练速度上对比其他深度学习方法领先较为明显。而对比同属于机器学习方法的 CUMUL 而言,同样因为

CUMUL的特征序列较长，对特征的学习过程也耗时较长。

表8.2 各方法在分类模型训练过程的耗时对比

识别方法	CUMUL	Deep Fingerprinting	Tik-Tok	SAPWF
训练时长	25 s	300 s	330 s	12 s

(2) 非采样场景下的封闭世界评估实验

为了验证所提出的识别方法是否具有通用性，同样将在非采样数据集上进行实验评估。实验主要分为封闭世界场景和开放世界场景。在封闭世界场景中，数据集将每个网站的80次访问实例作为训练集，剩下的20次访问实例作为测试集。在此场景下的实验数据如表8.3所示。SAPWF获得了98.3%的识别准确率，比CUMUL方法高出了3%。而Deep Fingerprinting和Tik-Tok方法由于使用了相同的卷积神经网络模型，准确率表现较为相近。数据表明，本节所提出的识别方法在封闭世界场景下同样有着优异的识别性能。

表8.3 各方法在封闭世界非采样场景下的准确率结果

识别方法	CUMUL	Deep Fingerprinting	Tik-Tok	SAPWF
准确率	95.1%	97.6%	97.7%	98.3%

(3) 开放世界评估场景实验

在开放世界场景中，主要考察模型区分受监控网站和非受监控网站的能力。在此场景下的数据集中，非受监控网站的数量和受监控网站之间往往有着不同数量级的差异，正是由于不平衡的数据集，所以准确率这一性能指标在这一场景中并不能准确的描述方法的识别性能。在文献[13]中，TPR和FPR主要作为在开放世界场景下的识别性能参数。因此，在本方法中同样沿用这一选择。

在数据集的开放世界标签归属上，存在两种模式。第一种模式将流量进行二分类，在识别过程中，将样本的识别结果直接划分为受监控网站和非受监控网站。而第二种模式，则是将流量进行多分类。即每一个受监控网站作为一类，所有的非受监控网站作为单独的一类。在本文中，采取了多分类的识别模型。此外，在开放世界的评估模式下，如果在训练集中加入一部分非受监控网站数据，则能够更好地帮助分类模型识别受控和非受监控网站。因此，数据集中的非受监控网站数量作为开放世界模式下评估的重要参数，在本方法中，将使用不同比例的非受监控网站来训练分类模型。其识别结果如图 8.13 所示，随着训练集中的非受监控网站数量增加，FPR 逐渐下降，并在 5 000 个非受监控网站的情况下降至最低。而 TPR 随着数量增加而小幅上升，并在 2 000 个非受监控网站的数量后逐渐保持平稳。

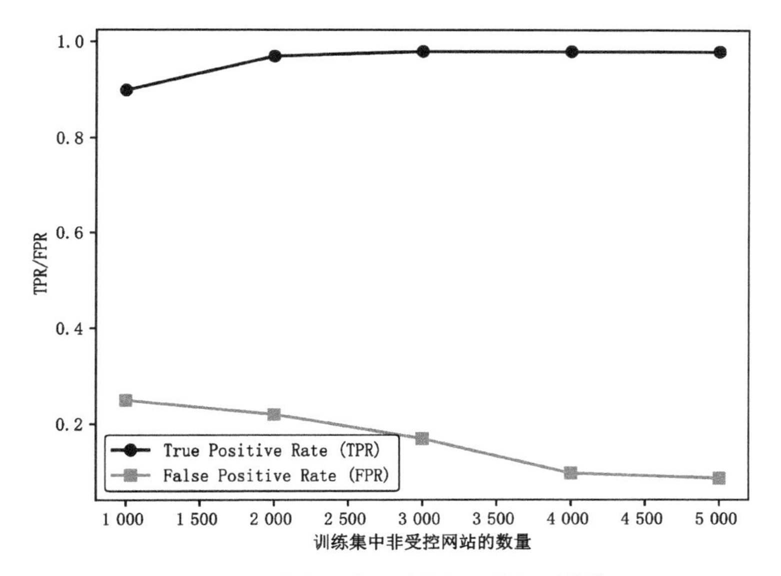

图 8.13　本方法在开放世界下的识别性能

接下来与其他识别方法就开放世界下的识别能力进行对比。在数据集划分上，选择了确定数量的非受监控网站参与训练。训练集包含 8 000 个受监控网站访问实例(100 个网站，每个网站 80 次访问实例)和 1 000 个非受监控网站访问实例，测试集包括 2 000 个受监控网站的访问实例(100 个网站，每个网站 20 次访问实例)和剩下的 8 000 个非受监控网站访问实例。

在图 8.14 中列出了本方法和所有对比方法在此数据集划分设置下的识别性能。本方法取得 97%的 TPR 和 2.5%的 FPR，优于所有对比方法的性能。这意味着本文的识别方法仅需小部分的非受监控网站样本参与模型训练，就能准确地区分受监控网站和非受监控网站这两个预设网站类别。

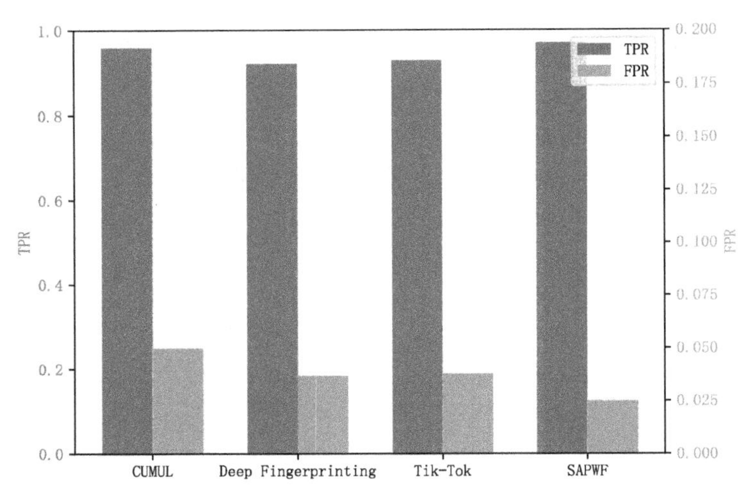

图 8.14　各方法在开放世界评估中的结果

8.4 本章小结

本章设计实现了一种可以部署在报文采样环境中进行网站指纹识别的技术方法。该方法打破了网站指纹识别领域对于采集完整流量这一设定的限制，使得网站指纹识别这一技术领域可以从传统的实验室简单的网络环境中逐渐部署至更加贴近现实的网络环境中。接着具体介绍了本方法的系统框架，包括特征提取的步骤和可行性分析，分类模型的设计细节等。最后在实验结果和分析部分中，介绍了识别方法在采样场景和非采样场景下的识别性能，表明该方法具备一定的通用性。其中，在采样场景中，随着采样率的不断提高，该方法的识别性能保持稳定，且识别准确率仍具有可用性，优于业内的其他识别方法。

参考文献

[1] Juarez M, Afroz S, Acar G, et al. A critical evaluation of website fingerprinting

attacks[C]//Proceedings of the 2014 ACM SIGSAC Conference on Computer and Communications Security. 2014: 263-274.

[2] Jang R, Min D H, Moon S K, et al. Sketchflow: Per-flow systematic sampling using sketch saturation event[C]//IEEE INFOCOM 2020 - IEEE Conference on Computer Communications. IEEE, 2020: 1339-1348.

[3] Hayes J, Danezis G. k-fingerprinting: A robust scalable website fingerprinting technique[C]//25th USENIX Security Symposium (USENIX Security 16). 2016: 1187-1203.

[4] Dong S, Xia Y. Network traffic identification in packet sampling environment [J]. Digital communications and networks, 2023, 9(4): 957-970.

[5] Yan J, Kaur J. Feature selection for website fingerprinting[J]. Proceedings on Privacy Enhancing Technologies, 2018.

[6] Belshe M, Peon R, Thomson M. Hypertext transfer protocol version 2 (HTTP/2) [R]. 2015.

[7] Rescorla E. The transport layer security (TLS) protocol version 1. 3[R]. 2018.

[8] Cherubin G, Jansen R, Troncoso C. Online website fingerprinting: Evaluating website fingerprinting attacks on tor in the real world[C]//31st USENIX Security Symposium (USENIX Security 22). 2022: 753-770.

[9] Juarez M, Afroz S, Acar G, et al. A critical evaluation of website fingerprinting attacks[C]//Proceedings of the 2014 ACM SIGSAC conference on computer and communications security. 2014: 263-274.

[10] Wang T. High precision open-world website fingerprinting [C]//2020 IEEE Symposium on Security and Privacy (SP). IEEE, 2020: 152-167.

[11] Panchenko A, Lanze F, Pennekamp J, et al. Website Fingerprinting at Internet Scale[C]//NDSS. 2016.

[12] Rimmer V, Preuveneers D, Juarez M, et al. Automated Website Fingerprinting Through Deep Learning[C]//25th Annual Network and Distributed System Security Symposium. The Internet Society, 2018.

[13] Rahman M S, Sirinam P, Mathews N, et al. Tik-Tok: The Utility of Packet Timing in Website Fingerprinting Attacks[J]. Proceedings on Privacy Enhancing Technologies, 2020.

[14] Li S, Guo H, Hopper N. Measuring information leakage in website fingerprinting

attacks and defenses[C]//Proceedings of the 2018 ACM SIGSAC Conference on Computer and Communications Security. 2018：1977-1992.

[15] Yin Q，Liu Z，Li Q，et al. An automated multi-tab website fingerprinting attack [J]. IEEE Transactions on Dependable and Secure Computing，2021，19(6)：3656-3670.

[16] 兰威. Web 站点在线指纹攻击及防御技术的研究与实现[D]. 南京：东南大学,2022.

第9章

基于 TLS 分片频率特征的细粒度网页精准识别方法

9.1 研究背景

网页是互联网内容的重要载体,实现细粒度的网页识别能够有效帮助有关部门从流量侧对用户浏览内容进行精细化监管。随着互联网信息的爆发式增长,属于同一网站的信息变得更加丰富多样,提供正常服务的网站中也可能因为监管不力导致其中存在部分包含有害信息的网页。这使得现有研究中许多仅对流量在网站粒度进行区分的模型难以在实际应用场景中发挥作用。而细粒度的网页识别模型能够精准地识别到用户对某网站下具体网页的访问行为。只要能够确定用户的网页浏览行为,就能够在内容层面构建用户画像,把握用户的内容获取偏好和行为。

细粒度的网页识别与传统的网站粒度识别任务相比难度更大。这是因为使用机器学习或深度学习的识别模型在识别粒度更细时,对于样本特征的辨识度有着更高的要求。然而,同网站下的不同网页通常具有相似的框架、布局，甚至页面内容，这使得访问这些网页产生的流量模式极为相似，这往往会降低模型的识别精度。因此，要实现细粒度的网页识别，就需要找到能够准确表征网页内容的高辨识度特征，而合适的网页特征往往能简单、高效地构建性能良好的细粒度网页识别模型。

然而，现有研究往往不能在保证识别粒度的同时达到较高的识别精度。这是因为现有研究中的特征工程可能存在如下问题：

1）大部分模型仅利用数据包长度、数据包传输方向以及数据包传输时间作为基础特征，通过专家知识或深度学习模型进一步构造能够表征流量行为的特征。然而，与数据包相关的流量特征难以在内容层面有效刻画网页的“独特性”，其特征辨识度的欠缺导致了在面对内容复杂、资源丰富的大量网页样本时，识别模型无法准确建立样本与细粒度网页标签之间的映射关系。

2）大部分现有研究没有针对网页的访问过程和网页粒度的流量样本设计有效的特征筛选机制。由于同网站下不同网页具有相似性，直接使用传统的流量统计特征通常会导致特征向量中包含许多与网页内容无关的干扰项。这些干扰项会阻碍模型关注到流量中的有效特征，导致模型的识别性能下降。

为了解决上述问题，本章提出了基于 TLS 分片频率特征的“网页内容指纹”，它是一种与网页内容强关联的，能在真实网络环境下准确表征不同网页本质特点的流量特征。本章基于网页内容指纹训练细粒度网页识别模型，实现对细粒度网页的精准识别，并在真实世界的网页数据集上验证其有效性。

9.2 整体设计

本章提出了一种基于 TLS 分片频率特征的细粒度网页精准识别方法 T-WPF（TLS Webpage Fingerprint）。首先，T-WPF 将数据包重组为 TLS

分片，并提取TLS分片长度作为基础特征；接着，通过重点服务器流量锚定技术找到需要重点关注的服务器；然后，使用TLS分片组合长度表征网页内的资源，并利用两个层次的频繁项统计结果实现静态资源锚定和无关资源排除；最后，使用机器学习和深度学习模型构造分类器。

识别方法的整体架构如图9.1所示。本方法包含四个重要模块，分别是流量预处理、重点服务器流量锚定，网页内容指纹构建和模型训练。它在实际部署过程中分为两个阶段，在训练阶段得到的细粒度识别模型，在应用阶段能够根据真实流量的特征给出具体的网页标签。

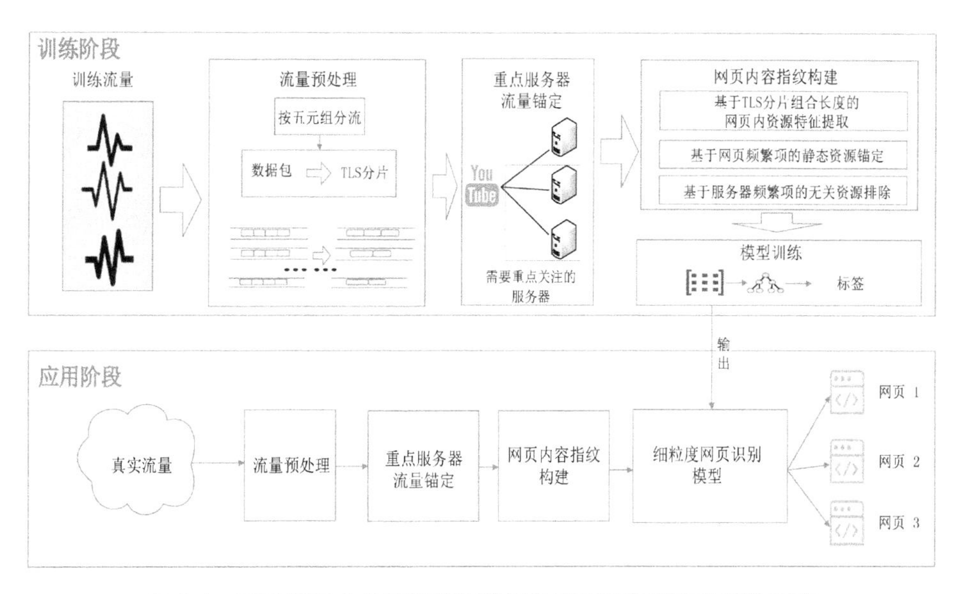

图9.1　基于TLS分片频率特征的细粒度网页识别方法整体架构

在流量预处理模块，先将流量按五元组分流，属于同一五元组的数据包将会被分在同一序列中。由于数据包的相关特征难以准确表征应用层资源的特点，本研究利用处于更高层的TLS分片信息作为基础特征。通过分析同一五元组中数据包头部的未加密信息，将其重组为TLS分片。并通过计算TLS分片的长度，形成TLS分片长度序列。

在重点服务器流量锚定模块，本研究使用客户端与不同服务器建立TLS连接时的早期流量，提取TLS分片长度序列，以刻画不同服务器的流量模式；通过构造多连接流的特征向量，帮助分类器建立多流特征与服务器标签之间的映射关系。

在网页内容指纹构建模块，利用TLS分片组合长度序列表征网页内的资源特征。接着，设计算法分层次统计TLS分片长度的出现频率，定义其中高频出现的长度值为“频繁项”。最后，利用网页频繁项完成静态资源锚定，利用服务器频繁项完成无关资源排除。

在模型训练模块，利用网页内容指纹训练分类模型。本研究使用机器学习和深度学习模型作为分类器，在训练完成后，就能得到细粒度的网页识别模型。处于应用阶段的细粒度识别模型在接收到从真实流量中提取的特征后，就能判断出流量所属的网页。

9.3 基于TLS还原的流量预处理

流量预处理模块需要从流量数据中初步提取有效特征，以帮助后续模块进行分析和决策。监管者通常能够从ISP(Internet Service Provider)侧采集到用户进行网页浏览时产生的所有数据包，但不被允许对数据包做任何解密操作。故本研究也仅依靠流量数据中未加密的信息完成流量分析。

随着公众安全意识的提升，绝大部分提供Web服务的服务器均使用HTTPS进行通信[1]。这意味着用户在进行网页访问时，往往是通过TLS建立的加密信道与服务器进行通信。TLS层位于传输层和网络层之上，在TLS层呈现的流量模式更贴近应用层数据单元的流量表征，与网页相关的信息也更加丰富。然而，现有研究中的大部分网页识别方法仍在传输层和网络层提取统计特征，此类特征对服务器流量特征的刻画仍不够细致。

图9.2给出了真实的网络环境中，使用TLS分片长度序列和使用数据包长度序列的差异。如图9.2所示，应用层资源虽然被有序地封装在数据包中，但由于传输链路的网络波动，这些数据包并没有按序到达客户端。此时，若直接使用数据包的统计特征，则难以准确表征应用层的传输模式。然而，在TLS分片长度序列的构造过程中，不但还原了乱序数据包中包含的

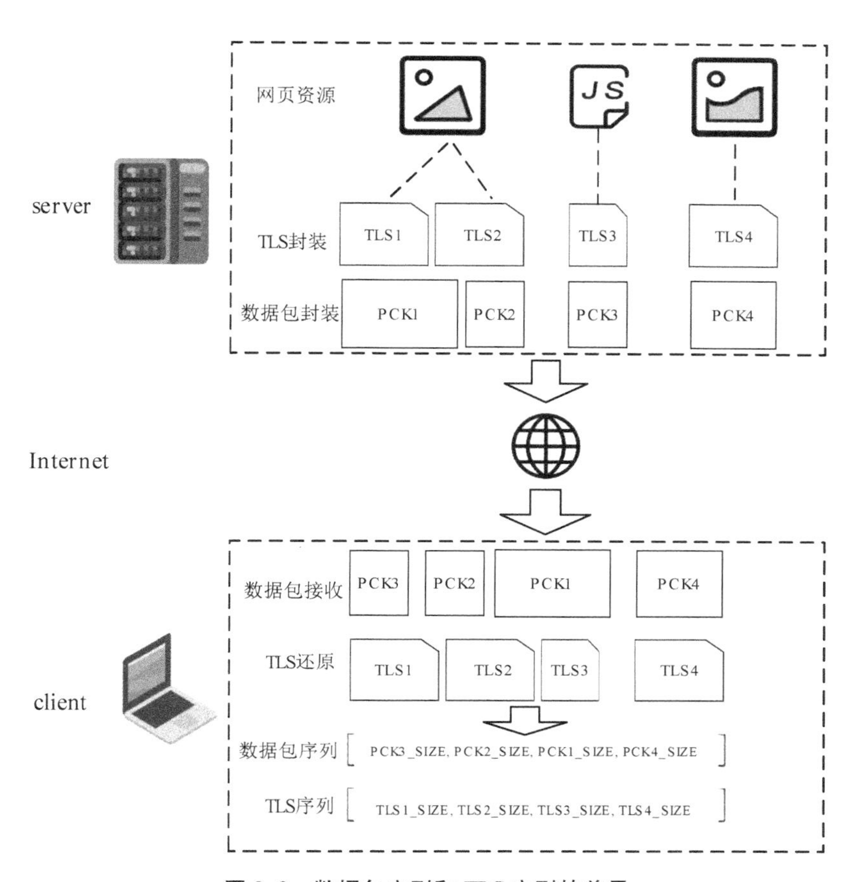

图 9.2　数据包序列和 TLS 序列的差异

TLS 分片的顺序，而且重新组合了传输过程中被切分的数据单元。基于 TLS 分片的统计特征能够更好地对抗丢包、乱序、重传对流量特征构建带来的负面影响。因此，本研究将从 TLS 层提取相关流量特征。

本章利用流量数据中未加密的头部信息，设计了一种 TLS 分片真实长度和顺序的还原方法。要在加密流量场景中得到 TLS 分片的相关信息，就需要利用 TLS 分片中未加密的头部信息。图 9.3 为一个典型的 TLS 分片在 Wireshark 中的结构。TLS 协议是一种基于 TCP 的通信协议，TLS 分片会被封装在 TCP 数据报中，而 TCP 协议是一种可靠交付的通信协议，每个 TCP 数据报都包含可用于顺序确认的序列号。因此，在分析 TLS 分片时，同样可以利用 TCP 数据报头部的序列号信息，还原出 TLS 分片的顺序。

TCP数据报的长度为报文头部的明文信息，可直接通过程序提取。同样地，TLS分片的和长度信息包含于未加密的TLSPlaintext结构中，也可以通过程序解析。在图9.3的实例中，该报文的序列号为3188309850，TLS分片的长度为233 bytes。

```
v Transmission Control Protocol, Src Port: 443, Dst Port: 48840, Seq: 9710, Ack: 1277, Len: 1400
    Source Port: 443
    Destination Port: 48840
    [Stream index: 1144]
    [Stream Packet Number: 22]
  > [Conversation completeness: Complete, WITH_DATA (31)]
    [TCP Segment Len: 1400]
    Sequence Number: 9710    (relative sequence number)
    Sequence Number (raw): 4039976943
    [Next Sequence Number: 11110    (relative sequence number)]
    Acknowledgment Number: 1277    (relative ack number)
    Acknowledgment number (raw): 693835686
    1000 .... = Header Length: 32 bytes (8)
  > Flags: 0x018 (PSH, ACK)
    Window: 256
    [Calculated window size: 65536]
    [Window size scaling factor: 256]
    Checksum: 0x69b5 [unverified]
    [Checksum Status: Unverified]
    Urgent Pointer: 0
  > Options: (12 bytes), No-Operation (NOP), No-Operation (NOP), Timestamps
  > [Timestamps]
  > [SEQ/ACK analysis]
    TCP payload (1400 bytes)
v Transport Layer Security
  v TLSv1.3 Record Layer: Application Data Protocol: Hypertext Transfer Protocol
      Opaque Type: Application Data (23)
      Version: TLS 1.2 (0x0303)
      Length: 1395
      Encrypted Application Data […]: 5967a0253647880707e01295ccfb42f3500a82323933db19fa30ff4fd958045e5
      [Application Data Protocol: Hypertext Transfer Protocol]
```

图9.3 TLS分片在Wireshark中的结构

在解析出TLS分片的真实长度和顺序后，就能够从TCP数据报中组合出TLS分片，构建能够表征不同服务器流量模式的TLS分片长度序列。图9.4给出了一个TLS分片长度序列的构造实例。首先，根据TCP头部的序列号和长度信息，组合出有序的TCP报文；再根据TLS头部标识和长度信息，将TCP报文合并或者拆分成有序的TLS分片；最后，根据TLS分片中未加密的TLS Plaintext结构，解析得到TLS分片长度序列。

综上分析，本研究在流量预处理模块，基于TLS还原技术，将接收到的数据包重组为TLS分片序列，并提取相关统计特征，为后续的流量表征打下基础。

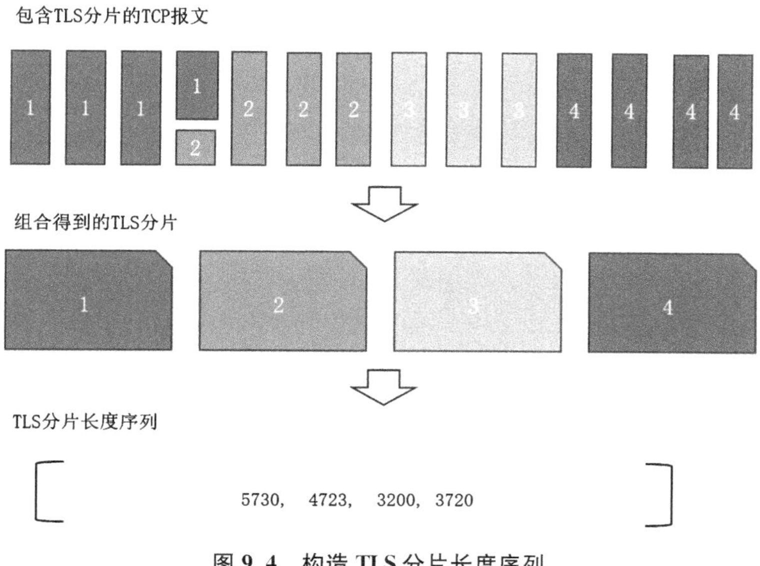

图 9.4　构造 TLS 分片长度序列

9.4 基于早期 TLS 流量信息的重点服务器流量锚定

9.3 节实现的 TLS 还原技术使得 T-WPF 具备了刻画网页流量特征的基本能力，但要实现细粒度网页的精准识别，首先需要完成对网页访问过程中重点服务器流量的锚定。随着网页内容的逐渐丰富和网页功能的日益复杂，越来越多的网站开始将不同的业务功能部署在不同的服务器上，以保障响应速度和可用性。例如，某新闻网站使用阿里云服务器保存新闻图片，调用 Bing 服务器的 API(Application Programming Interface)提供微软账户登录服务，接入百度服务器的 API 实现页面广告推送。这使得用户在流量网页时，客户端需要与多个服务器进行通信以获取页面资源。然而，并非所有服务器都是值得关注的，客户端与某些服务器通信时必然会产生与网页内容无关的背景流量，这些背景流量会阻碍后续的特征提取以及模型训练工作。

本研究将提供与网页内容强相关资源(如文本、图片、视频资源)的服务器定义为重点服务器。客户端与重点服务器通信的流量将会被准确锚定，并送入后续模块进一步地处理、识别。

为了保证后续模块构建的网页指纹的辨识度，本模块需要快速、高效地从流量数据中锚定到重点服务器流量，排除背景流量的干扰。本节首先将详细阐述基于早期 TLS 流量信息的服务器特征的构建方法；接着，介绍基于这种服务器特征如何构造特征向量，利用机器学习实现重点服务器流量的准确锚定。

9.4.1 基于早期 TLS 流量信息的服务器特征

要实现对重点服务器流量的锚定，首先需要从原始流量数据中区分出提供不同业务功能服务器的流量。由于 CDN 技术和负载均衡技术的广泛使用，本研究需要识别的重点服务器通常数量众多且 IP 地址会动态改变。这意味着按照五元组或通信 IP 地址对区分流量数据的传统流量分析方法难以满足本研究的要求。因此，为了更精准地分析不同服务器的流量特点，本研究设计了一种标识五元组流所属服务器业务功能的方法。

本研究利用客户端与服务器建立 SSL/TLS 连接时，客户端向服务器发送的 Client Hello 报文中包含的 SNI(Server Name Indication)字段信息建立五元组流与服务器业务功能的映射关系。该字段能很大程度上反映服务器所提供的业务功能。

图 9.5 给出了客户端在与存储京东商品图片的服务器通信时，Wireshark 采集到的 Client Hello 报文。可以看到，SNI 为 TLS 分片中从属于 Server Name 套件的一项扩展字段，其中以明文形式给出了服务器名称的具体信息。在本例中，服务器名称为：static. 360buyimg. com，名称中的“img”反映了该服务器提供图片服务的业务功能。Server Name 套件在标准文档 RFC 5246[2] 中被定义并推荐使用，主要用于保障本地证书识别。本研究通过解析 TLS 分片中包含的未加密的 SNI 信息，标识属于同类服务器的五元组流，以便后续分析。

虽然通过 SNI 信息已经能够根据业务类型筛选出重点服务器，但为了

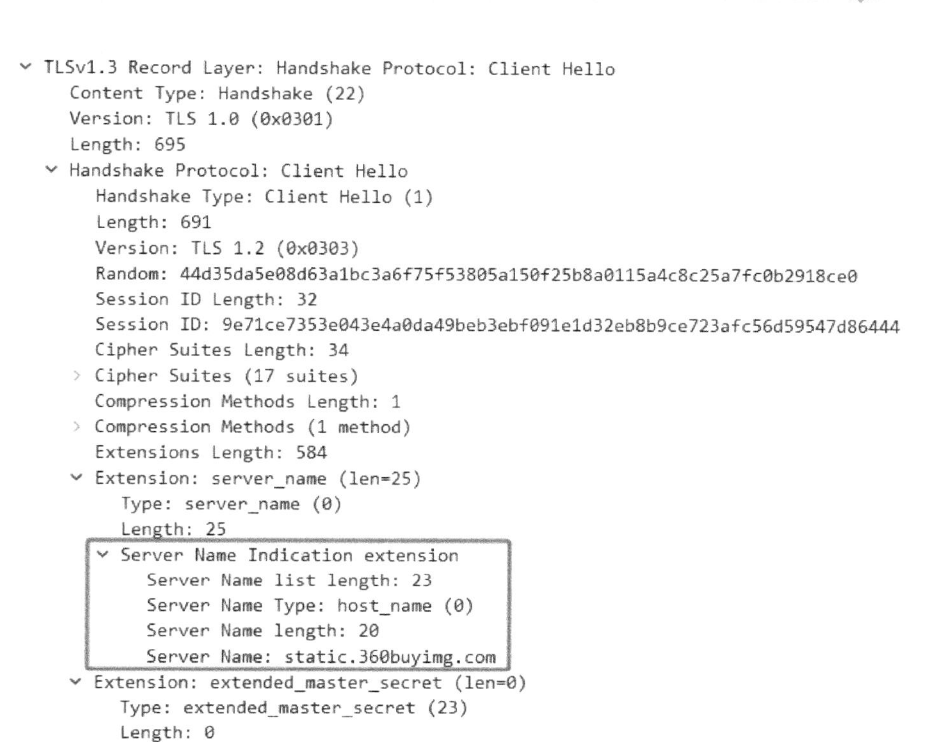

图 9.5　TLS 分片中 SNI 的具体信息

避免网站更改服务器名称以及 ESNI(Encrypted Server Name Indication)的影响,本研究不直接使用 SNI,而是通过构建流量特征,将 SNI 作为流量样本的标签,通过有监督学习完成重点服务器流量的锚定。由于本模块是网页内容指纹构建的前置步骤,需要严格控制时间开销。为了避免对后续任务的效率造成影响,本研究仅使用客户端与服务器建立 TLS 连接时的早期流量信息,主要是 TLS 握手部分的 TLS 分片长度信息构建重点服务器特征。

图 9.6 为一个典型的客户端与服务器建立 TLS 连接的实例。本研究将握手过程分为五个阶段,其中服务器握手、证书检验与密钥交换和应用数据传输产生的流量模式会因服务器的不同而存在较大差异。图 9.6 中标红部分为 TLS 握手流程中,可能包含服务器特征的步骤。

下面将详细分析每一阶段的流量模式:

1) 在服务器握手、证书检验与密钥交换阶段,服务器向客户端发送自己

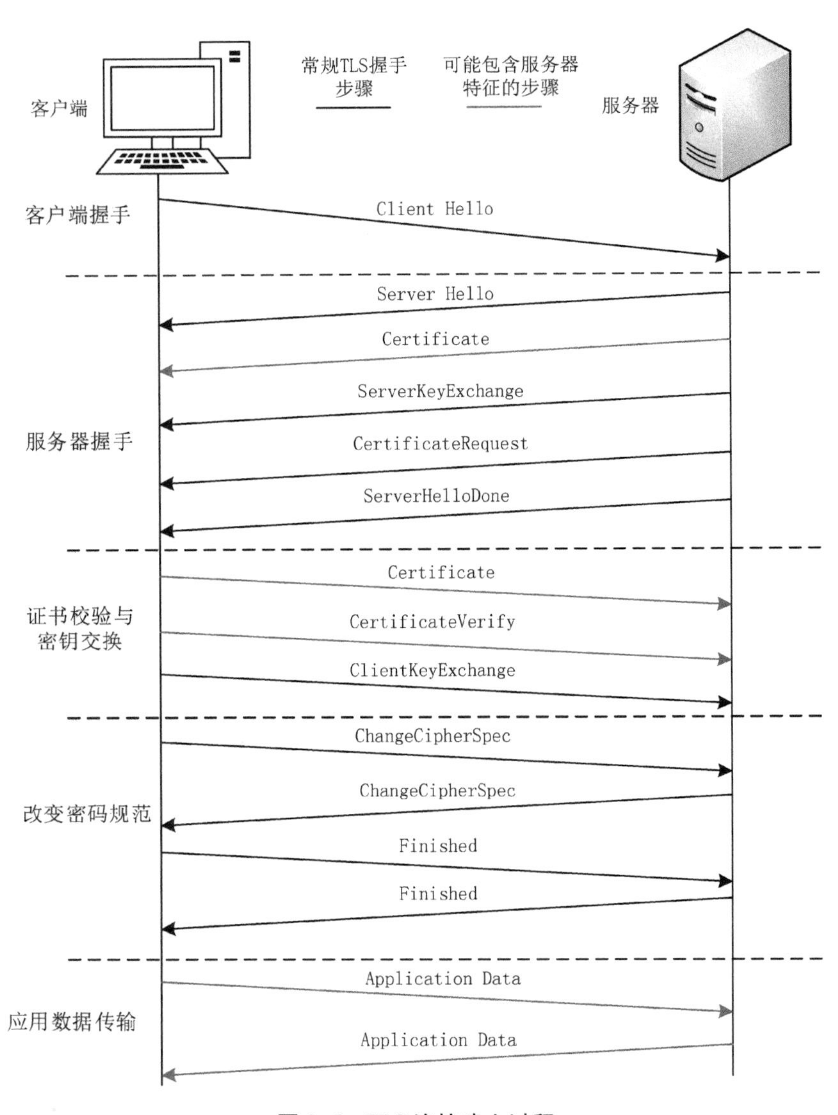

图 9.6　TLS 连接建立过程

的公钥证书，客户端验证通过后，会生成一个主密钥，并用服务器的公钥加密，然后发送给服务器。其中，公钥证书是由受信任的证书颁发机构(CA)签发的，用于防止中间人攻击的服务器凭证。而 CA 给不同网站颁发证书之间存在差异性，虽然在加密流量场景下无法获取证书的明文信息，但这种差异性依然会在传输过程中，体现在 TLS 分片的长度上。故本研究能够使用

TLS 分片长度刻画重点服务器在传输数字证书时的流量模式。

2）在应用数据传输阶段，客户端与服务器成功建立通信，可以开始传输应用数据。而在网页访问过程中，客户端与服务器建立连接的目的，必然是向该服务器请求与网页相关的服务和资源。属于不同业务功能的服务器，所提供的服务和资源必然存在差异性，故也能通过 TLS 分片的长度描绘重点服务器在传输应用数据时的流量特征。

3）在客户端握手与改变密码规范阶段，客户端与服务器主要完成加密套件版本协商和密钥交换的操作。由于加密套件的选择余地有限，且在此部分进行交换的大部分字段均为固定长度，故难以构建高辨识度的重点服务器特征。

综上分析，由于不同业务功能服务器的性能、软件配置、数字证书各不相同，在建立 TLS 连接和使用 TLS 连接传输数据时，其流量模式会有所差异。故本研究能够使用 TLS 分片长度序列表征重点服务器的流量模式。

9.4.2　基于机器学习的重点服务器流量准确锚定

9.3 节得到的 TLS 分片长度序列揭示了重点服务器的本质特征，但为了让机器学习和深度学习分类器建立流量特征与重点服务器标签之间稳定的映射关系，本章将进一步处理 TLS 分片序列，以构建更有利于模型训练的重点服务器特征。

客户端与服务器，特别是提供网页内资源的重点服务器交互时，往往不会只建立一条连接，因此在构建特征向量的过程中，需要综合考虑针对同一服务器的多条五元组流的影响。本章依据数据传输量，筛选出能代表重点服务器特点的五元组流。本章将传输数据量排名前 m 的五元组流定义为服务器流量数据的“代表流”。

为了保证特征精简有效，同时满足分类器的输入规范，本研究将限制 TLS 分片长度序列的长度。根据 9.4.1 节中的分析，不同服务器在建立 TLS 连接时就会体现出流量模式的差异，而由于其提供的服务和资源差异，传输数据产生的 TLS 分片长度序列不可控。因此，本研究将保证 TLS 分片长度序列包含连接建立阶段的所有 TLS 分片，且包含数据传输阶段的部分

TLS 分片。本研究根据 TLS 协议的通信规范截取 TLS 分片长度序列，以形成有利于模型处理的特征向量。在得到传输数据量排名前 m 的服务器"代表流"后，取 TLS 分片长度序列的前 n 项作为特征向量，若序列长度小于 n，则用 0 填充。其中，n 的取值范围限定在 [10, 60]，即本方法至多需要 60 个 TLS 分片长度即可构建重点服务器特征。

综上所述，本章提出的重点服务器特征构建方法如算法 9.1 所示。

算法 9.1　重点服务器特征构建

输入：包含多条 TLS 分片长度序列的列表 L，代表流数量 M，TLS 分片长度序列 N

输出：重点服务器特征 Server_Features

1：**function** Get_Server_Features (L, M, N)
2：**Initialize** Priority Queue：q
3：**for** seq **in** L **do**
4：　　seq_sum ← sum(seq)
5：　　q. put(−seq_sum, seq)
6：end for
7：**Initialize** list：TopM_L
8：**for** i **in** [0, M) **do**
9：　　TopM_L. append(q. get()[1])
10：end for
11：**Initialize** list：features, Server_Features
12：**for** i **in** [0, M) **do**
13：　　sequence ← TopM_L[i]
14：　　**for** j **in** [0, N) **do**
15：　　　　**if** j < len(sequence) **then**
16：　　　　　　features. append(sequence[j])
17：　　　　**else**
18：　　　　　　features. append(0)
19：　　　　**end if**
20：end for
21：Sever_Features. append(features)
22：end for
23：**return** Server_Features

从算法 9.1 中可知，本研究利用优先队列实现了从列表 L 中提取 TLS 分片长度之和最大的 M 条 TLS 序列。其中优先队列 q 在执行入队操作时，取序列长度之和的相反数作为队列数据的优先级，这是因为在优先队列中，数值越小优先级越高。在遍历完列表 L 后，只需要对先队列 q 执行 M 次出队操作，就能将“代表流”保存在 $TopM\_L$ 中。接下来，对 $TopM\_L$ 中的 M 条 TLS 分片长度序列进行处理，将其中长度大于 N 的序列截断至 N，小于 N 的序列用 0 填充至 N。 最终形成的重点服务器特征存储在 Sever_Features 中。

图 9.7 为构建重点服务器特征的一个具体实例，在本例中 $m=3, n=20$。 在捕获到服务器访问流量后，首先将其按五元组流构造 TLS 分片长度序列，并按照传输数据量对其进行排序。将传输数据量最多的 3 条流作为“代表流”，截取序列的前 20 项，不足 20 项的序列用 0 填充。最后，将 3 个等长的 TLS 分片长度序列按顺序拼接成 1 维向量。至此，就得到了一条重点服务器特征。

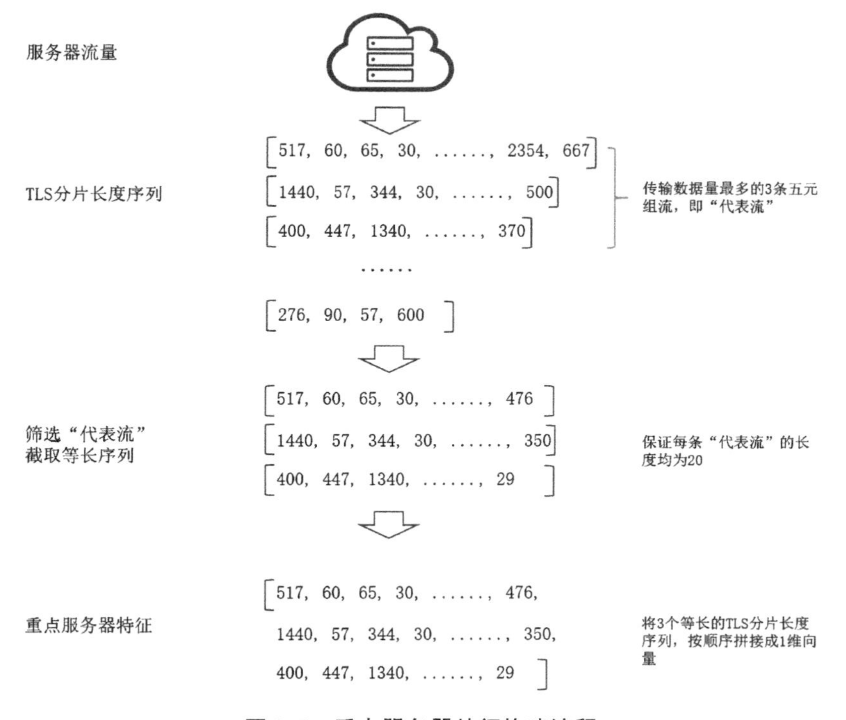

图 9.7　重点服务器特征构建流程

在完成重点服务器特征建构后，将它们与基于 SNI 构建的标签一起送入机器学习或深度学习模型中进行训练，最终实现重点服务器流量的准确锚定。

9.5 基于网页内容指纹的细粒度网页精准识别

在完成对重点服务器流量的锚定后，就能够排除背景流量的干扰，有利于本节实现细粒度网页的精准识别。与网站识别不同，细粒度的网页识别需要区分布局、框架，甚至页面内容高度相似的同网站下的网页。这就要求本研究所提取的网页流量特征对于同网站下的相似网页仍能具备较高的辨识度。

要实现细粒度的网页识别，就要保证从网页流量中提取的流量特征具有较高的"辨识度性"，而不同网页的"辨识度"正是由网页内资源的独特性决定的。然而，并非所有网页内资源都能刻画网页的本质特征，这使得网页内资源特征中可能存在混淆分类器的无效特征。为了保证最终特征的有效性，本研究首先从网页流量中提取资源特征，接着从网页内资源特征中筛选出与网页内容强相关的流量特征。

如图 9.8 所示，经过筛选后的网页内资源特征就是本研究最终使用的网页内容指纹。

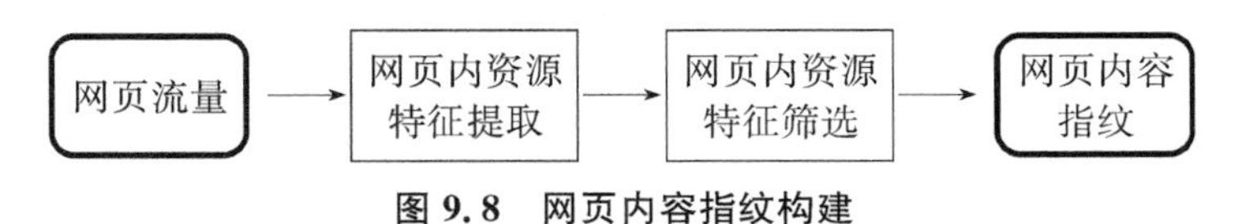

图 9.8　网页内容指纹构建

首先，本节将介绍利用 TLS 分片的组合长度刻画网页内资源特征的方法，网页内资源特征是构建网页内容指纹的基础；接着，设计算法分别在网页层次和服务器层次统计网页内资源特征中 TLS 分片长度的频繁项，利用这两种频繁项锚定静态资源、排除无关资源，以找到网页内资源特征中能代表网页内容本质的网页内容指纹；然后，结合网页内资源特征和多层次频繁

项筛选方法，提出了基于 TLS 分片频率特征的网页内容指纹构建方法；最终，利用网页内容指纹训练机器学习或深度学习模型，以实现细粒度网页精准识别。

9.5.1　基于 TLS 分片组合长度的网页内资源特征提取

如图 9.9 所示，一个网页通常包含一个 HTML 文件和许多其他资源，如图片、视频、JavaScript 脚本或者 CSS 文件。如果我们能够精准地表征网页内的所有资源，也就能准确地分辨不同的网页。但是，在实际应用过程中，由于加密协议的广泛部署，直接获取到这些网页资源几乎是不可能的，但找到这些资源在传输过程中的流量表征对构造网页流量特征依然十分重要。因此，本研究将通过提取网页内资源特征刻画不同网页访问的流量模式。

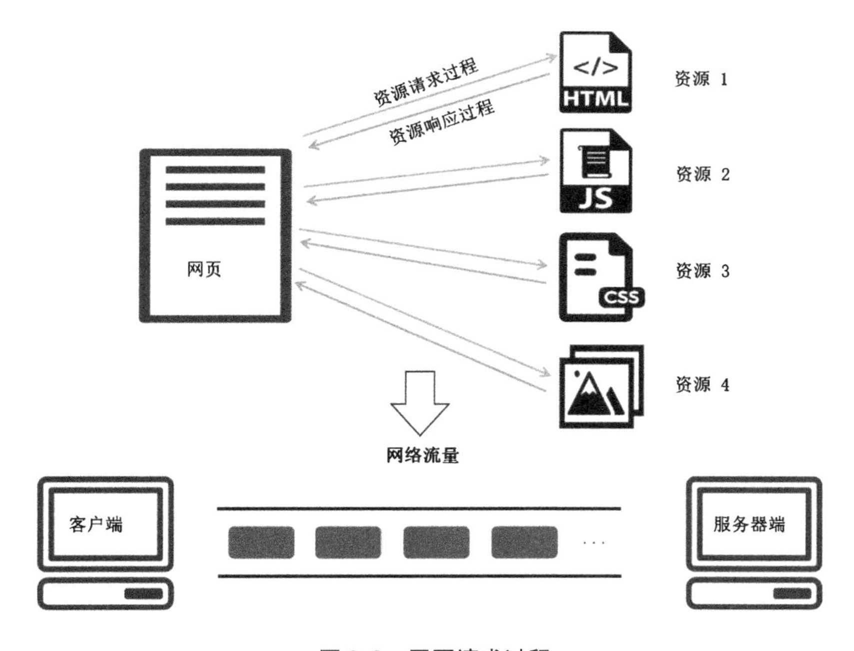

图 9.9　网页请求过程

一个网页资源在网络传输过程中可以被看作是一个应用层数据单元(Application Data Unit, ADU)。在应用层数据的网络传输过程中，通常会经过不同网络协议的逐层封装，再进入传输链路。图 9.10 为一个 ADU 经过 HTTP 层、TLS 层和传输层的处理后，最终形成传输层数据包的过程。HTTP 协议，TLS 协议和 TCP 协议会将头部信息逐个添加到 ADU 上，相应地形成每层的协议数据单元(Protocol Data Unit，PDU)。在实际应用过程中，由于不同设备的处理能力和传输链路的网络环境复杂多变，各层 PDU 在下层被进一步封装时，通常会被重新组合到不同的较低层 PDU 中。这就导致了处于较低层次的 PDU 更容易累积多余的干扰信息，也就更难以体现 ADU 的特点。因此，本研究不采用流量分析领域较为常见的网络层或传输层的数据包特征，而是尝试还原更贴近 ADU 的处于 TLS 层的 TLS 分片，并选择 TLS 分片的有关信息提取网页内资源特征。

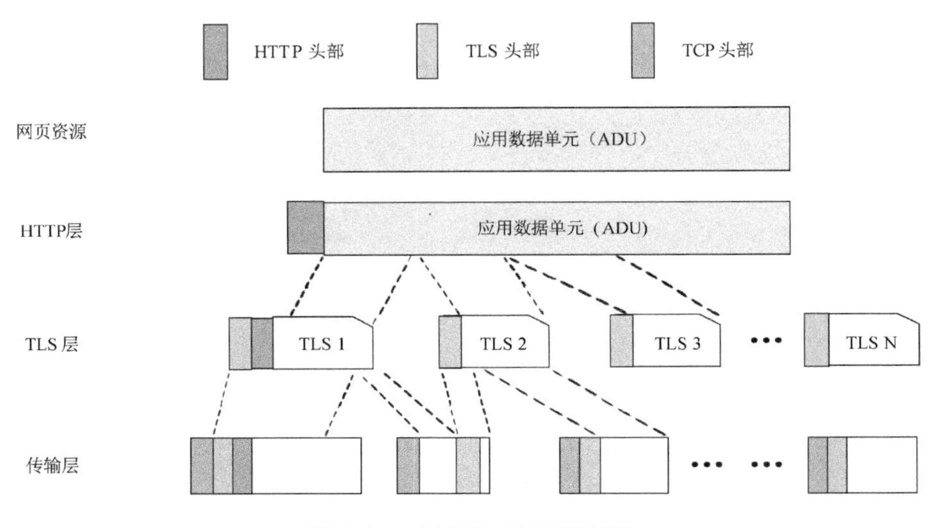

图 9.10　ADU 的分层封装过程

由于不同资源所包含信息的差异，其文件大小通常也不相同，本章通过刻画网页内资源的长度特征来表征网页内资源。根据上文分析，TLS 分片相较于更低层次的 PDU 更能表现 ADU 的特点，因此，本研究最终选择使用 TLS 分片的长度信息来刻画网页内资源特征。由于真实世界中的网页资源内容丰富，当一个网页资源被封装入一个 ADU 后，通常需要由多个 TLS 分片进行传输。因此，本研究将提取 TLS 分片长度序列构建网页内资源特征。本研究利用 9.3 节中给出的 TLS 长度还原方法，构造 TLS 分片长度序列。

虽然标准文档 RFC 5246[2] 中规定，TLS 分片的最大传输长度为 2^{14}B，

即16 KB,但在实际传输过程中,服务器并不一定按照最大传输长度构造TLS分片,不同的网站会根据资源属性和服务器属性采用不同的切分规范。一个网页资源,通常会被封装在若干连续且等长的TLS分片中,剩余达不到切分长度的部分以一个较短分片的形式存在。若某网站存在上述切分现象,只要该网站下的网页所包含资源数量足够多,体量足够大,承载网页资源的连续等长TLS分片必定在TLS分片长度序列中占有较高的比例。本研究将这种在传输过程中高频出现的TLS分片,定义为“TLS传输频繁项”。

为了验证网页传输过程中,TLS传输频繁项存在的普遍性,本研究针对国内外知名网站进行了测量实验,并通过统计TLS传输频繁项来刻画这一现象。首先,本研究根据Alexa Top sites排名[3],选择了10个知名网站,其中包含国内网站和国外网站各5个。接着,使用Python程序控制浏览器,依次访问这些网站的首页,并使用Wireshark采集流量过程中产生的流量,为了保证结果的健壮性,每个网站的访问流量将被重复采集5次。在还原出TLS分片长度序列后,统计其中特定长度TLS分片的出现频率,并将其中出现频率较高的,连续等长TLS分片记作TLS传输频繁项。表9.1展示了这10个平台的TLS传输频繁项的出现情况及其占比。可以看到这10个网站均呈现出较为显著的,将网页资源切分为连续等长TLS分片的现象。其中,大部分网站TLS传输频繁项的占比超过了70%。而QQ、知乎、Wikipedia中传输频繁项占比较小,但也超过了40%,其原因可能为这三个网站的首页包含资源体量较小,多为文字信息而不是图片和视频,故不需要进行切分。

表9.1 国内外知名平台中TLS传输频繁项的占比

	网站	Alexa排名	TLS传输频繁项	占比(%)
国内	哔哩哔哩	4	16 391,43	71
	QQ	6	8 192	45
	知乎	8	16 384	40
	京东	28	16 384	74
	微博	29	8 192	84

（续表）

	网站	Alexa 排名	TLS 传输频繁项	占比(%)
国外	Google	1	1 378	78
	YouTube	2	1 186	70
	Facebook	5	8 214	79
	Wikipedia	9	2 896	46
	Yahoo	16	1 300	78

进一步地，本研究对 Alexa Top 100 的网站进行了测量实验。在本实验中，同样利用 TLS 传输频繁项来刻画网站的切分行为。首先，采集 Alexa Top 100 网站内随机页面的访问流量，并还原出相应的 TLS 分片长度序列。若该网站的 TLS 分片长度序列中，TLS 传输频繁项的占比超过 40%，则认为该网站存在上述切分行为。经实验统计，Alexa Top 100 的网站中存在切分行为的比例超过 80%。实验表明，这种基于特定 TLS 长度的切分现象在国内外许多知名网站中普遍存在。

连续的等长 TLS 分片长度序列及其后续一个较小的 TLS 分片，通常为同一 ADU 划分的结果。为了更好地展现 ADU 的特点，同时也为了精简特征向量，本研究将网页访问过程中产生的 TLS 传输频繁项进行合并，构造了 TLS 分片的“组合长度”，并将 TLS 分片组合长度序列作为最终的网页资源指纹。

算法 9.2 详细描述了基于 TLS 分片组合长度的网页内资源特征提取过程。算法中引入参数 θ_1 表示 TLS 传输频繁项统计阈值，当传输过程中特定长度的 TLS 分片出现频率超过 θ_1，则将其记作 TLS 传输频繁项。

算法 9.2　基于 TLS 分片组合长度的网页资源提取

输入：TLS 分片长度序列 T，TLS 传输频繁项阈值 θ_1

输出：TLS 分片组合长度序列 T_{merge}

1：**function** Get_Resources_Features (T,θ_1)

2：**Initialize** set：trs_frequent_item //初始化 TLS 传输频繁项集合

3：counter_dict ← Counter(T) //计算序列 T 中每个值出现的次数

4：**for** item **in** counter_dict **do**

（续表）

```
5:      if item[1] > θ1 then //item[1]保存 TLS 分片长度的出现次数
6:          trs_frequent_item.add(item[0]) //item[1]保存 TLS 分片长度的数值
7:      end if
8: end for
9: Initialize result list: T_merge //初始化 TLS 分片组合长度序列
10: for value in T do
12:     if value in trs_frequent_item then
12:         frequent_item_merge += value
13:     else if frequent_item_sum ! = 0 then
14:         T_merge .add(frequent_item_ merge)
15:         frequent_item_merge ← 0
16:     else
17:         T_merge .add(value)
18:     end
19: end for
20: return T_merge
```

从算法 9.2 中可知，本研究使用 counter_dict 储存在一个 TLS 传输连接中所出现的 TLS 分片长度的数值和次数。当某个 TLS 分片长度出现次数超过 θ_1 时，就将其添加到 TLS 传输频繁项集合 tls_frequent_item 中。接着，遍历初始的 TLS 分片长度序列 T，并将序列中在 TLS 传输频繁项集合内的 TLS 分片长度合并。组合后的 TLS 分片长度被存储在 TLS 分片组合长度序列 T_{merge} 中，并作为最终的网页内资源特征返回。

图 9.11 给出了基于 TLS 分片组合长度提取一个网页内资源特征的简单实例。一个图片资源在 TLS 层被切分，并由 4 个 TLS 分片传输。这 4 个 TLS 分片的长度分别是 1 300 B，1 300 B，1 300 B 和 320 B。因此，构造得到表征该图片资源的 TLS 分片长度序列为[1300，1300，1300，320]。进一步地，通过分析在本次传输过程中 TLS 长度的出现频率，发现 1300 为高频出现的长度，故将序列中连续出现的 1300 及其之后的 320 进行组合，最终形成的特征向量为[4220]。注意，为方便展示，本实例中的 TLS 分片长度序列远短于真实流量数据中形成的 TLS 分片长度序列。

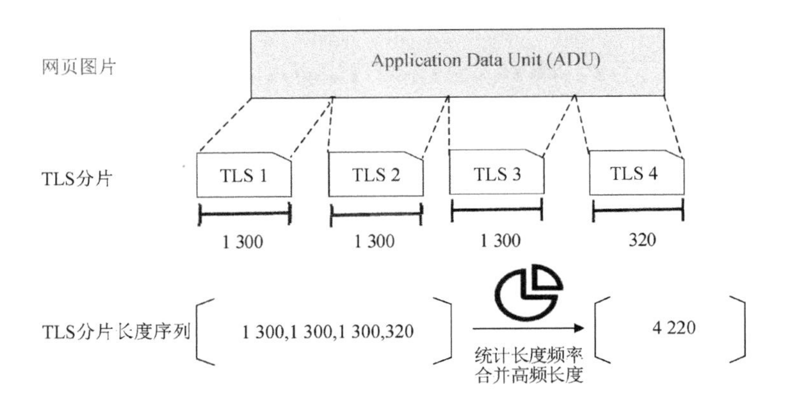

图 9.11　TLS 传输频繁项合并

9.5.2　基于网页频繁项的静态资源锚定

在 9.5.1 节我们提到，不同网页的“独特性”是由网页内资源的独特性决定的，但是，只有那些静态的资源才适合作为网页内容指纹的表征对象。所谓静态资源，指的是页面中不会轻易改变的资源，如商品的图片或介绍视频。而与之对应的，是嵌入在网页中的动态资源，如排名信息，热门话题，或者广告信息，这些资源会随着用户的访问行为，访问时间的改变而发生较大的变化。如果将动态资源作为特征工程的对象之一，那么其动态变化的特质将会导致特征向量中出现随机的数据，这无疑会降低分类器的有效性。因此，本研究将锚定网页内的静态资源，从网页内资源特征中筛选出静态资源特征。

要筛选出网页内的静态资源，就需要通过流量分析的方式，刻画对同一网页的多次访问过程中重复出现的网页资源。本研究使用 TLS 分片组合长度序列来表征网页内的资源，因此，在对同一网页多次访问过程中，能够得到与该网页内资源相关的多条 TLS 分片组合长度序列构成的序列集合。本研究设计了一种基于频率的筛选方法，通过统计 TLS 分片长度在属于同一网页多次访问的序列集合上的频率分布，找到能够代表网页内容本质属性的静态资源。

如图 9.12 所示，在对某网站下同一网页的多次访问过程中，形成了多条

TLS 分片组合长度序列。由于页面中的文档资源和图片资源在多次访问过程中并没有发生改变，因此，与这两种资源长度相关的 TLS 分片长度值：1346，596，9963，150 每次都会在 TLS 长度序列中出现，它们即是序列中的“频繁项”。而网页中的推荐排名和广告会随着访问时间的变化而不断改变，表征这两种资源的 TLS 分片长度值不会重复出现，它们即是序列中的“非频繁项”。这种频率分布规律揭示了静态资源的流量表征。

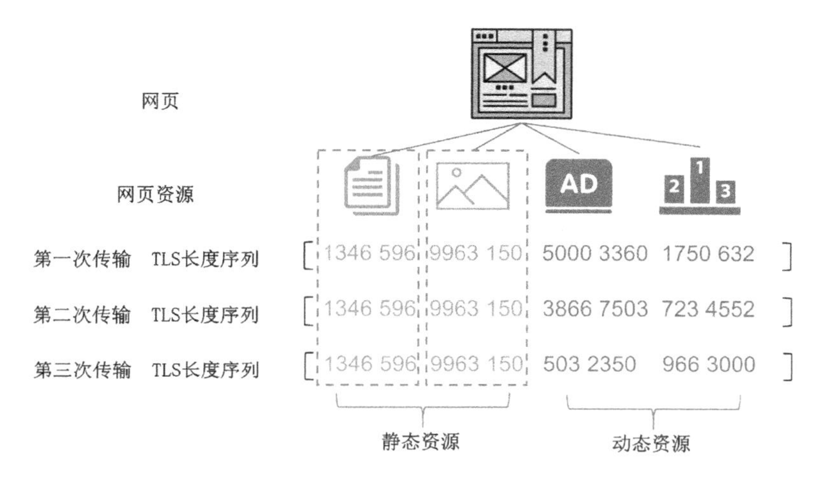

图 9.12　静态资源表征

本研究将对同一网页多次访问产生的 TLS 分片组合长度序列中，高频出现的 TLS 分片长度称作“网页频繁项”。根据上文分析，网页频繁项表征了网页内静态资源的特征。下面介绍基于网页频繁项的静态资源表征方法。根据 9.3 节提出的 TLS 还原方法，构造网页的 TLS 分片长度序列。用 $T_w=(w_1, w_2, \cdots, w_n)\ (n>0)$ 表示属于同一网页多次访问形成的序列集合。接着，依次遍历序列集合 T_w 中的 TLS 分片长度序列，计算序列中不同 TLS 分片长度的出现频率。本研究将在序列集合 T_w 中出现频率超过 θ_2 的 TLS 分片长度称作“网页频繁项”。每个网页中出现频率超过 θ_2 的 TLS 分片可能有多个，故通常情况下每个网页会得到的网页频繁项都是一个 TLS 分片集合。这样的网页频繁项集合，即是表征网页内静态资源的特征集合。

9.5.3 基于服务器频繁项的无关资源排除

与传统的网站识别不同，细粒度的网页识别需要分类器能够区分同网站下相似的网页。尽管利用网页频繁项已经能够锚定网页内的静态资源，但这些静态资源仍然可能包含不能刻画网页内容的无关资源。这是因为，同属一个网站下的不同网页，有时会请求完全相同的网页资源，如网站框架，网站 logo 或用户登录窗口等信息。这些资源虽然是网页的静态资源，但与网页内容无关，无法表征网页的本质特征，故本研究将其定义为“无关资源”。

无关资源在对同一网页的多次访问过程中同样会被重复传输，根据 9.5.2 节的统计流程，网页频繁项必然包含部分无关资源。若将无关资源视作网页指纹，显然会降低分类器的识别效果，在构造特征向量的过程中应当予以排除。

图 9.13 给出了某购物网站中的不同商品页向服务器请求网页资源的示意图。商品页 1 和商品页 2 都需要向 JS 服务器请求动态加载脚本，以实现页面的基本交互与动态效果。与之相对的，虽然两个网页都与图片服务器进行了通信，但由于页面展示商品的差异，事实上请求的图片并不相同。在本例中，两商品页向图片服务器请求的商品图片为能够刻画网页内容的静态资源，其流量特征应当保留；而它们向 JS 服务器请求的 JS 脚本虽然是静态资源，但无法表征网页内容，是无关资源，应当予以排除。

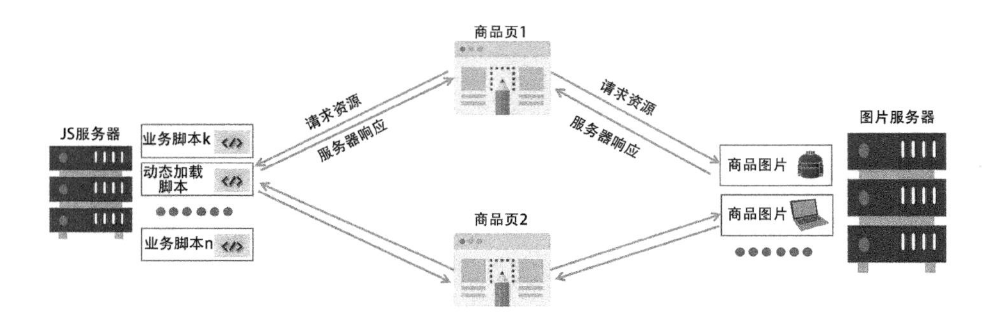

图 9.13 网页资源请求示意图

为了排除无关资源的干扰，首先需要从原始流量数据中找到属于不同服务器的流量。本研究使用 9.3 节给出的方法，利用 TLS 连接中 Client Hello 报文包含的 SNI 字段信息建立五元组流与服务器的映射关系。在区分出属于同一服务器的流量后，就能够还原出 TLS 分片组合长度序列，刻画与服务器相关的流量特征。

本研究将对同一服务器多次访问产生的 TLS 分片组合长度序列中，高频出现的 TLS 分片长度称作"服务器频繁项"。根据上文分析，服务器频繁项体现了静态资源中无法表征网页内容的无关资源的流量特征。记 s_i 为与第 i 个服务器相关的所有 TLS 分片长度序列的集合，T_s 为所有服务器包含的全部 TLS 分片长度序列的集合，$s_i \in T_s = \{s_1, s_2, \cdots, s_k, k \in \mathbf{N}\}$。依次遍历集合 T_s 中的代表各服务器流量特征的 s_i，计算 s_i 中不同 TLS 分片长度的出现频率。本研究将在序列集合 s_i 中出现频率超过 θ_3 的 TLS 分片长度记作服务器频繁项。

根据前文分析，同网站下的不同网页访问的服务器存在交集，故 s_i 中的 TLS 分片长度序列可能来自不同页面的访问行为。而不同页面所"共有"的服务器频繁项，显然就是"无关资源"的流量表征，它们可能刻画的是共有网站资源或与服务器相关资源的流量特征。在同一服务器下，出现频率超过 θ_3 的 TLS 分片可能有多个，故通常情况下每个服务器得到的服务器频繁项都是一个 TLS 分片集合。因此，将这类特征从网页频繁项集合中剔除后，就能排除静态资源中无关资源的干扰。

9.5.4　基于 TLS 分片频率特征的网页内容指纹构建

本章在 9.5.1 节中提出了网页内资源特征技术，在 9.5.2 节提出了静态资源锚定技术，在 9.5.3 节提出了无关资源排除技术。这三种技术分别在 TLS 传输层次、网页层次和服务器层次统计了 TLS 分片长度的出现频率，且都利用频率信息修正了初始的 TLS 分片长度序列。为了让机器学习和深度学习分类器建立流量特征与网页标签之间稳定的映射关系，本研究综合利用这三种技术，提出了一种基于 TLS 分片频率特征的网页内容指纹构建方法。

算法 9.3 给出了基于 TLS 分片频率特征的网页内容指纹构建方法。

算法 9.3 基于 TLS 分片频率特征的网页内容指纹构建方法

输入：某网页产生的网页内资源特征 S，网页频繁项集 W，服务器频繁项集 F

输出：表征该网页本质特征的网页内容指纹 fingerprint

```
1: function Get_Fingerprinting(S,W,F)
2: Initialize result list: fingerprint
3:     for tls_fragment_length in S:
4:         if tls_fragment_length in W:
5:             if tls_fragment_length not in F:
6:                 fingerprint.append(tls_fragment_length)
7:             end if
8:         end if
9:     end for
10: Return fingerprint
```

从算法 9.3 可知，在得到网页内资源特征后，本研究并不直接将其视作网页内容指纹。而是先筛选出网页内资源特征中属于网页频繁项集 W 的 TLS 分片长度，这是将特征锚定在网页内静态资源上；接着，排除属于服务器频繁项集 F 的 TLS 分片长度，这是排除特征中无关资源的干扰；最终，将频率特征返回，作为本研究用于细粒度网页识别的网页内容指纹。

图 9.14 给出了一个网页内容指纹构建的实例。

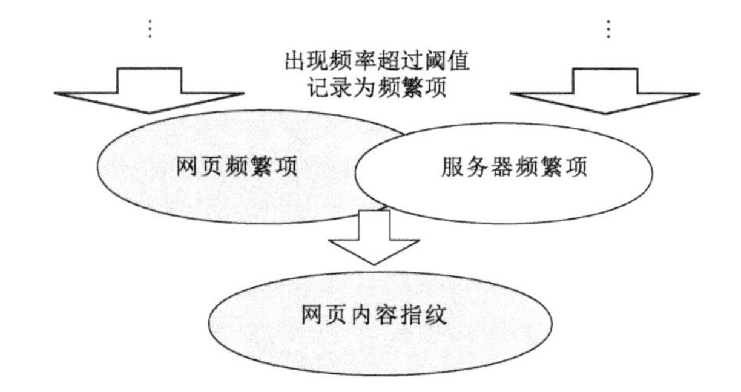

图 9.14 训练阶段网页内容指纹的构建方式

首先,统计网页内资源特征在网页层次不同长度TLS分片的出现频率,将出现频率超过θ_2的TLS分片加入网页频繁项集合。接着,统计流量数据在服务器层次不同长度TLS分片的出现频率,将出现频率超过θ_3的TLS分片加入服务器频繁项集合。在本例中,若阈值θ_2和θ_3均被设置为50%,则长度为79的TLS分片会同时出现在网页频繁项集合和服务器频繁项集合中,故在构建频率特征时作为干扰项移除。最后,取网页频繁项集合与服务器频繁项集合的差集,得到网页内容指纹。

9.5.5　细粒度网页精准识别模型构建

在得到了网页内容指纹后,就能够通过训练机器学习和深度学习模型,建立流量特征与细粒度网页标签之间的映射关系。在模型训练完成后,就能够被部署在真实的网络环境中,并在加密流量场景下完成对细粒度网页的精准识别。

为了保证分类器的最终识别效果,本研究既构造了传统的机器学习模型,也使用了深度学习模型作为备选分类器。各分类器的具体性能对比将在后面的9.6.5.1节详细阐述。

本研究利用Python中的sklearn库构造机器学习模型。在综合考虑各机器学习模型与流量分类的契合程度后,本研究选择了K近邻算法、朴素贝叶斯算法和随机森林算法作为备选分类器。其中,K近邻算法是基于样本间的距离度量,通过不断调整类心位置直到形成稳定分组的过程。Panchenko等人在文献[4]中提出的网站指纹构建方法中,就使用了K近邻算法作为分类器。朴素贝叶斯算法是一种利用贝叶斯定理,使用概率统计知识的分类方法。它通过逐步计算样本的先验概率和后验概率,最终得到样本数据属某一类别的概率。随机森林算法是一种利用多棵决策树的综合投票结果对样本进行训练并预测的分类器。它根据样本特征在特定准则下的计算结果逐步形成树状结构,最终属于同类别的样本会落在决策树的叶结点上。随机森林算法被广泛使用于流量分类领域,由于其在决策树的基础上引入了Bootstrap机制,故该模型具有较强的健壮性和泛化能力。Shen等人在文献[5]中提出的细粒度网页指纹的构建方法中就使用了随机森林模型作为分类器。

本研究利用 Python 中的 keras 库构造深度学习模型，这是因为在样本特征辨识度足够高的情况下，无需过于复杂的结构即可实现准确分类。因此，为了保证模型的分类效率，本研究建了一个结构较为精简的卷积神经网络模型。卷积神经网络通常被应用于图像识别领域，其原理是通过卷积核与矩阵中的不同位置的运算结果，从矩阵中抽象出有效特征。与图片数据类似，网络流量数据同样具有数据量大，发现有效特征困难的特点，故卷积神经网络同样可以应用与流量分类领域。Shen 等人在文献[6]中提出的基于深度学习的细粒度网页识别方法，便是使用结构较为精简的卷积神经网络，实现了准确率较高的细粒度网页识别模型。

9.6 实验与分析

9.6.1 实验环境与场景说明

关于细粒度网页识别模型的性能评估，通常建立在两个场景下：封闭世界场景和开放世界场景。在封闭世界场景中，存在一个已知的“受监控网页”列表，用户只会访问该列表中的网页，分类器需要精确地判断用户访问了列表中的哪个网页，本质上是一个多分类问题。在开放世界场景中，同样存在一个已知的“受监控网页”列表，但用户可以访问互联网中的任意网页。本研究将不在“受监控网页”中但被用户访问到的网页定义为“非监控网页”。分类器需要判断用户访问的网页是否在受监控网页列表中，本质上是一个二分类问题。

本研究基于 TLS 分片频率特征，提出了一种新的细粒度网页识别模型 T-WPF。为了综合评估本章模型 T-WPF 的性能，本章选择了相关工作中三个基于真实存在的知名网站和网页数据构造的识别方法进行了比较。现有工作中仅有少量研究实现了细粒度网页识别，因此，本章选择了在细粒度

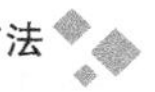

网页识别领域效果最好的模型 FineWP[5] 作为主要的对比对象。同时，也与两个基于深度学习的网站识别模型 DF[7] 和 Var-CNN[8] 进行了对比。下面介绍各模型的详细情况：

— FineWP 是一个细粒度的网页识别模型。它利用网页资源请求过程中上行流量持续时间和累计长度的差异构造了高辨识度的统计特征。该模型是现有的细粒度网页识别模型中识别效果最好的模型。

— DF 是一个基于深度学习的网站识别模型。它利用数据包的方向特征作为基础特征，并使用卷积神经网络进一步提取高维特征。该模型在 Tor 流量场景下实现了超过 98%的网站识别准确率。

— Var-CNN 是一个基于卷积神经网络的网站识别模型。它利用从数据包中提取的统计特征，使用了比 DF 更先进的卷积神经网络 ResNet，使得它在训练样本数量较少的情况下仍能取得较好的识别效果，且显著降低了模型的误判率。

本研究同时构造了机器学习分类器和深度学习分类器作为本章识别模型 T-WPF 的备选分类器。本章采用三种机器学习算法构造识别模型，分别是随机森林、朴素贝叶斯和 K 近邻。构建机器学习模型的具体参数在表 9.2 中给出。

表 9.2　机器学习模型参数

分类器	参数
随机森林	max_features='auto', criterion='gini', random_state=0, n_estimators = 200
朴素贝叶斯	BernoulliNB, alpha=1.0, binarize=0.0, fit_prior=True, class_prior=None
K 近邻	k=5, algorithm='brute', weights='uniform'

本章的深度学习分类器基于卷积神经网络(Convolutional Neural Networks, CNN)构造得到，CNN 结构中具体的参数在表 9.3 中给出。输入神经网络的数据为处理后的、非等长 TLS 分片长度序列，在经过 Embedding 层后，得到等长的张量。张量特征在经过 tanh 激活函数做非线性转化后，由一维卷积层进一步提取高维特征。最大池化层(MaxPooling)

在 CNN 中能进一步提取最重要的特征信息，并减小特征维度。模型反复堆叠卷积层和池化层以提取更复杂的特征，增加模型健壮性。最后，在输出分类结果前，加入 Dropout 层，防止模型对训练数据过拟合。

表 9.3 深度学习模型参数

结构名	参数
Input	input_shape = (features_len,1), padding = 'same',
Activation	'tanh'
Convolution1D	filters=16, kernel_size=128,strides=1
MaxPooling1D	strides=2, padding='same'
Flatten	None
Dropout	0.5
Activation	'tanh'
Dense	unit=60
Activation	'softmax'
Dense	unit=num_classes
Optimizer	Adam
Loss	categorical_crossentropy

本研究将所有模型部署在高性能服务器上，服务器的具体配置如表 9.4 所示。

表 9.4 实验环境硬件配置

名称	类型
CPU	Intel Core i9. 13900KF@3GHz
内存	64GB
显卡	NVIDIA GeForce RTX 4090
操作系统	Windows 10

9.6.2 数据集

现有的公开数据集均是为网站识别设计的，且仅提供网站主页的统计

特征，而不是原始的数据包。这意味着，没有任何公开数据集能够被用于测试本研究模型的服务器识别和细粒度网页识别能力。因此，本研究在真实网络环境中，构建了 2 个服务器数据集，和 3 个细粒度网页数据集。其中，服务器数据集和细粒度网页数据集均包含了封闭世界场景和开放世界场景。

9.6.2.1　服务器数据集

为了评估模型的重点服务器流量锚定能力，本研究构建了 1 个封闭世界服务器数据集和 1 个开放世界服务器数据集。这些数据集按照 7∶3 的比例划分为训练集和测试集。表 9.5 给出了本研究采集的服务器数据集的详细情况。

表 9.5　服务器数据集

数据集		服务器数量	每个标签包含的样本数	样本总数
server-CW		100	100	10 000
server-OW	重点服务器	100	100	10 000
	非重点服务器	7 816	1	7 816

在封闭世界场景中所有样本均为“重点服务器”，这些服务器为 Alexa Top 中排名前 100 网站的资源服务器。本研究利用爬虫依次访问这些网站，选择其中传输数据量最大的服务器作为重点服务器。在选定重点服务器后，对同一网站重复访问 100 次，筛选出其中属于重点服务器的流量数据，并根据 TLS 连接中的 SNI 信息打上标签，得到 10 000 个样本数据。最终形成的数据集被命名为 server-CW。

在开放世界场景中，增加 Alexa Top 中排名前名 1 万的网站，选择网站访问过程中传输数据量最大的服务器作为“非重点服务器”。这些网站中 7 916 个仍能被正常访问，排除掉包含“重点服务器”的 100 个网站后剩余 7 816 个。由于该场景下分类器不关心“非重点服务器”的具体内容，因此对于“非重点服务器”的流量数据仅采集一次，采集方式与重点服务器流量数据相同。最终形成的数据集被命名为 server-OW。

9.6.2.2　细粒度网页数据集

为了评估本章所提出的 T-WPF 和其他识别模型的细粒度网页识别能

力，本研究参考了现有的网页识别工作，构建了包含多个知名网站的细粒度网页数据集。本研究选择了与 Shen 等人在文献[5]中相同的两个网站(京东和雅虎)采集细粒度网页流量数据，并进一步扩展了数据集包含的网页数量。

本研究通过爬虫访问上述 2 个网站并采集流量数据，构造了 2 个封闭世界网页数据集和 1 个开放世界网页数据集。这些数据集按照 7∶3 的比例划分为训练集和测试集。表 9.6 介绍了各网页数据集的详细情况。

表 9.6　网页数据集

<table>
<tr><th colspan="2">数据集</th><th>网页数量</th><th>标签数量</th><th>每个标签包含样本数</th><th>样本总数</th></tr>
<tr><td colspan="2">JD</td><td>360</td><td>360</td><td>30</td><td>10 800</td></tr>
<tr><td colspan="2">YH</td><td>321</td><td>321</td><td>30</td><td>9 630</td></tr>
<tr><td rowspan="2">page-OW</td><td>受监控页面</td><td>360</td><td rowspan="2">2</td><td>360</td><td>10 800</td></tr>
<tr><td>非监控页面</td><td>17 916</td><td>17 916</td><td>17 916</td></tr>
</table>

在封闭世界场景下，同一网站中的所有被采集页面都是需要准确识别的“受监控页面”。本研究从 2 个网站中随机选择一定数量的页面，对每个页面进行多次访问，并将采集到的流量样本在网页粒度打上标签。最终形成 2 个封闭世界数据集，本研究分别将它们命名为 JD 和 YH。

在开放世界场景下，需要从占比较大的“非监控页面”流量中，识别到“受监控页面”的访问行为。本研究将 JD 数据集中的 360 个页面作为“受监控页面”。为了验证模型在开放世界场景下判断相似页面流量的能力，“非监控页面”的数据分为两部分。第一部分数据选择与“受监控页面”相似但不重合的，同属于网站京东的随机 10 000 个网页。第二部分数据为 AlexaTop 10000 网站的主页中 7 916 个仍能被正常访问的网页。因此，非监控页面的总数为 17 916 个。由于该场景下分类器仅关心“受监控页面”是否被访问，故对于“非监控页面”仅采集一次。最终形成 1 个开放世界数据集，本研究将它命名为 page-OW。

9.6.3　评价指标

本研究使用四项指标来评估分类器的识别能力，分别是准确率

(Accuracy),精确率(Precision),召回率(Recall)和 F1 得分(F1 score)。要计算这四个指标,需要先定义其他四个概念:真阳样本数(TP),真阴样本数(TN),假阳样本数(FP),假阴样本数(FN)。有了这四个参数,就能够计算本研究所需的评价指标,具体的计算公式如下:

$$Accuracy = \frac{TP + TN}{TP + FP + TN + FN} \qquad \text{公式 9.1}$$

$$Precision = \frac{TP}{TP + FP} \qquad \text{公式 9.2}$$

$$Recall = \frac{TP}{TP + FN} \qquad \text{公式 9.3}$$

$$F1\ score = \frac{2 * Precision * Recall}{Precision + Recall} \qquad \text{公式 9.4}$$

9.6.4　重点服务器流量锚定能力评估

本研究首先在封闭世界服务器数据集 server-CW 上,测试了 9.6.1 节中给出的各模型的识别效果。如图 9.15 所示,随机森林分类器(RF)表现最佳,各项指标均超过了 98%。卷积神经网络(CNN)的识别效果次之,朴素贝叶斯(NB)和 K 近邻(KNN)模型在封闭世界场景下的识别指标也都在 90%左右。

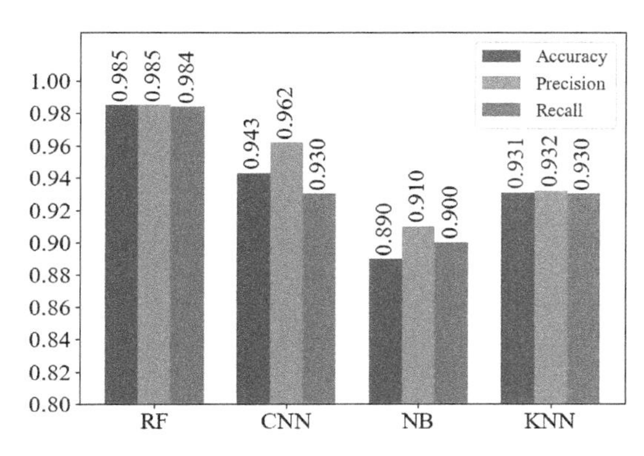

图 9.15　不同分类器的封闭世界重点服务器流量锚定能力

接着，本研究在开放世界服务器数据集 server-OW 上，测试了各模型的识别效果，如图 9.16 所示，随机森林模型依然取得了最好的分类效果，识别准确率（Accuracy），精确率（Precision）和召回率（Recall）均超过 99%。CNN 和朴素贝叶斯与封闭世界场景下的识别效果相近。而 KNN 模型在开放世界场景下的重点服务器流量锚定能力欠佳，各项指标仅在 80%左右。

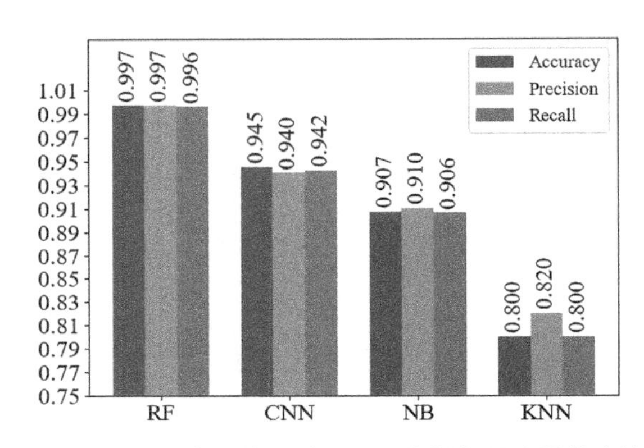

图 9.16　不同分类器的开放世界重点服务器流量锚定能力

实验证明，本研究的特征配合随机森林模型，不论在封闭世界场景还是开放世界场景下，都能实现对资源服务器的精准锚定。根据上述实验结果，本研究最终选择随机森林模型作为的重点服务器流量锚定的分类器。

9.6.5　封闭世界场景下的细粒度网页识别能力评估

9.6.5.1　封闭世界场景：不同分类器对识别效果的影响

为了保证细粒度网页识别的效果，本章对比了中不同分类器对网页识别效果的影响，并根据实验结果选定了最终应用的模型。本实验中用到的识别模型与 9.5 节相同。

在封闭世界场景下，包含数量更多的数据集能更好地评估分类模型区分相似网页的能力。因此，本研究使用中给出的，包含“受监控页面”类别数量最多的 JD 数据集作为训练和测试样本。图 9.17 给出了不同分类器构造的 T-WPF 在 JD 数据集上的表现。可以看到，随机森林分类器表现优异，它的准确率和召回率都是所有分类器中最高的，尽管精确率略低于 CNN。CNN 的精确率为所有分类器中最高，达到了 98%。朴素贝叶斯和 KNN 表现不佳,故在此判断它们不适合作为 T-WPF 的分类器。

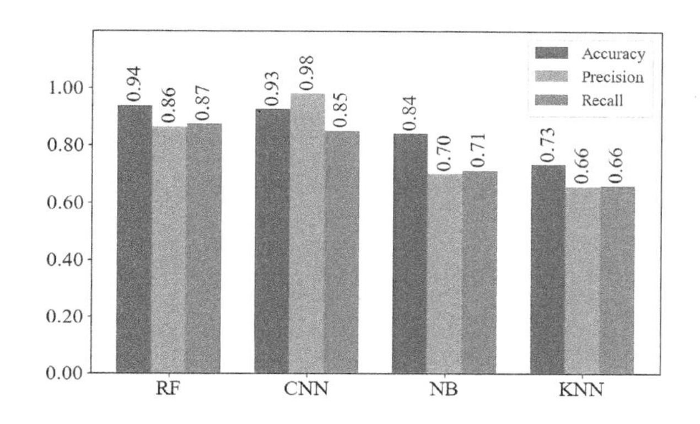

图 9.17　不同分类器构造的 T-WPF 在 JD 数据集上的表现

本章进一步比较了这些分类器的训练时间和测试时间。使用 JD 数据集中 70%的数据作训练集,30%的数据作测试集,测试各分类器的时间开销。如表 9.7 所示,KNN 所需的训练时间最少,CNN 和 NB 的训练时间开销几乎是 RF 的两倍。在测试时间上,RF 表现最好,仅耗时 1.15 s 就完成了识别。

表 9.7　不同分类器在 JD 数据集上的时间开销

	RF	CNN	NB	KNN
训练时间(s)	31	63	71	5
测试时间(s)	1.15	0.5	0.8	2

综合考虑时间开销和分类性能,本研究选择 RF 作为 T-WPF 的分类器。

9.6.5.2　封闭世界场景:与现有方法的对比实验

为了评估本章提出的 T-WPF 的细粒度网页识别能力,本章将 T-WPF 与 3 个现有方法在 JD 和 YH 数据集进行实验。其中,JD 和 YH 数据集分别是国内和国外包含细粒度“受监控网页”标签最多的数据集。图 9.18 和图 9.19 给出了各方法在这两个数据集的识别情况,T-WPF 在两个数据集中的各项指标都显著优于其他方法。

如图 9.18 和图 9.19 所示,两个基于深度学习的网站识别模型 DF 和

Var-CNN 都表现不佳。这可能是因为它们本质上是为了粗粒度的网站识别而设计的模型,难以形成高辨识度的网页指纹。此外,这两种方法都基于深度学习模型,这就要求用于训练模型的样本数量足够多,然而由于采集时间和成本的限制,数据集中的样本数量难以满足深度学习模型的训练要求。这也体现出深度学习模型对数据量要求的苛刻。

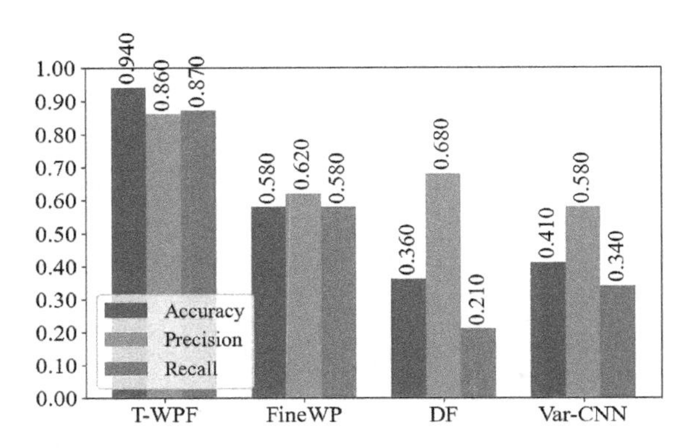

图 9.18 在 JD 数据集上的对比实验

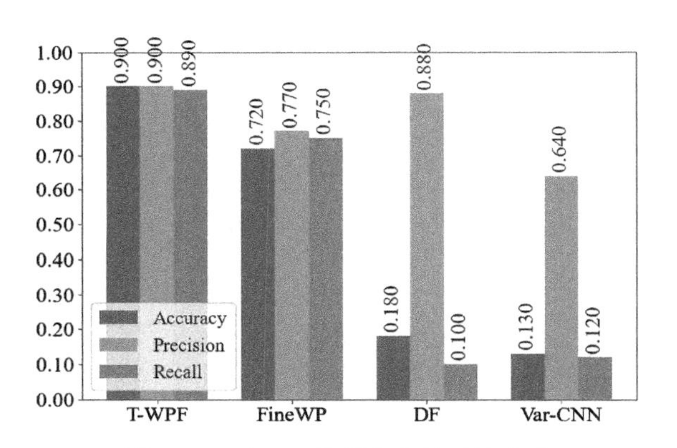

图 9.19 在 YH 数据集上的对比实验

FineWP 是一个为了实现细粒度的网页识别设计的,基于机器学习模型的方法。如图 9.18 和图 9.19 所示,它在 3 种用于对比的方法中表现最好,但并没有达到文献[5]中实现的准确率。为了进一步探究 FineWP 表现欠佳的原因,本章将对其特征构造方法进行理论分析,接着进行实验验证。

现有的网站或网页识别模型通常提取的是数据包层次的统计特征。DF

和 Var-CNN 所使用的基础特征是数据包的长度和方向。FineWP 虽然针对网页请求的特点提出了“上行零报文区间”相关的统计特征，但仍是在数据包层次实现的特征构造。然而，在真实的流量采集场景中，网络环境是复杂的、不断变化的。以购物网站为例，热门促销商品页面中的各种资源，往往会被存放在高性能 CDN 中。但在促销期过去后，这些资源的存储位置可能会发生改变，这就导致了用户访问同一网页时产生的流量模式发生变化。复杂的网络环境往往会导致数据包的到达时间存在较大差异，现有方法并没有考虑到这种差异的影响，所提取的数据包特征也会因此发生波动。而基于这种波动特征所构建的模型，其识别效果必然下降。

为了探究网络环境的变化对细粒度网页识别模型的影响，本研究在两个不同的时间周期下构建了数据集，并对比使用 TLS 特征的 T-WPF 和使用数据包特征的 FineWP 的识别效果。数据集 1 和数据集 2 均包含购物网站京东中的 30 个页面，每个页面进行 30 次采集。在数据集 1 中，所有样本都在 2 天内采集完成；而数据集 2 中，所有网页先被采集 15 次，后续样本将在两周后再进行采集。这意味着在数据集 2 中，属于同一标签的样本特征形成时间存在差异。

本研究通过端到端往返时延（RTT）来体现两个数据集网络环境的差异，其中，RTT 是利用客户端与服务器 TCP 三次握手过程中发出的 ACK 包的时间戳计算得到的。图 9.20 和图 9.21 分别展示了数据集 1 和数据集 2 前 15 个样本和剩余样本的 RTT 分布差异，显然，数据集 1 中样本的 RTT 分布较为稳定，而数据集 2 中的样本的 RTT 分布差异较大。这可能是因为

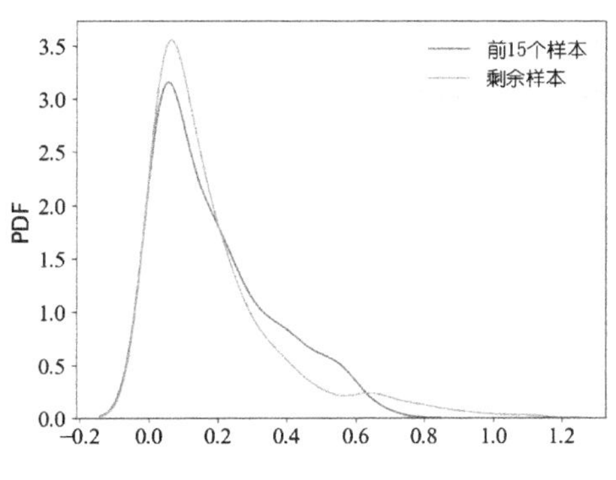

图 9.20　数据集 1 的 RTT 分布

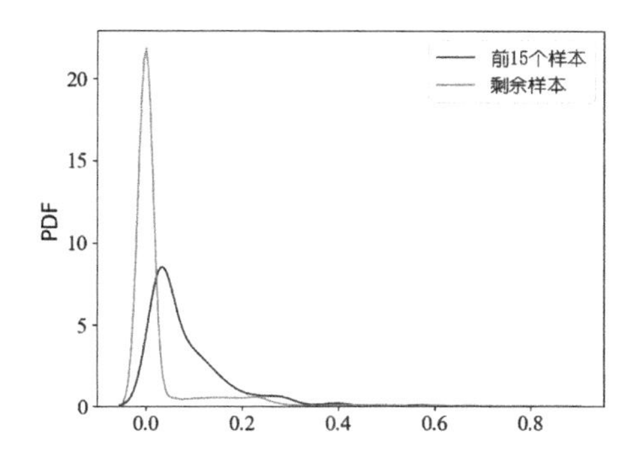

图 9.21　数据集 2 的 RTT 分布

同一个网页中的资源在不同的时间段被存放在了不同的服务器上。

表 9.8 给出了 T-WPF 和 FineWP 在这两个数据集上的表现。实验结果表明，FineWP 在网络环境较稳定时表现较好，但在网络环境发生变化时识别效果显著下降。而 T-WPF 在两个数据集上均展现出较好的识别能力。

表 9.8　不同网络环境下 T-WPF 和 FineWP 的识别效果对比

数据集	方法	Accuracy	Precision	F1-score	Recall
数据集 1	T-WPF	0.98	0.99	0.98	0.98
	FineWP	0.91	0.92	0.91	0.92
数据集 2	T-WPF	0.96	0.94	0.94	0.93
	FineWP	0.68	0.71	0.67	0.73

不论机器学习还是深度学习模型，都需要大量的训练数据来发现样本特征与样本标签之间的关联，而采集大量数据往往需要较长的时间周期。采集到的样本很可能随着时间变化产生概念漂移。这就要求真实场景下的识别模型具备处理这些“漂移”特征的能力。因此，本章提出的 T-WPF 相比其他现有方法在面对真实网络环境时更具健壮性。

9.6.5.3　封闭世界场景：训练样本数量差异对识别效果的影响

在本实验中，我们对比了 T-WPF 和 FineWP 在训练样本数量不同的情况下得到的模型识别准确率的差异。其中，FineWP 是所有对比方法中识别效果最好的模型。我们选择了 JD 数据集，分别在每个标签包含 15 个，25 个，和 30 个总样本的情况下训练 T-WPF 和 FineWP。其中，70%的样本被当作训练样本，剩余为测试样本。在训练完成后，使用两个模型识别数据集中的测试样本，并对比模型识别的准确率。表 9.9 给出了两个模型在不同的样本数量下得到的模型识别准确率的情况。

表 9.9　不同样本数量下识别准确率的对比

每个标签包含的样本总量	T-WPF	FineWP
15	0.87	0.54
25	0.91	0.58
30	0.94	0.61

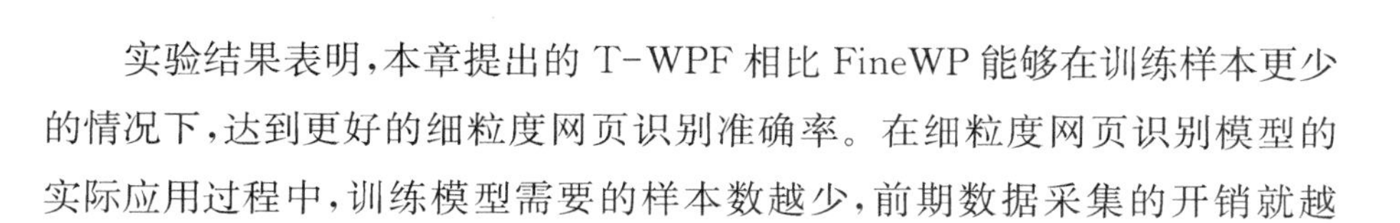

实验结果表明，本章提出的T-WPF相比FineWP能够在训练样本更少的情况下，达到更好的细粒度网页识别准确率。在细粒度网页识别模型的实际应用过程中，训练模型需要的样本数越少，前期数据采集的开销就越少。因此，T-WPF是更具实用价值的细粒度网页识别模型。

9.6.6　开放世界场景下的细粒度网页识别能力评估

9.6.6.1　开放世界场景：与现有方法的对比实验

开放世界场景是模型在实际部署时更可能遇到的场景。在开放世界场景下，用户的访问行为不会被限制在“受监控页面”中。因此，模型截获的页面流量有可能包含在训练过程中并未接触过的页面。本章在更贴近真实场景的数据集page-OW上评估各识别模型。在该场景下，分类器需要从大量“非监控页面”流量中判断是否存在“受监控页面”的访问行为。在完整的page-OW数据集中，“非监控页面”的流量规模是“受监控页面”流量规模的50倍。

本章首先使用完整的page-OW数据集来测试本章提出的方法T-WPF与其他现有方法在开放世界场景下的识别能力。此时数据集包含10 000个与“受监控页面”相似的、同网站下的“非监控页面”，还有7 916个AlexaTop 10000可访问的网站主页。

现有研究中关于开放世界场景的验证实验往往将AlexaTop中排名靠前的网站主页视作“受监控页面”，而将其中排名靠后的网站首页视作“非监控页面”[7-9]。然而，这种划分方式忽视了网站规模对流量模式的影响。排名靠前的网站通常具有丰富的网页资源，复杂的页面架构，强大的响应能力；与之相对的，排名靠后的网站资源构成和请求链路简单，服务器响应能力欠佳。这些特点都导致了“受监控页面”与“非监控页面”之间的流量模式差异较为显著，不同模型在这种划分模式下识别性能的差异较小，难以比较各模型在面对真实流量数据时识别的健壮性。

为了验证模型在开放世界场景中的识别健壮性，本研究进一步将“非监控页面”限制在10 000个与“受监控页面”相似的页面中，此时实验数据集中的所有页面均来自国内热门购物网站京东。表9.10给出了T-WPF与现有方法在两个数据集中的开放世界识别性能对比。由于在开放世界场景中，定义为正类的“受监控页面”数量较少，而定义为负类的“非监控页面”数量较多，不同标签的样本数量极度不均衡，故不宜使用准确率评价模型的性能，而是选择了精确率(Precision)和召回率(Recall)作为评价指标。

表 9.10 开放世界的识别性能对比

受监控页面	评价指标	T-WPF	FineWP	DF	Var-CNN
相似页面 + AlexaTop 10 000	Presicion	0.93	0.91	0.90	0.90
	Recall	0.98	0.92	0.95	0.86
仅相似页面	Presicion	0.93	0.84	0.75	0.82
	Recall	0.95	0.86	0.98	0.88

如表 9.10 所示，T-WPF 在两个数据集上均取得了最好的识别效果，在“受监控页面”与“非监控页面”较为相似的场景下识别精确度和召回率显著高于同类方法。实验证明了 T-WPF 在开放世界场景下能适应更复杂流量模式，具有更强的健壮性。

9.6.6.2 开放世界场景：非监控页面数量对识别效果的影响

开放世界场景中的“非监控页面”数量往往远大于“受监控页面”数量，为了评估非监控页面数量对模型识别效果的影响，本研究选择不同数量的非监控页面，评估 T-WPF 在开放世界场景识别性能的变化，并与前文中识别效果最好的 FineWP 做对比。本研究将“受监控页面”数量固定为 360 个，并逐步增加“非监控页面”数量，观察识别模型在非监控页面数量达到 1 000,4 000,7 000 和 10 000 时识别精确率和召回率的变化。

实验结果如图 9.22 和图 9.23 所示，T-WPF 和 FineWP 的识别效果均随着非监控页面数量的增加而下降。这可能是因为“非监控页面”中存在与“受监控页面”相似的流量模式，由于分类器在训练阶段所学习到的流量模式有限，这种相似的流量模式被分类器的错误地判断为“受监控页面”的流量，随着“非监控页面”数量的增加逐步降低模型的识别能力。

然而，实验结果表明 T-WPF 不论非监控页面处于何种规模，在开放世界场景下的识别能力都优于 FineWP。这说明 T-WPF 相比 FineWP 更不易受到非监控页面数量增加的影响。

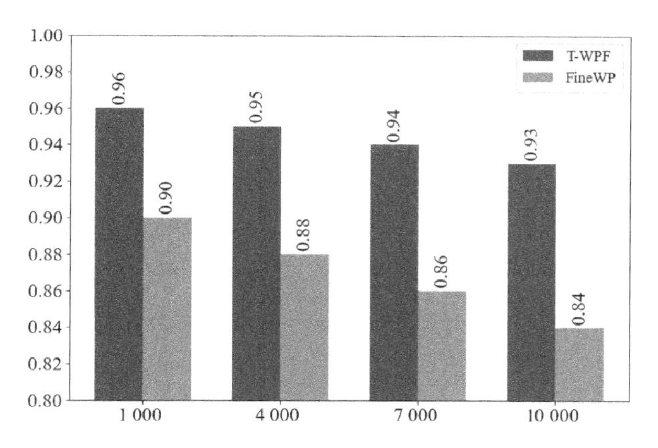

图 9.22　不同非监控页面数量下的识别精确度对比

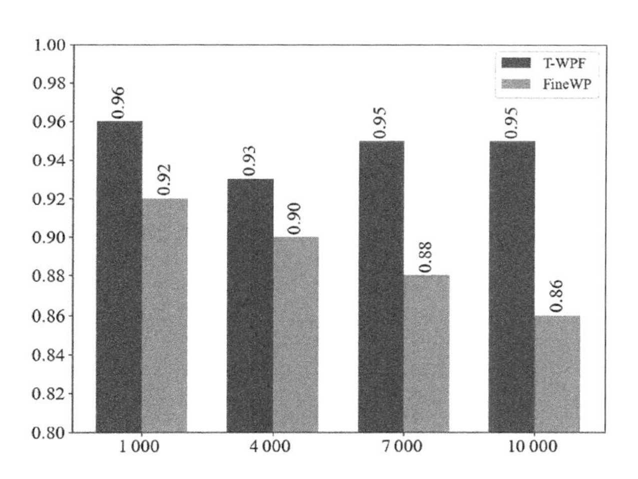

图 9.23　不同非监控页面数量下的识别召回率对比

9.7　本章小结

本章首先分析了细粒度网页识别对于内容监管的重要意义，之后阐述了现有研究在特征工程上的问题。为了解决这些问题，本章提出了基于 TLS 分片频率特征的细粒度网页精准识别方法，对其中的整体设计、流量预处理方法、重点服务器流量锚定、基于网页内容指纹的细粒度网页精准识别进行了详细的介绍。最后，介绍了相关实验并进行了结果分析，开展包括两类实验数据集构建，重点服务器流量锚定能力评估，以及细粒度网页识别能力评估的验证实验。实验结果表明本章提出的方法在封闭世界场景和开放世界场景下均能快速、准确地识别网页，且识别效果优于同类方法。本章提出的网页内容指纹与现有方法中提取的网页指纹相比能更精准地刻画网页的应用层内容，故能够帮助分类器实现更精准的网页识别。

参考文献

[1] Google. (2024) Google transparency report. Available: https://transparencyreport.google.com/https/overview

[2] E. Rescorla and T. Dierks, "The Transport Layer Security (TLS) Protocol Version 1.2," RFC 5246, Aug. 2008. Available: https://www.rfceditor.org/info/rfc5246

[3] Alexa. (2022) Alexa top one million sites. Available: http://s3.amazonaws.com/alexa-static/top-1m.csv.zip

[4] A. Panchenko, F. Lanze, J. Pennekamp, T. Engel, A. Zinnen, M. Henze, and K. Wehrle, "Website fingerprinting at internet scale." in NDSS, 2016.

[5] M. Shen, Y. Liu, L. Zhu, X. Du, and J. Hu, "Fine-grained webpage fingerprinting using only packet length information of encrypted traffic," IEEE Transactions on Information Forensics and Security, vol. 16, pp. 2046 - 2059, 2020.

[6] M. Shen, Z. Gao, L. Zhu, and K. Xu, "Efficient fine-grained website fingerprinting via encrypted traffic analysis with deep learning," in 2021 IEEE/ACM 29th International Symposium on Quality of Service (IWQOS). IEEE, 2021, pp. 1-10.

[7] P. Sirinam, M. Imani, M. Juarez, and M. Wright, "Deep fingerprinting: Undermin ing website fingerprinting defenses with deep learning," in Proceedings of the 2018 ACM SIGSAC Conference on Computer and Communications Security, 2018, pp. 1928-1943.

[8] S. Bhat, D. Lu, A. Kwon, and S. Devadas, "Var-cnn: A data-efficient website

fingerprinting attack based on deep learning," Proceedings on Privacy Enhancing Technologies, vol. 2019, no. 4, pp. 292-310, 2019.

[9] Y. Wang, H. Xu, Z. Guo, Z. Qin, and K. Ren, "snwf: Website fingerprinting attack by ensembling the snapshot of deep learning," IEEE Transactions on Information Forensics and Security, vol. 17, pp. 1214-1226, 2022.

第10章 基于多维复合加密流量特征的Instagram用户行为识别方法

10.1 研究背景

随着智能手机的飞速发展，移动应用更新的速度越来越快，特别是社交网络的出现给人们带来了极大的方便，使用社交网络的人数呈指数上升，同时促使社交网络的功能也越来越多。大规模的网民在社交网络中发布自己的生活和想法，并且和熟悉的好友或网友互动以及浏览等网络行为都逐渐影响着应用的管理，网络行为变得越来越复杂，对于多个用户行为组成的用户足迹也更加的复杂，这使得网络监管的难度也不断上升。特别是为了用户隐私和安全的保护，加密流量移动应用的使用也逐年上升。犯罪分子在互联网上进行各种恶意行为，如发布恶意图片、言论等，加密协议的应用使追踪恶意行为也更加的困难。这些给人们的财产安全和社会稳定带来了不利影响，也给网络监管带来了更大的挑战，针对加密流量的用户行为识别更加迫切。

用户行为识别的定义比较广泛，可以描述为对多个应用的识别，例如数据集中包含微信、微博、Facebook、Instagram 以及其他不同功能的应用，能够区别这些应用分别为哪些应用的功能也是用户行为识别的一种应用场景。用户行为识别可以被描述为对多个不同的应用服务的识别，例如视频、语音、图片、文本这些不同的应用服务的识别也是用户识别的一种情景。随着行为识别研究的进展，对于用户行为的研究也可以更加精细化，用户在应用中的某种操作，可能只是一个按钮的功能，只要其中涉及流量的传输，都可以被归类为一种用户行为。图 10.1 显示了用户行为识别的不同类型。

本章提出了一种基于多维复合加密流量特征的 Instagram 用户行为识别方法，本节主要从用户行为识别类型的角度出发，介绍加密流量用户行为识别方法的相关背景与已有研究方法。

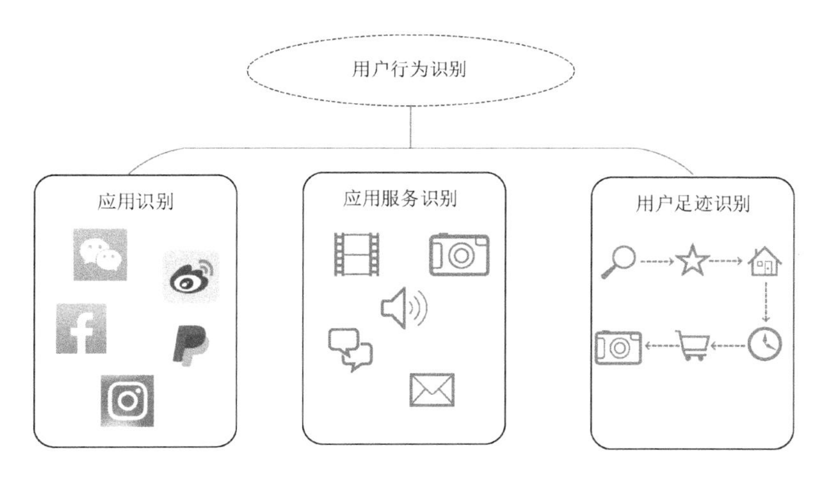

图 10.1 用户行为识别不同类型

10.1.1 应用识别

在识别不同的应用方面已有许多研究成果。Ata 等人[1]从 9 个主要应用程序中提取了 672 个行为特征。通过将特征进行降维处理后获得了 143 个特征，继而对不同的应用流量进行分类，包括电子邮件、社交软件、购物软件和其他种类的应用，以识别不同的应用的用户行为。他们识别每个应用程序中不同用户操作的行为，包括购买、登录和搜索，最后实验实现81%的识别率。Li等人[2]使用了Active Tracker方法，该方法基于滑动窗口的使用，该方法将流序列划分为不同的用户活动子序列，然后利用卷积神经网络对流进行分段，自动提取流量特征。最终的实验结果实现了对用户行为的高精度识别。Grolman等人[3]提取了应用程序的版本和配置，然后他们利用这些版本和配置的差异作为迁移学习的基础。他们采用了共同训练的方法来建立一个分类器，该分类器可以识别用户在完全未标记的软件不同版本中执行的各种用户行为，从而实现超过0.8的F1得分。

10.1.2 应用服务识别

除此之外，现有的研究在多服务类型用户行为识别方面也有不少的成果。Fu等人[4]结合用户行为模式、网络流量特征和时间特征，对应用程序中的不同类型的服务进行分类，包括文本、图片和短视频。他们主要用于标识不同的服务类型，但不适用于应用程序中的细粒度用户的操作。Liu等人[5]使用微信、WhatsApp和Facebook的音频、图片和文本数据对不同服务的流量进行分类。他们开发了一种迭代分类器，通过最大化内部活动的相似度和最小化不同活动的相似度的度量方法，选择最佳可区分的特征来识别不同服务的流量。

10.1.3 用户足迹识别

用户行为识别指的是对用户的某段时间进行的活动进行识别，一般指代一个行为构成的用户足迹，而用户足迹识别则是对用户在某段时间的多个行为构成的足迹来进行识别，即获得这段时间用户在应用中进行的一系列活动的过程，这些活动连在一起获得的加密流量称为足迹流，识别的过程称为用户足迹识别。例如，针对Instagram这个社交应用，实验需获得用户在Instagram中一段时间里进行发帖-转发-浏览-退出应用这些活动的加密流，这些加密流量称为足迹流，获得发帖-转发-浏览-退出应用的结果则是用户足迹识别。用户足迹识别指的是对用户进行的一系列操作所形成的足迹流来进行识别，通过利用用户行为间的加密数据的部分不同特点来进行用

户足迹的分割，用户足迹识别最重要的一点就是如何将用户的活动进行足迹分割，用户的活动之间存在着时间的差异和加密流量的特征差异。通过这些特性来实现足迹流的正确分割是用户足迹识别重要的一步。

Li 等人[2]通过加密的互联网流量流来发现应用程序活动的轨迹，他们设计了一种新颖的基于滑动窗口的加密流量流分割方法，该方法能够将加密的网络流量划分为多个单活动的子流。该方法主要分为四个步骤，滑动窗口方法、相似曲线生成、低通滤波和分割点识别来找出流量中的分割点。滑动窗口的中点将窗口内的一组数据包分为两部分，通过滑动窗口的方法观察左右两部分流的相似性的变化，通过相似曲线中 KL 散度来计算左右两部分流的差异性，通过低通滤波来减少波动和平滑曲线，最后设置阈值来找出分割点。但是该实验选择的加密流量主要针对与不同应用多个服务，因为服务类型的不同，不同用户活动之间的相似性较大，对于相近的服务类型区分较为困难。

现有研究中对足迹的识别较少，但是通过其他相关领域的研究，发现有些技术同样可能被使用在足迹识别中。García-Dorado 等人[6]使用 DNS 加权足迹用于计算用户对网站的访问量。Yu 等人[7]使用基于滑动窗口的方法将原始视频划分为多段，利用帧间距离计算获得不同帧的距离进而提取特征，之后利用算法匹配最关键的帧作为关键帧以达到获取视频的主要内容的目的。

用户足迹的识别是一个新的研究方向，分割点的划分后可以将用户足迹拆分为一系列的用户行为，化简成为对用户行为的识别，降低了用户足迹的识别难度。所以。如何将用户足迹的分割点确定是一个难点。

10.2　基于 RESTful 架构的 Instagram

本章方法主要是针对 Instagram 的行为进行用户行为识别，为了更好地理解本章提出的识别方法和了解实验环境，本节对基于 RESTful 架构的

Instagram 进行了介绍。

RESTful 全称为 Representational State Transfer，是一种流行的 Internet 软件体系结构。这个名字第一次是在 Roy Fielding 的博士论文被提出[8]。RESTful 的体系结构可以从资源、统一接口、URI 和无状态四个方面来描述。资源是指网络上的一段特定信息，一个资源如果要被识别，需要在网络中被唯一地识别，通过 URI 来识别资源的地址。

同时，RESTful 体系结构必须遵循统一接口的原则，这与应用于 web 资源标识符方法的 HTTP 协议相对应，包括 GET、POST、PUT、DELETE 等方式。通过这些接口，可以对数据进行添加、删除、检查和更改操作。无状态意味着资源不会相互干扰和影响，对资源的操作不会影响客户端和服务器端的数据之间的交互。数据和状态可能会更改，但服务器不会保存客户端的状态，并且可以响应独立的请求和响应。这确保了客户端和服务器在每次交互结束时都不会保留任何共享状态[9]。因此，State Transfer 可以理解为客户端选择从保存在服务器端的后续状态转移。RESTful 架构如图 10.2 所示。

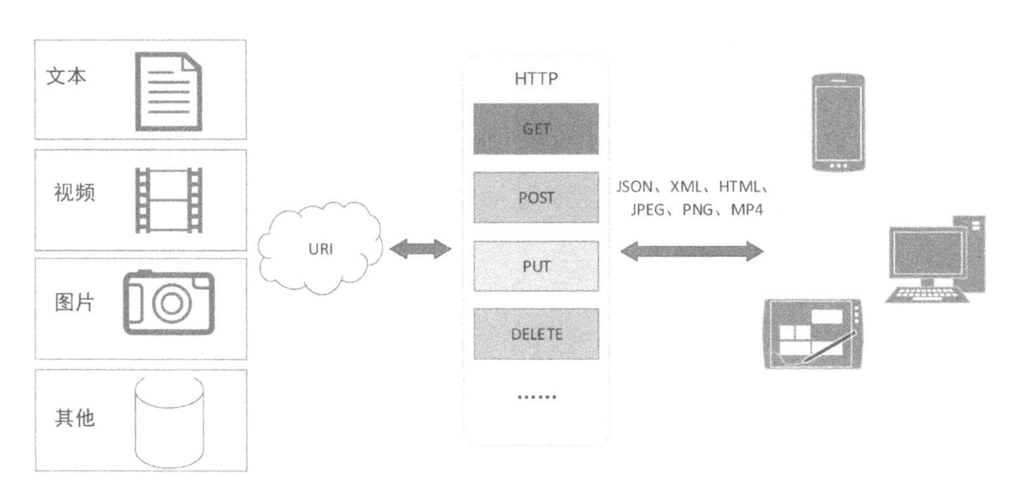

图 10.2　RESTful 架构图

RESTful 资源是指网络中的一个实体，它可以用许多不同的方式来表示，例如一个句子、一幅图片或一段视频。资源主要使用载体来表示它们所表示的内容。例如，基于文本的数据表示包括 JSON、HTML 和 XML 格式。

图像和视频可以是 JPEG、PNG、MP4 格式。

Instagram 使用 RESTful 架构。Instagram 是一种社交网络软件，主要传输文本、图片和视频等类型的文件。为了确定 Instagram 的主要文件格式，通过使用代理来获取数据传输的明文，发现它的资源格式主要是 JSON、JPEG、PNG 和 MP4 格式。为了区分这些格式的数据，本实验将 JSON 格式分为稳定数据，将 JPEG 格式、PNG 格式、MP4 格式分为波动数据。在加密数据传输过程中，稳定数据指的是数据量保持稳定，统计特征变化不大的数据。相反，波动数据指的是数据量是不确定的，统计特征变化很大的数据。

因此，在该体系结构的应用中，主要选择提取 JSON 数据作为稳定数据来进行用户行为识别。

10.3 基于多维复合特征的 Instagram 用户行为识别方法流程

网络状态的波动问题导致用户行为的识别变差，在识别的准确性等评估指标中波动性很大，运用以往常规的加密流量的一般特征会导致分类结果的波动和偏低，所以在流量的预处理时对流量的稳定数据和关键特征的提取至关重要。

现在大部分研究对用户行为的识别主要是对加密流量的统计特征进行处理，这些特征经常随着网络状态的波动而波动，在不同的传输环境中波动更大。而且对于一些复杂的用户行为，数据的传输往往存在不同应用服务资源的传输，传输的流量都被考虑的情况下干扰性会更加明显，这增加了数据的复杂程度，在识别时往往会影响结果。

为了解决现在研究中统计的特征容易被网络状态波动影响，以及多种服务资源传输导致的流量混杂从而干扰用户行为识别的问题，本章使用了一种基于多维复合加密流量特征的用户行为识别方法。该方法从混杂的加密流量中提取稳定的流量，并使用基于稳定数据 EADU（加密数据单元，

encrypted application data unit)的方式来提取关键特征,然后对基于 EADU 特征的稳定数据构造多维的空间,大概率地降低了网络波动引起的特征的波动问题。该方法在数据处理时首先就分离出混杂的干扰流量,构建稳定的数据集,大大提高了用户识别的准确率等指标结果。

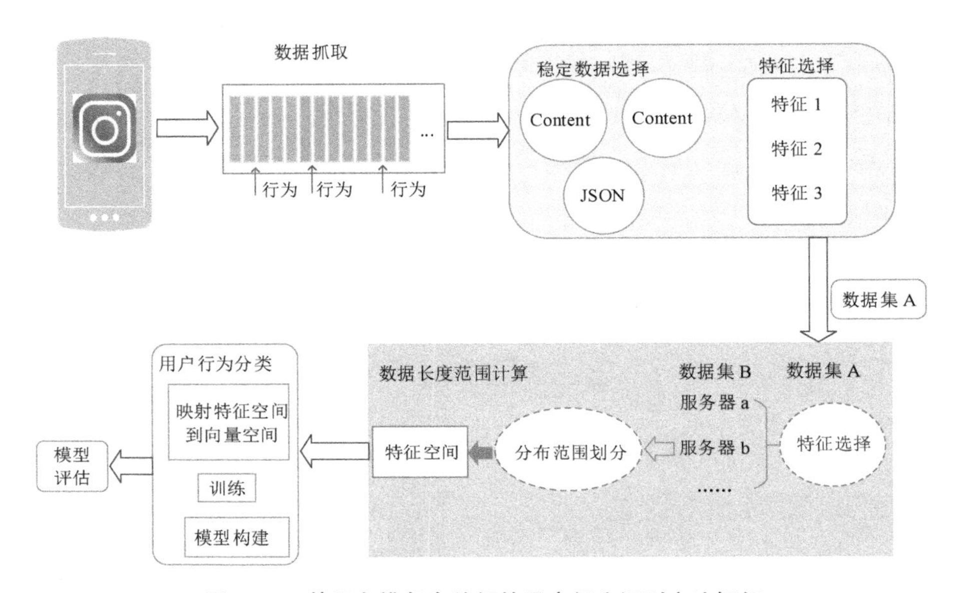

图 10.3 基于多维复合特征的用户行为识别方法框架

因此,在本节中,主要介绍基于多维复合加密流量特征的用户行为识别方法的体系结构。识别方法的体系结构如图 10.3 所示。

首先,从 Instagram 应用程序中收集多种行为的加密流量,该数据包含 JSON 数据和 Content 数据,通过选择这些数据的特征,过滤出 JSON 数据以构造数据集 A。

为了对用户行为进行分类,选择用户行为分类所需的基于 EADU 的相关特征。通过从数据集 A 中过滤出数据量较大的多个 JSON 服务器数据以构造成数据集 B,然后划分这些特征的分布范围构建成多维的特征空间,并将特征空间映射到向量空间。

最后,通过生成的向量矩阵去训练不同的机器学习模型,然后评估模型获得该方法的评估结果。

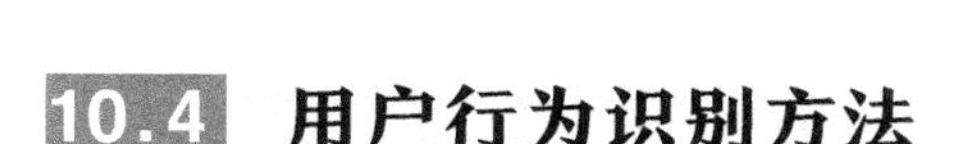

10.4 用户行为识别方法

本节主要描述了研究工作中基于多维复合特征的用户行为识别基础流程，包括稳定数据选择、EADU 特征提取、稳定数据的特征选择、数据长度范围计算、用户行为分类等。

10.4.1　稳定数据选择

为了从混合加密数据流量中找到具备稳定特征的数据，本章使用代理捕获明文数据和抓取相应的密文数据，并对其进行了一对一的比较。从中，发现应用程序中不同用户行为发送的数据主要包括 Content 类型数据和 JSON 类型数据。而且，当网络传输加密数据时，Content 数据会有波动，大部分 JSON 数据是稳定的。

为了验证 JSON 数据的稳定性，需要比较 4G 和 Wi-Fi 环境下的加密数据。实验分别用 Tcpdump 和 Wireshark 捕获了 4G 和 Wi-Fi 不同的环境下相同用户行为的加密流量数据，发现 4G 环境中的 Content 数据量比 Wi-Fi 场景中的数据量少得多。因为 Wi-Fi 场景中产生的流量不会影响用户在运营商中的所需费用，所以应用程序将不断传输 Content 数据，但是 4G 场景不会在后台持续传输 Content 数据。然而，JSON 数据在两种传输环境中的数据量基本是稳定的，这就证明了 JSON 数据在不同环境下可以保持稳定的状态，这将会降低在数据分析中的干扰。于是，为了防止波动数据的干扰，实验需要过滤出 JSON 数据用来构建数据集，实验流程如图 10.4 所示。

10.4.2　EADU 特征提取

在加密应用流量中，一般通过提取特征来进行分类，选取合适的特征是一项很重要的步骤，本章采用的是提取以 EADU 为基础的相关统计特征。数据传输将由多种网络协议进行处理。首先，应用程序数据单元会添加

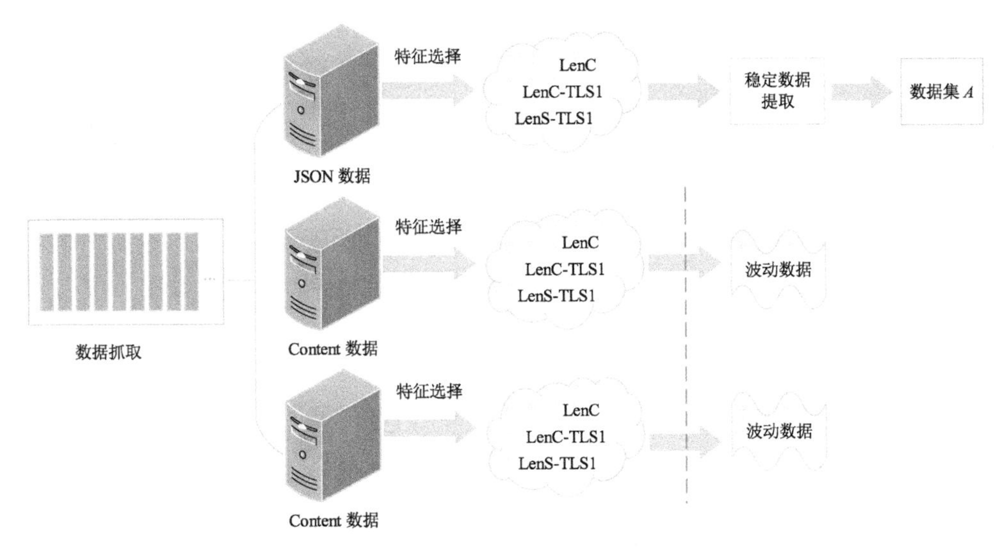

图 10.4　稳定数据提取

HTTP 报头；然后，TLS 协议对其进行加密构建成 EADU；紧接着，TLS 协议对 EADU 进行分段，并添加 TLS 头生成 TLS 片段，TLS 长度信息会包含在 TLS 片段的头部结构中。由于 TLS 片段的最大大小为 16kb，并且总长度通常大于 TCP 包的最大长度 MSS，因此协议会将其划分为多个 TCP 包。这就使得 TCP 包可能会包含前一 TLS 片段的部分数据和后一 TLS 片段的部分数据，这些 TLS 片段即构成 TCP 包的有效负载。图 10.5 显示了从 ADU 到 EADU 的数据过程，以及 EADU 到最后被划分为多个 TCP 报文。

本实验主要是将 TCP 报文恢复为 EADU 作为特征提取的基础。为了恢复 EADU，根据上述协议流程，需要根据报头中的信息将 TCP 包中的 TLS 负载分离合并为多个 TLS 片段。通过这种方式，根据这些 TLS 片段长度恢复为一个 EADU 长度，多个 TLS 片段的长度之和就是 EADU 的长度。TCP 连接中可能有多个 EADU，在常用的 HTTP 版本中，TCP 头部中具有相同确认号(ACK)的数据包属于同一 EADU。所以，实验通过使用 TCP 包的 ACK 来匹配相应的 EADU。

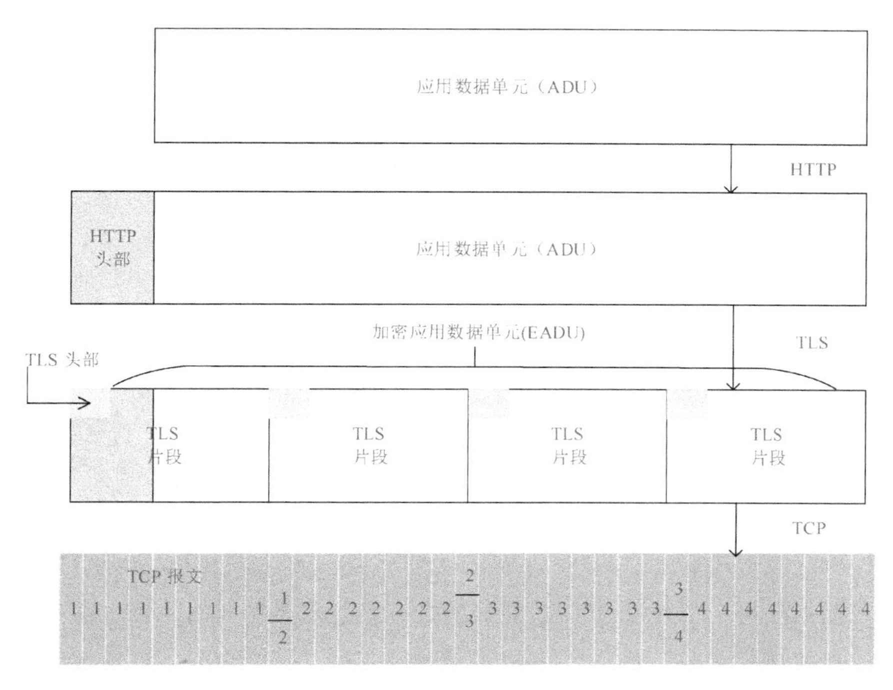

图 10.5　网络协议处理 ADU 流程示意图

算法 10.1　响应方 EADU 长度获取算法

输入：用户行为流量

输出：每个 EADU 长度，存储在 EADU. buffer 中

1：**FOR** packet in trace **do**

2：//Filter out the data packets of the same flow according to the five-tuple

3：　**Initialization** i=0，EADU；

4：　//EADU include EADU. buffer，EADU. SEQ，EADU. ACK

5：　**IF** packet is client to server **then**

6：　//Distinguish whether it is a request packet from the client or a response packet from the server

7：　　**IF** packet is a new request **then**

8：　　//Distinguish whether the request packet is a new EADU request，then add EADU

9：　　　i = i + 1

10：　　　EADU[i]. buffer = 0

11：　　　EADU[i]. SEQ = packet. ACK

（续表）

```
12:           EADU[i]. ACK = packet. SEQ + payload. len
13:         END IF
14:     ELSE
15:         IF{EADU[i]. ACK == packet. ACK and EADU[i]. SEQ == packet.
            SEQ}
16:           //Through the ACK and SEQ values, merge the buffers of the
              same EADU
17:             EADU[i]. buffer = EADU[i]. buffer + payload. len
18:             EADU[i]. SEQ = packet. SEQ + payload. len
19:         END IF
20:     END IF
21: END FOR
```

本研究使用算法 10.1 来获得 EADU 特征。通过遍历 PCAP 文件数据包数据来获得一个五元组列表，然后根据五元组数据得到每个流的数据包。为了提取请求和响应数据的 EADU 长度，通过 TCP 报文的 SEQ 和 ACK 值，得到同一 EADU 的数据包，并在该 EADU 的缓冲区中累加数据长度。响应方的 EADU 长度特征提取算法如算法 10.1 所示。为了简单起见，本小节只介绍了这些 EADU 的响应长度的提取算法，而请求长度的提取算法采用了相同的方法。

10.4.3 稳定数据的特征选择

为了从混合数据中分离出稳定数据，同时也需要选择合适的特征过滤出稳定数据。

表 10.1 特征详细描述

序号	特征名称	详细描述
1	duration	EADU 持续时间
2	LenC	EADU 请求长度
3	LenS	EADU 响应长度
4	LenC-TLS1	请求的第一个 TLS 片段的长度
5	LenS-TLS1	响应的第一个 TLS 片段的长度

（续表）

序号	特征名称	详细描述
6	C_pck-num	前向数据包总数
7	S_pck-num	后向数据包总数
8	C_min	前向最小数据包大小
9	C_max	前向最大数据包大小
10	S_min	后向最小数据包大小
11	S_max	后向最大数据包大小
12	C_d	前向数据包大小均值
13	C_std	前向数据包大小标准差
14	S_d	后向数据包大小均值
15	S_std	后向数据包大小标准差
16	C_v	前向包速率
17	C_dur	前向包总间隔时间
18	S_v	后向包速率
19	S_dur	后向包总间隔时间
20	C_min_dur	前向最小间隔时间
21	C_max_dur	前向最大间隔时间
22	S_min_dur	后向最小间隔时间
23	S_max_dur	后向最大间隔时间
24	C_dur_d	前向包间隔时间均值
25	C_dur_std	前向包间隔时间标准差
26	S_dur_d	后向包间隔时间均值
27	S_dur_std	后向包间隔时间标准差

在数据传输过程中，根据现有对加密流量分类的研究，提取了数据的一系列特征。其中选择了 27 种特征，如表 10.1 所示，这些特征以 EADU 为基础。例如，C_ pck-num 表示一个 EADU 中的前向数据包总数。然后利用随机森林的特征选择方法进行特征选择，随机森林的特征重要性评估是利用在随机森林的每棵树中不同特征所做的贡献来获取特征重要性评估。在图 10.6 中，折线图显示了特征重要性的比例。

通过特征选择方法，实验需要对以 EADU 为基础的相关特征的重要性

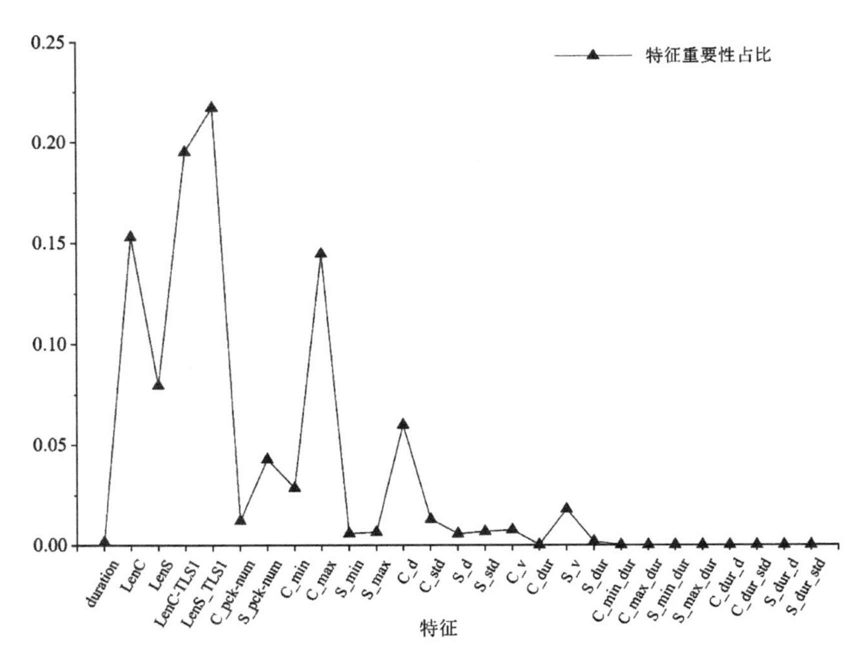

图 10.6　特征重要性占比图

进行排序，通过图 10.6 的特征重要性排序结果，选择比例相对较高的三个特征，其中包括请求长度(LenC)、请求的第一个 TLS 片段长度(LenC-TLS1)和响应的第一个 TLS 片段长度(LenS-TLS1)。如图 10.5 所示，EADU 由多个 TLS 片段构成，实验所需的是 EADU 中的第一个 TLS 片段。

这些特征在较弱的网络环境中不会受到影响。因为这些特征是在 EADU 的基础上提取的相关特征，而 EADU 的长度由 ADU、HTTP 头和 TLS 头组成。由于 TCP 协议为上层应用提供了可靠的传输服务，因此 TCP 协议可以纠正由于网络不好造成的丢包和超时问题。如图 10.5 所示，EADU 在 TCP 上层，所以 EADU 的特征不会因为弱网络连接的问题而改变。

对于 Instagram 这种使用 RESTful 框架的应用来说，JSON 数据与 Content 数据相比具有一定的稳定性，JSON 数据的数据量在不同的传输环境中数据量都比较稳定。利用特征选择的方法获取了重要性较高的 LenC、LenC-TLS1、LenS-TLS1 这三个特征对 JSON 和 Content 数据进行分类。该方法可以区分这两种类型的数据并过滤出 JSON 数据。最后，将过滤出

的稳定数据构建成数据集A。

10.4.4 数据长度范围计算

不同的用户行为可能会触发来自多个服务器的JSON数据，但并非测试样本中出现的所有数据都有助于识别用户行为。于是，需要进一步从数据集A中提取能够清晰区分用户行为的数据，并构造数据集B。当某一个服务器的数据都出现在每个样本中时，就提取该服务器的数据作为数据集B的组成数据。图10.7显示了稳定数据中每个服务器的在样本里的样本量占比，当一个样本存在该服务器的数据，数值增加1。通过图10.7示，选取了基于服务器a、b和c三种服务器的数据构建成数据集B。

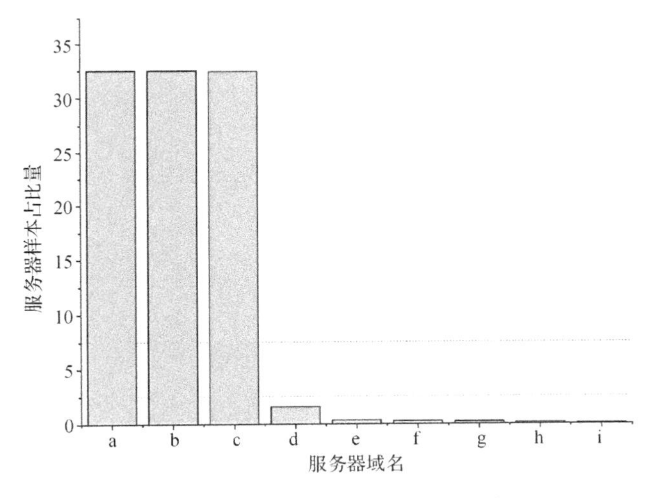

图10.7 服务器样本量占比率(%)

通过比较数据集B中的稳定数据，EADU的请求和响应数据的长度范围较广，从数千到数万不等。实验获得了数据集B中三种服务器的请求和应答数据长度作为用户行为识别的特征。图10.8表示的是EADU的请求和响应长度的概率密度函数。图中的横坐标表示EADU的数据的长度，深色曲线表示了请求长度的概率密度，浅色曲线表示了应答长度的概率密度。从图10.8可以看出，三种服务器的EADU请求和应答长度相对集中在5k字节以下，但随着长度的增加，概率分布会变得疏散。

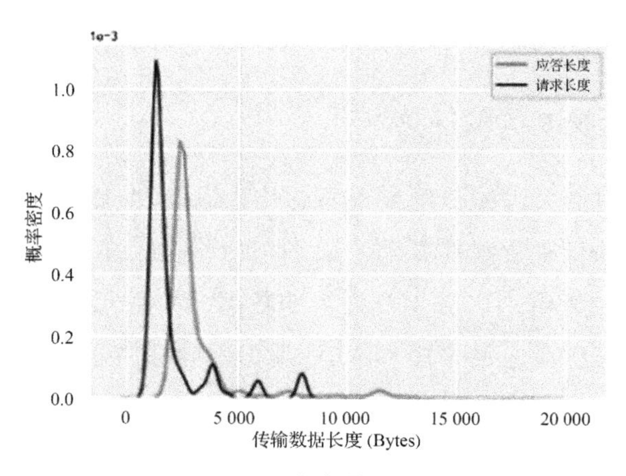

(a) 服务器 a

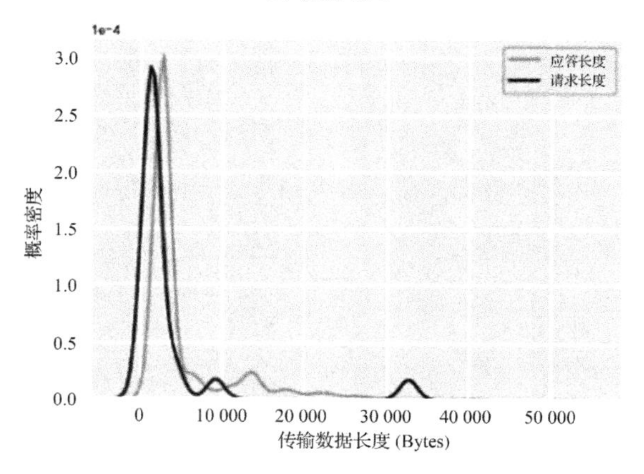

(b) 服务器 b

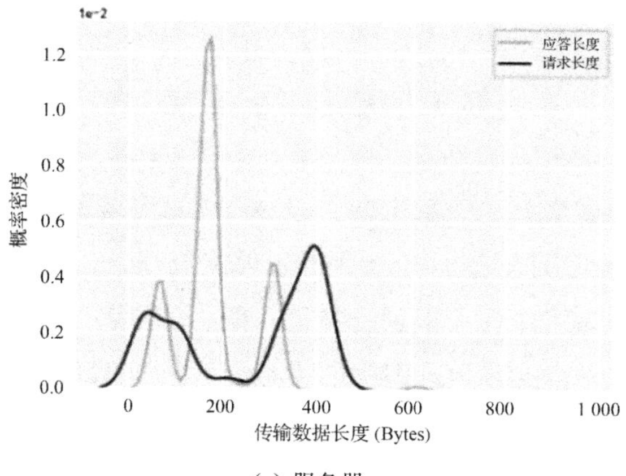

(c) 服务器 c

图 10.8　主要服务器的请求和应答长度的概率密度函数

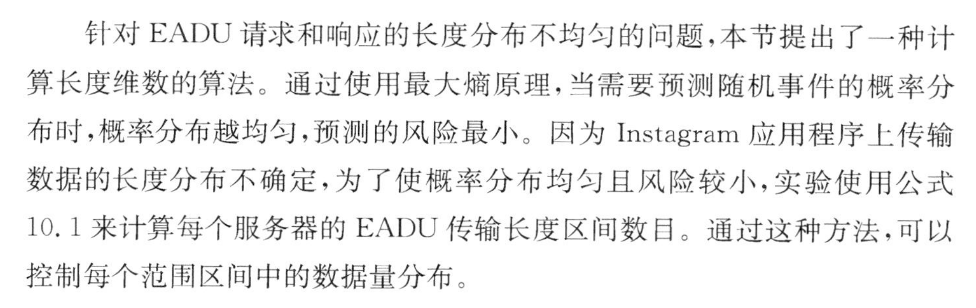

针对 EADU 请求和响应的长度分布不均匀的问题，本节提出了一种计算长度维数的算法。通过使用最大熵原理，当需要预测随机事件的概率分布时，概率分布越均匀，预测的风险最小。因为 Instagram 应用程序上传输数据的长度分布不确定，为了使概率分布均匀且风险较小，实验使用公式 10.1 来计算每个服务器的 EADU 传输长度区间数目。通过这种方法，可以控制每个范围区间中的数据量分布。

$$y_k = \left\lfloor \sqrt{\frac{x_k}{\sum_{i=1}^{n} x_i} \times z} \right\rfloor \qquad \text{公式 10.1}$$

在公式 10.1 中，y_k 表示服务器 k 传输长度中的区间数量，y_k^2 表示服务器 k 所需要划分的总维度数量，x_k 表示来自服务器 k 的数据量，$\sum_{i=1}^{n} x_i$ 表示来自 n 个服务器的所有数据的总数据量，所以 $\frac{x_k}{\sum_{i=1}^{n} x_i}$ 表示服务器 k 中传输数据的百分比。另外，z 为设置的最大维数。在本节中，实验将 z 设定为 500，并分别计算三种服务器的数据量占比和区间数量。结果如表 10.2 所示。

表 10.2　基于数据量占比的长度范围划分结果

域名	数据量占比(%)	区间数量
服务器 a	56	16
服务器 b	32	12
服务器 c	12	7

同理，可以使用最大熵原理，通过收集 y_k 传输长度的统计数据，并使用累积分布函数(CDF)来均衡请求长度每个区间范围内的数据量分布。实验将 0—1 的累积概率划分 y_k 的每个长度分布范围，计算出 y_k 长度区间对应于 y_k 累积概率分布范围。

以服务器 c 的划分过程为例。首先，实验使用 CDF 来划分服务器 c 数据的请求长度，每个区间的数据量是 1/7，同理，响应长度也被均匀分为七个范围。然后，服务器 c 获得请求和应答的这两组长度范围，以生成一个 7×7 维空间，例如服务器 c 第一维空间是请求长度 0—48 Bytes 和应答长度在某一个范

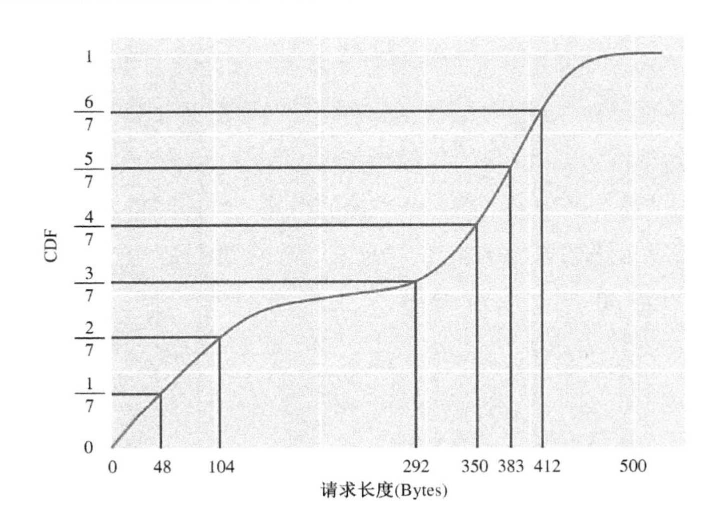

图 10.9　服务器 c 请求长度范围的计算

围中组成的维度。图 10.9 显示了服务器 c 请求长度的范围划分结果。

通过这种方式，在数据集 B 中得到了三种服务器的范围区间划分。结果表明，服务器 a 可划分为 16×16 维，服务器 b 可划分为 12×12 维，服务器 c 可划分为 7×7 维，这些数据共构成 449 维的特征空间。并且，添加了一个一维标签来标记行为类别，将 449 维转化为 450 维的特征空间。

10.4.5　用户行为分类

Instagram 上不同行为的加密流量具有相似的属性。本方法从不同行为中提取主要服务器的 EADU 的双向传输数据的长度作为特征，并且也使用不同的机器学习算法来训练数据。根据三种稳定服务器的范围区间划分，实验获得了 450 维的特征空间，将 450 维特征空间映射到机器学习算法的向量空间中，然后获得 450 维向量矩阵。矩阵的第二列至第 450 列是 449 维的特征，第一列表示每种行为的标签。

$$\boldsymbol{F}_{y_k^i}^{j}=\begin{bmatrix} F_{y_0^1}^{1} & F_{y_1^1}^{2} & \cdots & F_{y_2^1}^{l} & \cdots & F_{y_k^1}^{450} \\ F_{y_0^2}^{1} & F_{y_1^2}^{2} & \cdots & F_{y_2^2}^{l} & \cdots & F_{y_k^2}^{450} \\ \vdots & \vdots & \ddots & \vdots & \ddots & \vdots \\ F_{y_0^m}^{1} & F_{y_1^m}^{2} & \cdots & F_{y_2^m}^{l} & \cdots & F_{y_k^m}^{450} \end{bmatrix} \qquad \text{公式 10.2}$$

在公式 10.2 中，每个维度代表服务器的请求长度范围和响应长度范围组合，在进行行为特征统计时，所有维度的初始值为 0。如果该用户行为中服务器的 EADU 数据的请求长度和响应长度在矩阵的某个维度范围区间内，则此维度的值将增加 1。j 代表一维标签和 449 维传输长度范围区间。当 k 为 0 时，此值表示该行为的标签。y_k^i 代表样本 i 中服务器 k 的请求长度和响应长度相对应的长度范围。每个样本数据都被构建为 450 维向量，此过程将持续进行到数据集中样本的所有数据统计完成为止。

10.5 实验结果和分析

本章所提出的用户行为识别实现了对用户不同行为的识别，能高效地识别出不同的用户行为。本节对实验结果进行了一系列的分析。

10.5.1 数据集

本次实验主要是针对 Instagram 的行为进行用户行为识别，考虑到用户和行为的多样性，使用代理服务器对多个不同的用户抓取 Instagram 的细粒度用户行为流量。本节针对 Instagram 应用常见的用户操作进行识别，其中包括九种细粒度的用户行为，进入 App 登录页面（Enter）、登录 App（Login）、发布帖子（Posting）、浏览帖子（Browse）、转发帖子（Repost）、返回我的（Return）、进入收藏夹（Favorite）、进入设置（Set up）、退出应用（Exit）。用户行为定义如表 10.3 所示。其中大部分的用户行为主要是进行图片的传输，如浏览帖子，转发帖子，返回我的页面以及进入收藏夹，这些操作涉及的都是图片的传输。

表 10.3　用户行为具体定义

用户行为	行为定义
Enter	进入 App 登录页面

（续表）

用户行为	行为定义
Login	登录 App
Posting	发布帖子
Browse	浏览帖子
Repost	转发帖子
Return	返回我的页面
Favorite	进入收藏夹
Set up	进入设置页面
Exit	退出页面

除此之外，为了增加随机性，实验使用了多种型号的手机，包括 Samsung note5、Sangsung S6、Xiaomi 9 和 Huawei mate7 这几种型号的手机。因为需要判断每一个行为的分类情况，在抓取数据的时候，使用了两台手机，PC 端使用 Wireshark 软件进行用户行为数据的抓取。一台手机作为标签数据的发送，该手机将发送一个 HTTP 请求报文为该行为打上标签，然后另一台手机发送属于该标签的用户行为数据。通过这种方式，每抓取一个行为的时候，每种行为都需要被打上属于该行为的标签，在数据提取的时候，利用程序提取出行为标签作为标记，确定属于哪种行为，然后进行机器学习来判断分类的准确性。图 10.10 表示此流量的采集流程。

通过这种数据采集方式，实验收集了 Instagram 应用程序的 4 320 份行为生成的样本数据集，其中主要包含 9 种细粒度的用户行为，每一个行为构成一个样本。

10.5.2 评价指标

性能度量是衡量模型泛化能力的一种评价标准。为了对用户行为分类方法性能的评判，本研究采用了不同的指标来度量不同分类算法的模型，其中包括准确率（Accuracy）、精确率（Precision）、召回率（Recall）、假阳性率（FPR）。为了比较不同算法的性能，证明本章的方法在不同分类算法中的稳定性，实验使用了四种机器学习算法对数据进行分类，包括支持向量机

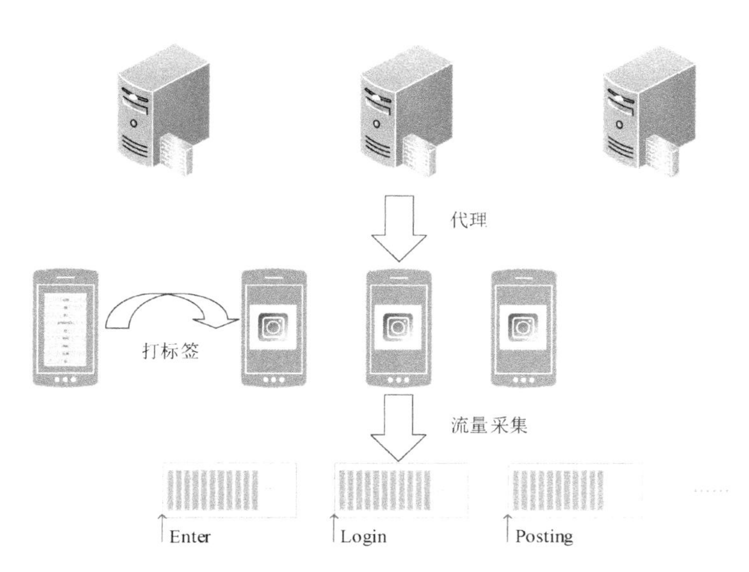

图10.10 流量采集流程

SVM、随机森林、K近邻和朴素贝叶斯。计算四种评估标准的公式如公式10.3～10.6所示。

$$Accuracy=\frac{TP+TN}{TP+FN+FP+TN} \quad \text{公式 10.3}$$

$$Precision=\frac{TP}{TP+FP} \quad \text{公式 10.4}$$

$$Recall=\frac{TP}{TP+FN} \quad \text{公式 10.5}$$

$$FPR=\frac{FP}{FP+TN} \quad \text{公式 10.6}$$

在公式10.3中，TP表示模型预测的正样本为正，FP表示模型预测的负样本为正，FN表示模型预测的正样本为负，TN表示模型预测的负样本为负。

10.5.3 结果分析

通过以上的评估方法，最终获得了九种细粒度用户行为的行为分类结果。图 10.11 显示了四种机器学习算法的混淆矩阵结果。图上的模型分数表示对模型的评估，最好的分数是“1”。纵坐标表示正确的标签，横坐标表示预测的标签。对角线是正确识别的样本数，颜色越深，正确识别的样本数越高。因此，除对角线外的样本数表示样本错误。通过使用 Python 中来自 Sklearn 库的 Score 方法，图 10.11(a)显示我们的最佳模型分数是 0.993 056。四种算法的得分均在 0.9 以上。结果表明，该方法在不同的分类算法中都能取得稳定的分类结果。

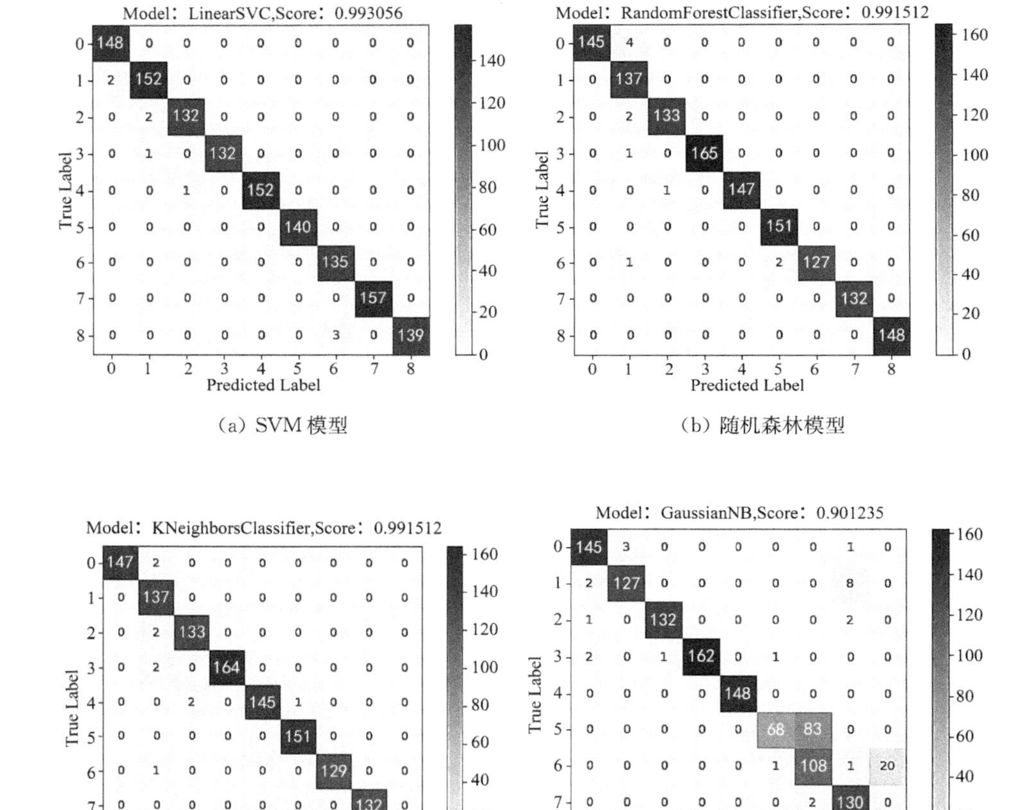

(a) SVM 模型　(b) 随机森林模型

(c) K 近邻模型　(d) 朴素贝叶斯模型

图 10.11　四种机器学习分类算法的混淆矩阵

表 10.4　用户行为识别四种分类算法评估结果

用户行为		Enter (%)	Login (%)	Posting (%)	Browse (%)	Repost (%)	Return (%)	Favorite (%)	Set up (%)	Exit (%)	Average (%)
SVM	Accuracy	99.8	99.6	99.8	99.9	99.9	100	99.8	100	99.8	99.8
	Precision	98.7	98.1	99.2	100	100	100	97.8	100	100	99.3
	Recall	100	98.7	98.5	99.2	99.3	100	100	100	97.9	99.3
	FPR	0.17	0.26	0.09	0	0	0	0.26	0	0	0.09
随机森林	Accuracy	99.7	99.4	99.8	99.9	99.9	99.8	99.8	100	100	99.8
	Precision	100	94.5	99.3	100	100	98.7	100	100	100	99.2
	Recall	97.3	100	98.5	99.4	99.3	100	97.7	100	100	99.1
	FPR	0	0.69	0.09	0	0	0.17	0	0	0	0.11
K近邻	Accuracy	99.8	99.5	99.7	99.8	99.8	99.9	99.8	100	99.9	99.8
	Precision	100	95.1	98.5	100	100	99.3	99.2	100	100	99.1
	Recall	98.7	100	98.5	98.8	98	100	99.2	100	99.3	99.2
	FPR	0	0.6	0.17	0	0	0.09	0.09	0	0	0.11
贝叶斯	Accuracy	99.3	99	99.7	99.7	100	93.4	91.7	98.9	98.5	97.8
	Precision	96.7	97.7	99.2	100	100	97.1	56	91.5	88.1	91.8
	Recall	97.3	92.7	97.8	97.6	100	45	83.1	98.5	100	90.2
	FPR	0.44	0.26	0.09	0	0	0.17	7.29	1.03	1.74	1.22

最后，实验获得了表 10.4 的结果。由此可见，SVM 机器学习算法具有最好的性能，平均值实现了 99.8%的准确率、99.3%的精确率、99.3%的召回率和 0.09%的假阳性率。Return 和 Set up 类别结果呈现的最好，但是在 Login 类别中，结果低于其他类别的分类结果。因为 Login 类别中的数据与其他类别相似，所以其他类别可能被错误地识别为 Login 类别，则导致了假阳性率在 Login 类别中比较高。此外，登录和输入都是复杂的用户行为。Enter 类别需要进入界面完成初始化，Login 类别需要登录应用程序，两者都有大量的数据。Enter 类别之后的行为是 Login 类别。标记时，先前行为的数据可能没有完全传输完成，导致 Enter 类别的数据与其他类别的数据混合，但这种现象在其他类别中没有出现。因此，Login 类别的准确性低于其他类别。对于 0.09%的假阳性率，在排查数据时，发现抓取数据时的所打的标签错误也是一个重要原因。

在四种分类算法中，朴素贝叶斯分类效果最差，其他几种算法的效果类似。对于 SVM 算法，本实验采用了多维向量方法将特征空间映射到向量空间的分类算法，它在数据预处理时，通过构建成多维空间，已将特征稀疏化处理，而支持向量机的一个优点就是适合于高稀疏的特征分布，随机森林适合使用在多维度的特征中，K 近邻算法也适合用于多分类的识别中。因此，在评价结果中，这几种算法的识别都相对较高。

10.5.4 用户行为识别方法比较

为了验证本章方法的稳定性和有效性，本节将用户行为识别技术与另一种行为识别方法结合起来进行对比。本章的目标是针对社交软件的一种用户行为识别，因此同样也比较了另一种识别社交软件的方法。除此之外，另一种社交应用程序也通过加密的网络协议传输用户行为的数据。

微信的社交网络的行为识别中，Hou 等人[10]使用三组类型的特征，分别为双向包的数量和累积大小，包长度序列的 0.25、0.5 和 0.75 个百分点相关统计特征，以及包长度分布特征等来识别出微信中的 7 个典型活动并对用户行为进行分类。该文献采用了多种机器学习算法实现了微信用户活动的高精度分类。

本实验使用文献[10]相同的数据处理方法和使用相同特征来处理抓取的 Instagram 数据集。由于两种方法的数据集不同，为了使测试该方法可以得到最佳的结果，本章采用最佳配置来调整对比实验的参数，识别结果如图 10.12 所示，同时，本节为与该论文结果作对比，也采用随机森林进行行为识别，作为本方法与文献方法相对比的实验结果。

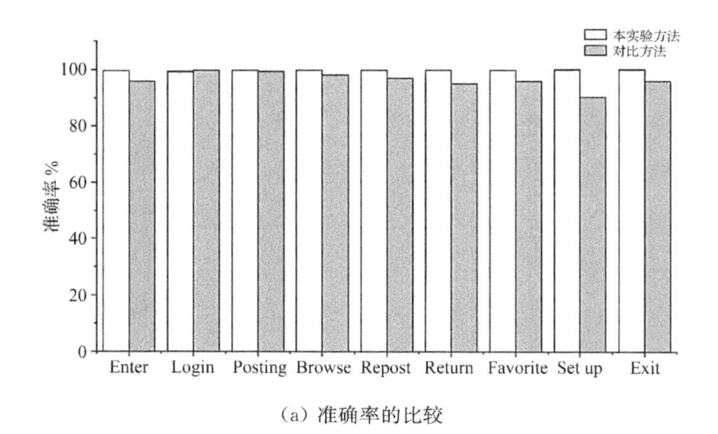

(a) 准确率的比较

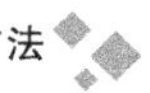

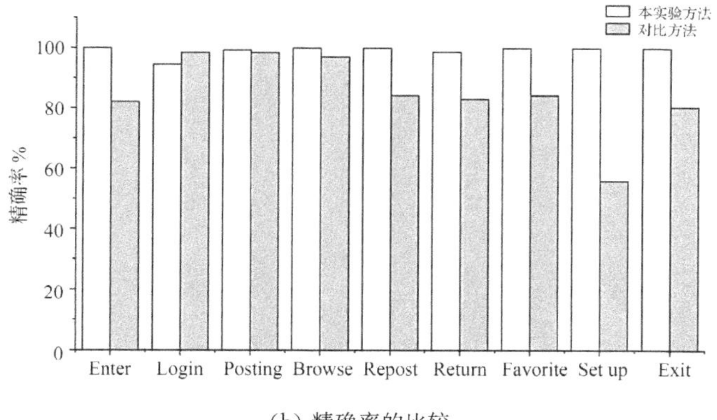

（b）精确率的比较

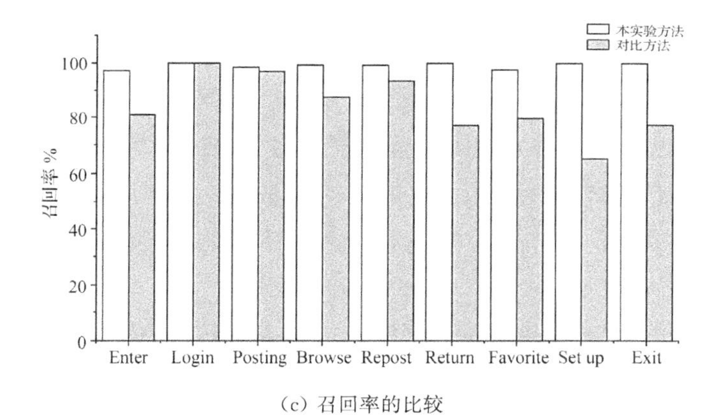

（c）召回率的比较

图 10.12　两种方法的比较结果

图 10.12 显示了两种方法中使用随机森林的比较结果，主要针对准确率、精确率和召回率三种评估指标。结果表明，本实验方法的准确率、精确率和召回率均高于另一种方法，本方法几乎在每个用户行为的分类结果都要高于另一种方法的识别结果，在后面几个用户行为的识别结果中本方法的优势更为明显。在结果的稳定性方面，从图中可以看出，本实验方法得到的结果波动很小，而另一种方法得到的结果在不同的行为之间评估指标波动的较大。比如一些结果高达 90%以上，而另一些则低至 60%以下。可以推断，本实验方法更具优势和稳定性。

与另一种方法相比，本实验方法采用了基于多维复合特征的用户行为识别技术，该方法在处理时排除了 Content 数据干扰的问题，同时提取了数据的EADU相关特征，减少了网络的波动带来特征的波动，保证了识别结果在不同行为中的稳定性。同时，利用多维特征空间也得到更有效的分类结果。结果表明，本方法的使用比一般方法的应用更加有优势。

10.6 本章小结

本章具体描述了基于多维复合特征的用户行为识别方法，该方法以加密流量的稳定数据为基础，然后对用户行为数据进行处理。通过以EADU为基础对加密流量处理并提取流量的多种特征，通过特征选择的方法选择重要性高的特征，利用该特征对加密流量的稳定数据和波动数据进行分离后获得以JSON服务器为主的稳定数据。然后，实验对稳定数据构建而成的数据集提取EADU的请求长度和应答长度两种特征，通过对数据长度范围的处理并构建多维的特征空间，最后利用不同的分类算法对九种用户行为进行识别。

在实验部分，本章详细叙述了用户行为所需数据集的采集方式和实验结果的评估指标，并且和另一种用户行为方法进行多个评估指标之间详细的对比，实验结果显示本章的基于多维复合特征的用户行为方法具有很高的准确率、精确率、召回率和较低的假阳性率，该方法能够准确地对Instagram这种使用RESTful架构的应用的用户行为进行用户行为识别。

参考文献

[1] Ata S, Iemura Y, Nakamura N, et al. Identification of user behavior from flow statistics[C]//2017 19th Asia-Pacific Network Operations and Management Symposium (APNOMS). IEEE, 2017: 42-47.

[2] Li D, Li W, Wang X, et al. ActiveTracker: Uncovering the Trajectory of App Activities over Encrypted Internet Traffic Streams[C]//2019 16th Annual IEEE

International Conference on Sensing, Communication, and Networking (SECON). IEEE, 2019: 1-9.

[3] Grolman E, Finkelshtein A, Puzis R, et al. Transfer learning for user action identication in mobile apps via encrypted trafc analysis[J]. IEEE Intelligent Systems, 2018, 33(2): 40-53.

[4] Fu Y, Xiong H, Lu X, et al. Service usage classification with encrypted internet traffic in mobile messaging apps[J]. IEEE Transactions on Mobile Computing, 2016, 15(11): 2851-2864.

[5] Liu J, Fu Y, Ming J, et al. Effective and real-time in-app activity analysis in encrypted internet traffic streams[C]//Proceedings of the 23rd ACM SIGKDD International Conference on Knowledge Discovery and Data Mining. 2017: 335-344.

[6] García-Dorado J L, Ramos J, Rodríguez M, et al. DNS weighted footprints for web browsing analytics[J]. Journal of Network and Computer Applications, 2018, 111: 35-48.

[7] Yu L, Cao J, Chen M, et al. Key frame extraction scheme based on sliding window and features[J]. Peer-to-Peer Networking and Applications, 2018, 11(5): 1141-1152.

[8] Fielding R T. Architectural styles and the design of network-based software architectures[M]. Irvine: University of California, Irvine, 2000.

[9] Pautasso C. RESTful web services: principles, patterns, emerging technologies [M]//Web Services Foundations. Springer, New York, NY, 2014: 31-51.

[10] Hou C, Shi J, Kang C, et al. Classifying user activities in the encrypted WeChat traffic [C]//2018 IEEE 37th International Performance Computing and Communications Conference (IPCCC). IEEE, 2018: 1-8.

第 11 章

基于服务数据矩阵的社交软件用户行为识别方法

11.1 研究背景

社交软件以其便捷的功能改变了人们的生活方式，并且拥有着庞大的用户群体，因此针对社交网络的用户行为识别具有重要的意义。一方面，识别出用户行为可用于市场调研、广告精准推送，也可作为运营商评估服务质量的依据。另一方面，也存在利用社交软件传播恶意消息扰乱社会治安的现象，对这些行为进行识别有助于对网络空间的监管。由于社交软件普遍使用加密传输，无法通过解析分组信息得到有效信息。近年来面向加密流量的社交软件用户行为识别技术成为一个研究热点。

本书第 10 章介绍了一种从 TLS 流量中提取稳定的 JSON 数据作为特征来识别社交软件用户行为的方法[1]，该研究在全流量中过滤掉波动比较大的视频、图片格式的数据，一定程度上减少了传输环境对分类结果的影

响，在识别 Instagram 用户行为中取得了很好地识别性能，但是该方法对流量的预处理要求比较高，且在处理 TLS 流量时需要缓存多个分组内容，一旦分组丢失往往影响比较明显。该方法面向使用 RESTful 架构的社交软件，在实际使用中，由于移动应用实现机制的不同，尚无普遍适用的方法。

为了能够达到准确的用户行为识别效果，需要将用户行为产生的干扰流量过滤掉。因为相同用户行为产生的网络流量也会存在较大的差别，对行为识别结果造成影响。在使用社交软件时会遇到以下情况：(1)在短时间内传输相同的文件时，由于缓存机制的存在，只会传输很小的数据量用于确定本次传输文件与已缓存文件的对应关系；(2)用户行为由若干步骤组成，例如传输图片视频时用户收到消息提醒后会看到“点击下载”的提示，而不是直接完成了全部数据的传输。这些情况使得直接使用所有流量进行分析很难正确分类用户行为。

本章从社交软件的全流量中选择更能刻画细粒度用户行为的流量子集，提出了控制服务的概念和提取方法，分析了控制服务的流量特征，并设计了基于序列的神经网络用于识别用户行为。通过实现 WhatsApp 用户行为实时识别系统对方法进行了实验与验证。

11.2　移动应用的控制信息

控制信息是一种特殊的流量数据，实现移动应用时，为了支撑多样化的功能，移动应用需要使用不同类型的服务器和标准 Web 服务接口(Application Programming Interface，API)，需要对不同类型的数据传输进行协调和控制，本章将此类信息称为控制信息，这些控制信息是功能实现的基础，但是并非用户传递的信息，具有相对的稳定性。

控制数据流是用于对服务进行控制协调的数据流。由于移动应用采用了大型软件模块化设计，使用来自不同开发者的标准服务接口，用户行为所触发的流量不仅包括与内容相关的流量，还包括调用这些标准服务接口的控制信息。将这些控制信息按照一定的规则组合起来形成的数据流被称为控制流。

相比现有研究方法提取的流量特征，从控制信息提取的特征具有更好的稳定性，因此分类结果也具有较好的稳定性。

据 GlobalWebIndex 关于社交媒体的趋势报告[2]，WhatsApp 是目前除中国大陆外使用最为广泛的即时通信应用之一，本章将 WhatsApp 作为研究对象，提取 WhatsApp 用户行为产生加密流量中的控制流进行研究，实验证明该方法不仅可以对 WhatsApp 细粒度的用户行为进行识别，还具有很高的识别准确度和稳定性。

11.3 面向加密流量的社交软件用户行为识别方法

现有的研究方法主要依赖于加密流量的统计特征，而这些特征容易受到传输路径的影响。在实际应用中，流量特征和行为之间的关系并不稳定。由于缓存使用和应用程序设计的差别，相同用户行为产生的加密流量有可能差异很大，例如短时间内传输同样的文件时，最开始会传输整个文件，但随后只会传输很少的数据，用于从缓存中调用已有的数据，又例如当用户收到图片或视频消息提醒时，需要点击下载才能完全传输数据，而不是直接完成传输。由于上述情况的存在，对所有流量信息进行同等的分析很难稳定地区分出用户行为。因此，针对上述问题，需要一种新的方法，可以从加密流量中提取控制信息，并使用深度学习的方法自动提取控制信息中的特征，以适应多变的用户行为。

11.3.1 总体框架

本章提出的方法如图 11.1 所示，主要由 3 个部分组成：控制流的识别、控制流的特征提取和分类模型的训练。

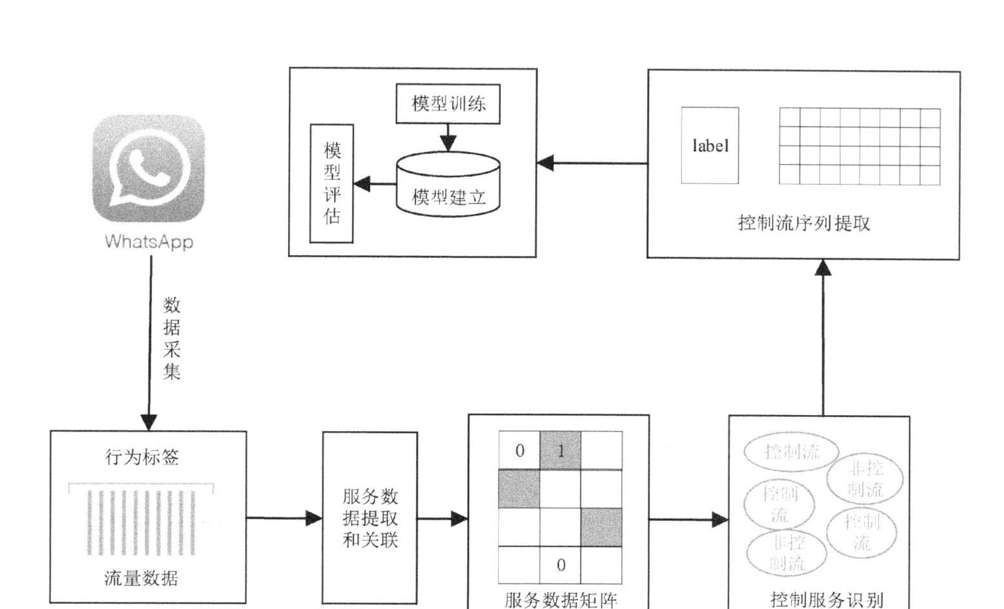

图 11.1　基于控制流的用户行为识别模型构建流程

11.3.2　控制流的定义

在说明控制流之前，首先介绍本章分析的数据流和服务流的概念。

定义 1　数据流。具有相同的五元组（源 IP 地址，源端口号，传输协议，目的 IP 地址，目的端口号）的分组序列为数据流。用户向服务器发送的数据流称为上行流，而服务器向用户发送的数据流则称为下行流。

定义 2　服务流。具有相同的三元组（IP 地址，端口号，传输协议）的分组序列为服务流。由于负载均衡的使用，同一个服务可以由多个 IP 地址提供，但它们使用的是同一个域名。在本章中，我们将使用同一个域名的多个三元组流称为关联服务。

控制数据流是用于对服务进行控制协调的五元组数据流。由于移动应用采用了大型软件模块化设计，使用来自不同开发者的标准服务接口，用户行为所触发的流量不仅包括与内容相关的流量，还包括调用这些标准服务接口的控制信息。将这些控制信息按照一定的规则组合起来形成的数据流被称为控制流。

触发控制流的是一些公用的服务，这些服务的流量特征相对稳定，可用于训练分类模型。因此，本章将对这些具有稳定性的控制流进行研究。

11.3.3 基于服务频次识别控制流

根据控制流的定义可知每个用户行为都会触发控制流，在数据集中会存在大量的控制流数据，基于此本章引入了服务频次的概念，并设计了基于服务频次的控制流识别方法。相对于数据流，服务流的特点是会多次重复出现。本方法借鉴了文本处理中词频的概念，认为出现频率较高的服务在分类中具有较高的重要性。因此，我们对每个用户行为中出现的服务进行统计，计算其频次，并根据频次来确定控制流。

11.3.3.1 服务频次

假定数据集中有 n 个用户行为的流量样本，每个样本中完成 1 种用户行为，包含了 u 种不同的用户行为。数据集中共产生了 m 种不同的服务 $[S_1,\ S_2,\ \cdots,\ S_m]$，第 p 个样本在用户行为时间内产生的服务可以使用向量 $\boldsymbol{S}_p=[S_1^p,\ S_2^p,\ \cdots,\ S_m^p]$ 表示，向量 $\boldsymbol{S}_p$ 是按服务是否触发对流量样本 p 编码形成的独热编码，其中 S_m^p 的值取 0 代表样本 p 在特定时间内没有出现服务 s_m，S_m^p 的值取 1 代表样本 p 在特定时间内出现了服务 s_m。样本的服务向量 $\boldsymbol{S}_p$ 组成的服务矩阵如公式 11.1 所示。公式 11.2 定义了该数据集中服务 s_m 的服务频次 f_{s_m}，其中分子项表示该服务在所有样本中出现的次数，分母项表示在所有样本中出现的全部服务的次数。

$$\boldsymbol{S}=\begin{bmatrix} S_1^1 & S_2^1 & \cdots & S_m^1 \\ S_1^2 & S_2^2 & \cdots & S_m^2 \\ \vdots & \vdots & & \vdots \\ S_1^n & S_2^n & \cdots & S_m^n \end{bmatrix} \qquad \text{公式 11.1}$$

$$f_{S_m}=\frac{\sum_{i=1}^{n} S_m^i}{\sum_{i=1}^{n}\sum_{j=1}^{m} S_j^i} \qquad \text{公式 11.2}$$

在计算上述的服务频次时，我们并不需要完整地采集用户从开始使用

到结束的所有数据，而只需要采集足够的样本数据即可。此外，对于一些特殊的数据分组，例如载荷为 0 的分组或者流的控制信息分组，我们会直接进行过滤，不加入统计计算。

11.3.3.2　关联同一服务

由于负载均衡的使用，同一服务可能会有多个不同的三元组流标识。关联同一服务是将这些三元组流关联起来，在分析过程中统一计算它们的频次，从而得到同一服务的总频次。

为了关联同一服务，需要建立同一个服务的域名和多个 IP 地址之间的映射关系。尽管可以通过 DNS 查询获取域名与 IP 地址之间的映射关系，但是由于存在 DNS 的负载均衡机制，即时的 DNS 查询只能获得部分 IP 地址。为了解决这个问题，本章基于多次 DNS 查询构建了服务的域名和 IP 地址的对应关系库。表 11.1 给出了本地域名和 IP 地址关系库中 WhatsApp 相关的记录，第 1、2 行记录表明每个服务对应 1 个域名和多个别名，以及多个 IP 地址，其中别名的 3 级域名标识了服务器的功能，第 3 行记录表明 WhatsApp 调用了谷歌位置服务。

关联同一服务后，可以使用三元组（域名，端口，传输协议）来统一表示 1 个服务。需要注意的是，WhatsApp 应用使用的服务较多，并且为了提高用户的服务感受，大型 APP 服务商都使用了 CDN 技术和任播（anycast）技术进行数据加速，这会导致不同地区用户使用的服务器也会有区别。因此无法在本章中罗列全部的域名映射，表 11.1 是基于本章的数据集给出的主要域名映射。

表 11.1　WhatsApp 相关的主要域名映射

<table>
<tr><th>序号</th><th>域名</th><th>别名</th><th>IP 地址</th></tr>
<tr><td rowspan="6">1</td><td rowspan="6">mmx—ds.
cdn.
whatsapp. net</td><td>graph. whatsapp. net</td><td rowspan="6">157.240.22.53
31.13.70.49
31.13.64.51
157.240.210.60</td></tr>
<tr><td>static. whatsapp. net</td></tr>
<tr><td>mmg. whatsapp. net</td></tr>
<tr><td>dit. whatsapp. net</td></tr>
<tr><td>scontent. whatsapp. net</td></tr>
<tr><td>www. whatsapp. com</td></tr>
</table>

(续表)

序号	域名	别名	IP 地址
2	chat. cdn. whatsapp. net	g. whatsapp. net	157.240.206.61 157.240.27.55 157.240.21.53 31.13.64.53
3	maps. googleapis. com		172.217.164.106 172.217.6.42 216.58.200.234

11.3.3.3 基于服务频次和传输特征识别控制流

尽管我们已经关联了同一服务，但在加密传输的情况下，无法确定它是控制流还是数据流。因此，在本节中，我们将基于服务频次和数据传输特征来识别控制流。

为了计算服务频次，我们需要基于已有的训练数据构建服务矩阵，然后根据公式 11.2 进行计算。图 11.2 显示了对 WhatsApp 数据集进行计算得到的服务频次。关联后的服务使用传输协议、域名和端口来表示，例如 T_www. whatsapp. com：443 表示该服务使用了 TCP 协议的 443 端口，域名为 www. whatsapp. com。

图 11.2 展示了使用 WhatsApp 过程中各个服务频次的占比。其中，服务频次最高的 4 个服务由 g. whatsapp. net 和 www. whatsapp. com 这 2 个服务器产生。具体地，g. whatsapp. net 通过 TCP 协议的 80、443、5222 端口

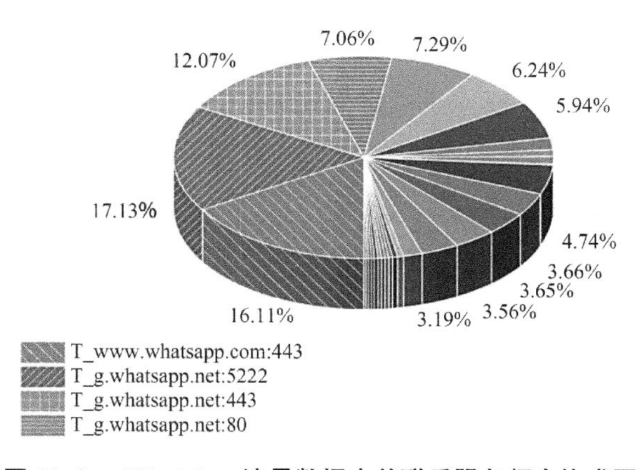

图 11.2 WhatsApp 流量数据中关联后服务频次构成图

提供了 3 种服务，而 www. whatsapp. com 只通过 443 端口提供 1 种服务。尽管这 2 个服务器都提供了通过 443 端口的 TCP 服务，但是 g. whatsapp. net 的 443 端口连接并没有进行 TLS 握手过程，实际上并没有使用标准的 TLS 协议，而 www. whatsapp. com 的 443 端口连接遵循了标准的 TLS 协议。这说明 g. whatsapp. net 提供的服务可能不是面向常规的客户端，而更可能是应用内部的控制服务。

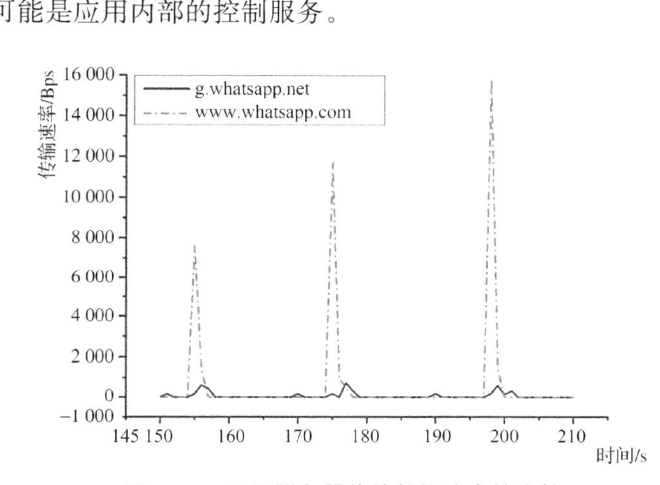

图 11.3　不同服务器传输数据速率的比较

此外，相对于数据服务而言，控制服务的数据量较小，但需要在应用过程中始终保持连接。基于这一特点，我们对 WhatsApp 的流量数据进行分析。图 11.3 展示了频次最高的 2 个服务器数据传输的速率。尽管这 2 个服务器的传输时间相近，但是 g. whatsapp. net 的传输数据速率明显较低。

综合控制流的传输特征和关联服务的服务频次，以及域名 g. whatsapp. net 对应服务器的数据流特征，本章将 g. whatsapp. net 对应服务器产生的数据流识别为控制流。

11.3.4　控制流分析

不同的用户行为所需要的控制服务组合是不一样的，如果能识别出数据中的控制服务并据此分类，可以有效地对用户行为分类。但是服务数据被加密传输后，无法通过分析分组中的负载内容识别服务类型，本章使用分组的长度作为识别依据。

为进一步分析控制流的特征，本章提取了控制流的数据分组负载长度组成序列并进行分析。不同用户行为下的数据分组负载长度序列如图11.4、图11.5所示，图中展示了8种不同用户行为所对应的控制流数据分组负载长度的变化。在图例中，使用'a_'代表该行为包含主动和被动2种状态，而其余2种行为只有主动状态。图11.4展示了不同用户行为触发的上行控制流负载长度序列具有明显的差异，而图11.5显示了不同用户行为触发的下行控制流负载长度序列具有一定的相似性。

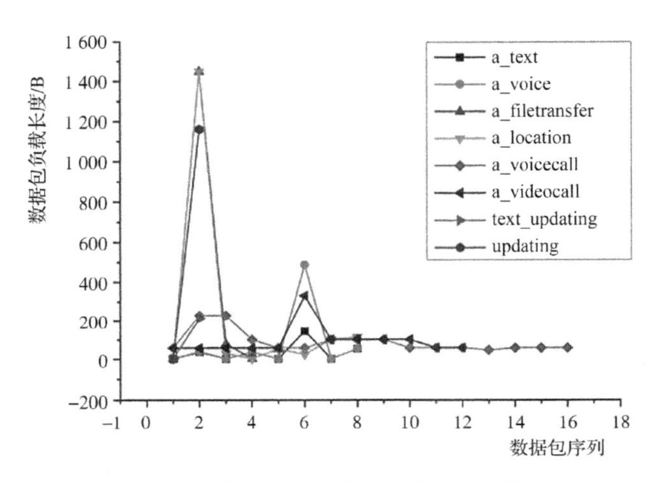

图 11.4　不同用户行为触发的上行控制流负载长度序列

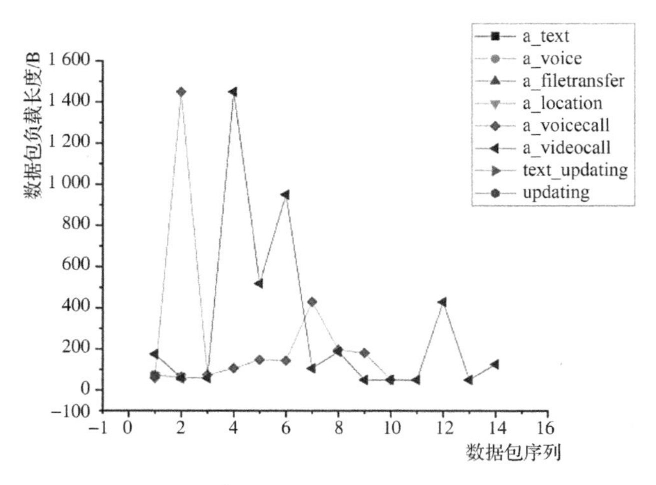

图 11.5　不同用户行为触发的下行控制流负载长度序列

本章使用余弦相似度度量上下行数据流中负载长度序列的相似性。为了区分上行和下行数据，本章采用负值表示上行数据分组负载长度，而使用正值表示下行数据分组负载长度，完整的控制流负载序列由正和负的负载长度序列组成。计算余弦相似度时将 2 个序列看作向量，使用 2 个向量间夹角的余弦值来表征 2 个序列的相似性，这可以由公式 11.3 计算，其中 X_i，Y_i 分别为序列 X，Y 中的第 i 个元素，L 为序列的长度，如果某个序列的长度小于 L，则会对该序列进行补 0 处理。根据公式 11.3 计算得到的结果范围为 [−1, 1]。当结果接近 1 时，表示序列相似度高；反之，当结果接近 0 时，表示序列相似度低。

公式 11.3 所得到的 2 个序列之间的相似度具有一定的偶然性，为此我们进一步计算 2 组序列之间的相似度。在本章中，我们使用公式 11.4 计算 2 组序列的平均余弦相似度，其中 A_i 表示第 1 组序列中的第 i 个序列，B_i 表示第 2 组序列中的第 j 个序列，例如上文提到的序列 X、Y、P 和 Q 分别为 2 组序列中的序列个数。

$$cos\_sim(X, Y) = \frac{\sum_{i=1}^{L} X_i \times Y_i}{\sqrt{\sum_{i=1}^{L} (X_i)^2} \times \sqrt{\sum_{i=1}^{L} (Y_i)^2}} \qquad \text{公式 11.3}$$

$$avg\_sim(A, B) = \frac{\sum_{i=1}^{P} \sum_{j=1}^{Q} cos\_sim(A_i, B_j)}{P \times Q} \qquad \text{公式 11.4}$$

各用户行为触发的控制流分组负载长度序列的平均余弦相似度如图 11.6 所示，每个单元格中的数值表示横轴和纵轴对应行为之间的平均相似度。不同用户行为产生的控制流分组负载长度序列之间的平均余弦相似度存在显著差异，因此使用这个特征对用户行为进行分类应该具有较好的效果。

然而，也存在一些特殊情况：a_location 和 a_filetrans 行为的控制流序列之间具有较高的相似度，而 a_voicecall 和 a_videocall 行为内部的控制流序列相似度较低。这种差异可能与应用程序的设计有一定的关系。

总的来说，WhatsApp 的控制流分组负载长度序列在不同用户行为下具

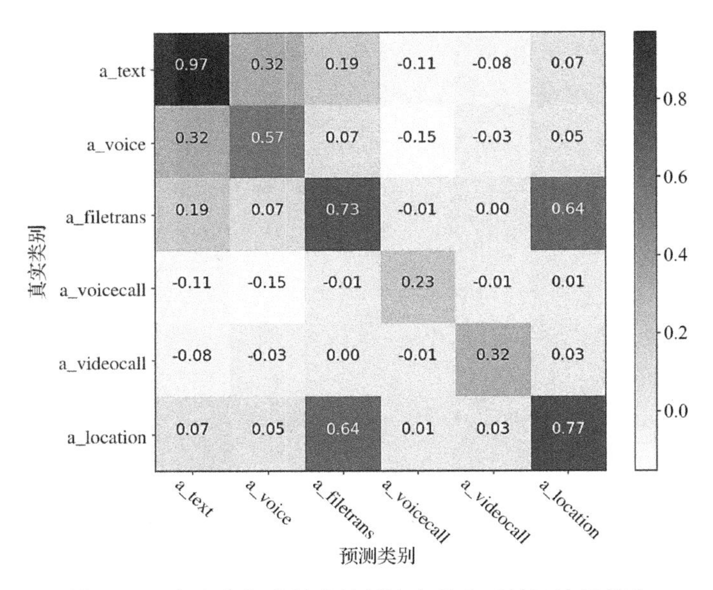

图 11.6　各用户行为触发控制流负载序列的平均相似度

有明显的可区分性，因此本章利用控制流分组负载长度序列来区分用户行为是可行的。

11.3.5　基于控制流负载长度序列的行为分类

卷积神经网络(Convolutional Neural Network, CNN)和循环神经网络(Recurrent Neural Network, RNN)主要用于自然语言处理领域的分类，但是 RNN 的计算代价比较大，而 1 维 CNN 具有轻量级的特点，相比之下，它所需的计算代价远小于 RNN，因此，在本章中我们选择了 CNN1D 作为其中 1 个分类算法。此外，长短期记忆网络(Long Short-term Memory, LSTM)因其能够应对 RNN 中的梯度消失问题，也得到了广泛应用，本章也将其作为分类算法之一。

本章利用了 CNN1D 和 LSTM 模型处理文本信息的方法，将每一个 WhatsApp 控制流数据分组负载长度视为文本向量中单词的索引值。通过 Keras 中的 Embedding 层，本章将控制流数据分组负载长度序列映射到 1 个固定维度的空间中，并分别利用 CNN1D 和 LSTM 模型对映射后的负载长度序列进行处理。图 11.7 和图 11.8 展示了本章的模型架构，LS-CNN 模型采用了 1 个 CNN 层来提取 Embedding 层输出序列的特征，然后通过全局池化和 2 个全连接层完成了分类任务。LS-LSTM 模型利用 1 个 LSTM 层来提取 Embedding 层输出序列的特征，并通过 1 个全连接层来完成分类任务。这 2 个模型的超参数设置如表 11.2 所示，其中，LS-CNN 模型中的全局池化层采用默认设置，并自动设置了神经元个数。

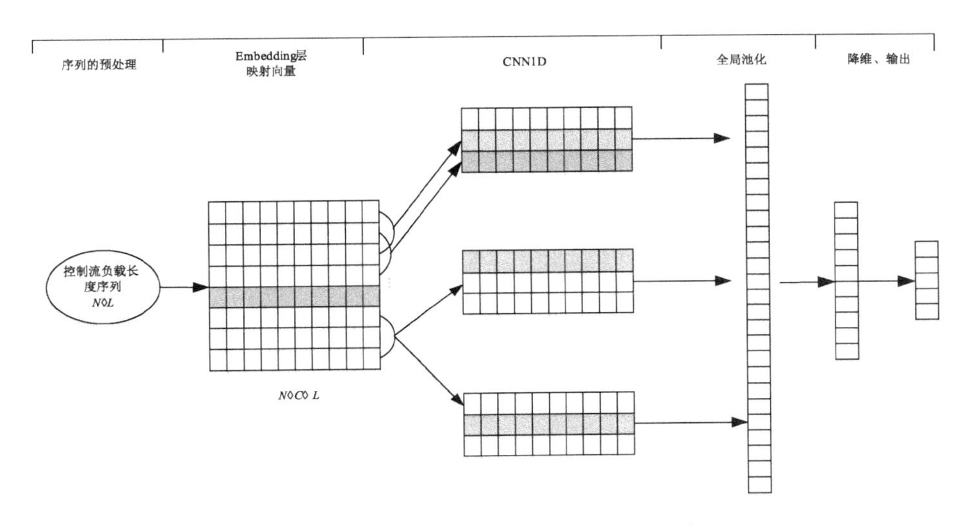

图 11.7　LS-CNN 神经网络模型的架构

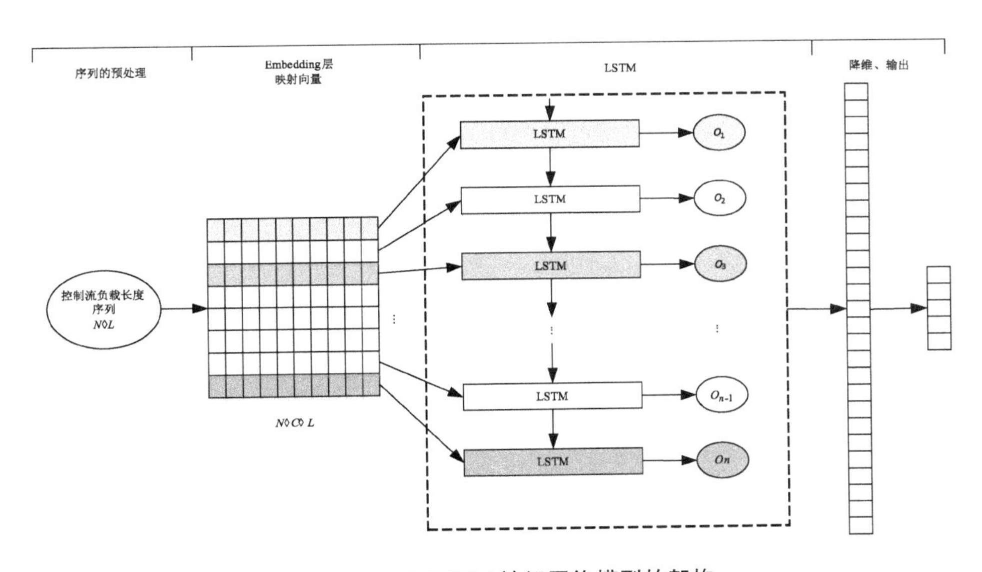

图 11.8　LS-LSTM 神经网络模型的架构

表 11.2　LS-CNN 和 LS-LSTM 的超参数设置

模型	Embedding 层		CNN 层		全连接层	输出层
	输入	输出	卷积核	输出	输出	输出
LS-CNN	10 000	32	3	32	64	14

模型	Embedding 层		LSTM 层	输出层
	输入	输出	隐藏层	输出
LS-LSTM	10 000	32	32	14

11.3.5.1　输入序列的预处理

输入序列的预处理有 2 个目标：第 1 个目标是将长度序列中的负值转化为非负值；第 2 个目标是确保所有序列的长度相等。由于本章中使用正负值来区分上行数据和下行数据，但是模型的 Embedding 层只能输入非负值，因此本章通过平移将负值转换为非负值。此外每条控制流的长度是不固定的，在训练模型时通常要求输入具有相同维度的数据，本章通过对输入的序列进行填充和截断，确保序列长度的一致性。

假设样本中有 N 个控制流分组负载长度序列，$l_p=[L_1^p, L_2^p, \cdots, L_{n_p}^p]$ 表示第 p 个样本的长度序列，序列长度为 n_p。公式 11.5 描述了将序列平移为非负值的方法。通过应用公式 11.5，上行数据分组负载长度的数值被映射到[0, 1 500)的范围内，而下行数据分组负载长度的数值被映射到[1 500, 3 000)的范围内。由于网络路径的 MTU 通常小于 1 500 B，因此经过公式 11.5 处理的上下行序列长度数值不会发生重叠。需要注意的是，该过程只是进行了平移，也不会改变分组载荷长度序列的语义。

$$L_i^p=L_i^p+1\,500, \quad 0<i\leqslant n_p, \ p\in(0, N) \qquad \text{公式 11.5}$$

为了使长度序列具有相同的长度，可以通过填充或截断处理来实现，这样我们可以形成 1 个 $N\times L$ 维张量，其中 N 表示样本总数，L 表示序列长度。通过对样本数据进行分析，我们发现控制流中分组的数量较少，因此我们选择将 L 设定为 100。

11.3.5.2　Embedding 层

Embedding 层的作用是将单词的向量表示从二进制、稀疏的高维向量

映射到低维的浮点数向量，我们可以利用浮点数向量之间的几何距离来表征单词之间的语义关系，向量表示可以通过从数据中学习得到。

本章将经过预处理后的长度序列中的元素看作单词的索引，使用 Embedding 层将长度序列映射到 1 个固定维度的空间中。因为控制序列分组个数较少，Embedding 层的输入维度被设置为 10 000，输出维度被设置为 32。

11.3.5.3　卷积层和 LSTM 层

CNN 结合池化层的降采样技术，展现出强大的局部感知能力，能够在不同感受野上提取特征，从而减少问题的复杂度，并提升模型的泛化能力。LS-CNN 模型采用 1 维卷积层来提取控制流分组负载长度序列的局部特征，其中卷积核的大小设置为 3。

LSTM 是 RNN 的一种变体，解决了 RNN 网络难以处理的长期依赖问题，在处理长序列问题时表现出了优异的性能。LSTM 通过其内部的记忆单元，能够有效地存储信息并学习长期依赖关系。LS-LSTM 模型采用了 LSTM 层来提取控制流分组负载长度序列的特征，隐藏层结点个数设置为 32。

11.3.5.4　全连接层

模型中的全连接层具有两个作用：一是实现全局池化层或隐藏层输出的降维，同时保留有效信息；二是进行分类。

在多分类问题中，全连接层的输出结果是 1 个多维的特征向量，经过 softmax 函数处理后可以将其归一化为具体的类别。在多分类任务中，输出的结果是 1 个 1 维向量，其中每个值代表对应的属性属于某一类别的概率。这些概率值经过归一化处理，使得它们的总和为 1。因为 softmax 函数能够将向量中的每个分量映射到[0,1]之间，并对整个向量的输出进行归一化，以确保所有分量输出的总和为 1，这正好符合对输出结果的要求，因此在多分类问题中，最后需要对提取的特征进行 softmax 函数处理。本章中的 2 个模型均采用了输出维度为 14 的全连接层，并使用 softmax 函数作为激活函数。

11.3.5.5　优化器

本文中 2 个模型的优化器采用交叉熵作为损失函数，通过梯度下降来优化以下目标函数：

$$L = -\frac{1}{n}\sum_{i=1}^{n}\sum_{c=1}^{M} y_{ic}\lg(p_{ic}) + \frac{\lambda}{2n}\sum_{i=1}^{n}\omega_i^2 \qquad \text{公式 11.6}$$

公式 11.6 中的 y_{ic} 表示样本 i 是否属于类别 c，其取值为 0 或 1；p_{ic} 表示样本 i 被预测为类别 c 的概率；M 为样本中待分类的类别数；n 为样本总数。公式 11.6 右边的第 1 项为常规交叉熵的表达式，第 2 项是对权重的平方和进行量化调整的正则化项，本文中 2 个模型的正则化参数均为 0.001。

11.4 实验与评估

11.4.1 实验数据集介绍

如表 11.3 所示，我们选择了 8 种常见的 WhatsApp 用户行为。除了状态更新外，这些行为都可以分为接收和发送 2 种状态。其中，用户通过 WhatsApp 客户端发出的行为被称为主动行为，而用户接收的行为被称为被动行为。

表 11.3 WhatsApp 的用户行为

用户行为	描述
文本信息	接收或者发送文本或者表情符号
语音信息	接收或者发送语音
文件传输	传输图片、视频和文档等
位置服务	发送位置或者位置共享
文本状态更新	上传文本或者表情信息
状态更新	上传图片、视频等
语音电话	通过 WhatsApp 拨打电话
视频电话	通过 WhatsApp 视频通话

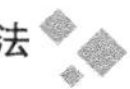

为了使采集的流量数据具有更丰富的类型，贴近 WhatsApp 实际使用时产生的流量，我们选择了 2 种操作系统和 4 个品牌的智能手机作为实验设备。表 11.4 给出了这些设备的平台及版本。图 11.9 展示了流量采集的拓扑结构，实验手机通过无线接入点 AP1 和 AP2 连接到因特网。我们使用自动化脚本来模拟人工操作，并实现了表 11.3 列出的 8 种主、被动行为的自动操作，及行为的自动标签。我们使用 Wireshark 工具来捕获实验期间产生的流量，并将其存储为 pcap 文件。

表 11.4　智能设备及软件版本

实验手机	操作系统及版本	WhatsApp 版本
iPhone11	iOS14.41	2.21.8.18
Xiaomi 9	Android9-Miui 10 215.0	2.21.8.18
Redmi k-30	Android10-Miui 12 20.8.13	2.21.8.18
Huawei P40	Android10-EMUI 9.1.0.139	2.21.8.18

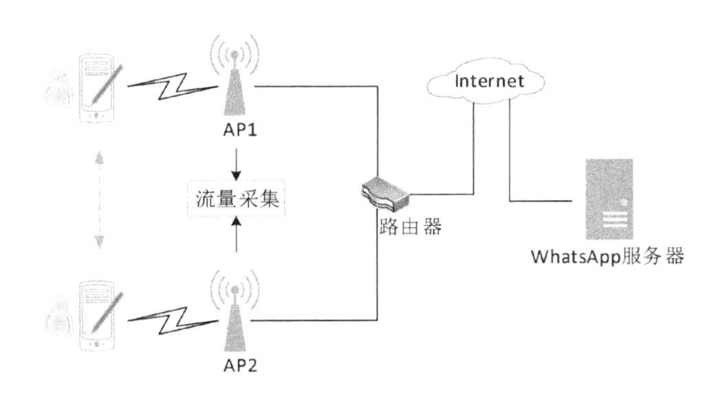

图 11.9　WhatsApp 流量采集环境

最终，在 1 周的数据收集过程中，我们成功收集了 WhatsApp 的 14 种主、被动用户行为所产生的流量，总计达到了 8.47 GB，表 11.5 展示了这些数据的概要信息。经过数据处理，我们发现并非每个样本都能够采集到控制流数据。约 0.41%的样本中没有发现控制数据，可能的原因有：

1）样本中控制服务的 IP 地址没有在 WhatsApp 的域名和 IP 地址的对应关系库中被记录，因此无法发现控制数据；

2）由于智能手机的网络连接出现异常或者自动化控制脚本出现异常，导致用户行为没有被正常执行，这些样本被归类为异常样本，所占比例很小。

本章将上述2种样本标记为不可分类样本，使用本章方法无法对其进行分类。

表 11.5　数据集概要

用户行为	主动	被动	占比(%)
文本信息	778	503	12.5
语音信息	764	522	12.6
文件传输	1 488	1 003	24.3
位置服务	1 356	747	20.5
文本状态更新	612	—	5.9
状态更新	1 157	—	11.3
语音电话	349	347	6.8
视频电话	331	278	6.0
总样本数	10 235		

—表示该用户行为不存在对应的被动行为

11.4.2　评价指标

本章使用精确率 Precision、召回率 Recall 和 F1 得分 F1-score 来评估方法的性能，计算公式如公式 11.7-9 所示。其中，TP(True Positive)是指被正确分类的用户行为，FP(False Positive)是指被错误分类的用户行为，TN(True Negative)是指被正确判定为不属于某类用户行为，FN(False Negative)是指被错误判定为不属于某类用户行为。

$$Precision = \frac{TP}{TP + FP} \qquad \text{公式 11.7}$$

$$Recall = \frac{TP}{TP + FN} \qquad \text{公式 11.8}$$

$$F1\text{-}score = \frac{2 \times Precision \times Recall}{Precision + Recall} \qquad \text{公式 11.9}$$

11.4.3　LS-CNN 模型和 LS-LSTM 模型性能比较

首先比较了 LS-CNN 模型和 LS-LSTM 模型的分类性能。选择序列长度为 100，随机选取数据集中 30% 的样本作为测试集，LS-CNN 和 LS-LSTM 的混淆矩阵分别如图 11.10 和图 11.11 所示。计算各分类性能指标的算术平均数如表 11.6 所示，LS-CNN 和 LS-LSTM 的整体精确率分别为 97.13% 和 96.33%，可见在分类性能上 LS-CNN 优于 LS-LSTM。

表 11.6　LS-CNN 与 LS-LSTM 模型的识别结果

序号	用户行为	样本数	LS-CNN			LS-LSTM		
			Precision (%)	Recall (%)	F1-score (%)	Precision (%)	Recall (%)	F1-score (%)
1	a_text	354	98.4	98.8	98.6	98.2	97.3	97.7
2	a_voice	321	97.8	99.1	98.5	99.1	98.2	98.7
3	a_filetrans	647	98.0	97.6	97.8	96.8	96.6	96.4
4	a_voicecall	86	100.0	100.0	100.0	97.0	100.0	94.0
5	a_videocall	110	93.8	97.4	95.5	92.8	95.1	93.9
6	a_location	523	97.0	97.8	97.4	96.0	97.6	96.8
7	p_text	120	98.8	96.4	97.6	98.8	97.7	98.3
8	p_voice	136	100.0	95.8	97.8	100.0	97.9	99.0
9	p_filetrans	263	95.5	92.4	93.9	94.8	94.8	94.8
10	p_voicecall	84	100.0	98.3	99.1	98.0	98.0	98.0
11	p_videocall	117	97.6	98.8	98.2	98.4	95.2	96.8
12	p_location	207	92.2	97.2	94.6	94.8	92.9	93.9
13	text_updating	214	100.0	98.0	99.0	98.1	98.7	98.4
14	updating	426	99.0	98.7	98.8	99.0	98.7	98.8

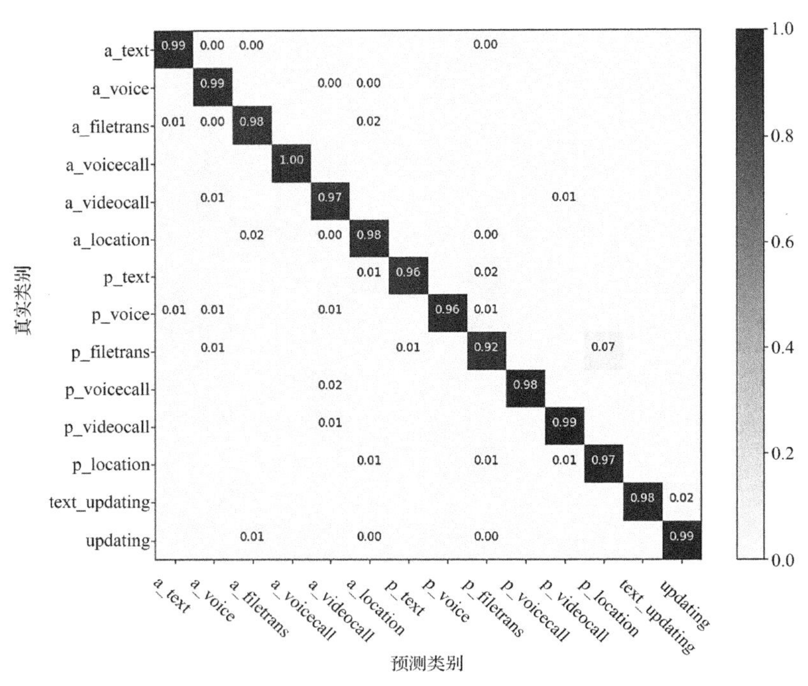

图 11.10 LS-CNN 的分类结果混淆矩阵

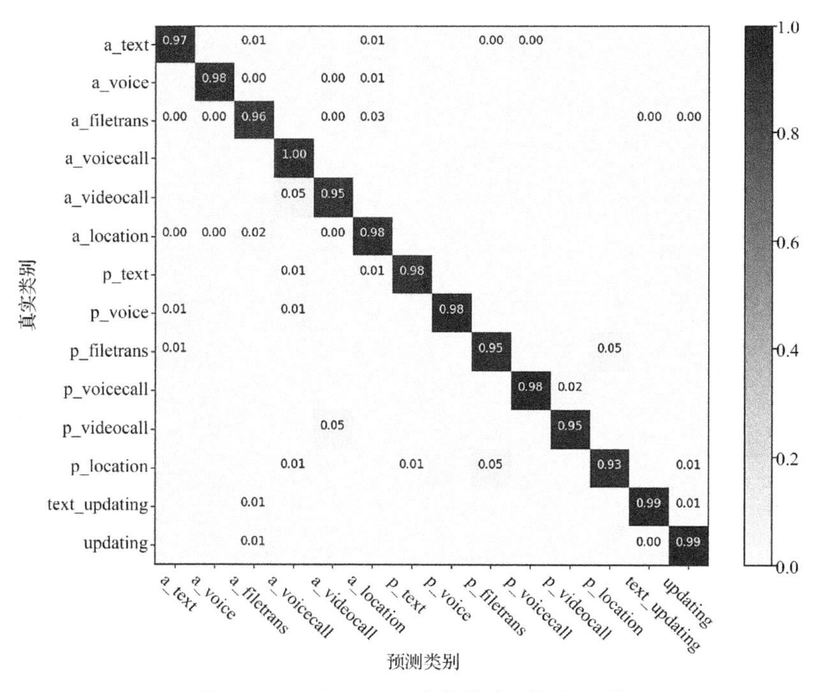

图 11.11 LS-LSTM 的分类结果混淆矩阵

然后本章比较了 LS-CNN 模型和 LS-LSTM 模型的时间性能。对于模型训练过程和训练好的分类器，通过 10 次训练，并使用 1 个训练好的模型，对验证集进行 10 次预测验证，每次批量预测 3 000 个样本，LS-CNN 和 LS-LSTM 的训练和测试时间如表 11.7 所示，在时间性能上 LS-CNN 也优于 LS-LSTM。

表 11.7　LS-CNN 与 LS-LSTM 模型训练和测试时间

模型	训练时间(s)	测试时间(s)
LS-CNN	53.11	0.42
LS-LSTM	212.57	0.82

11.4.4　选择不同序列长度对识别结果的影响

不同的序列长度会对分类结果造成影响，如果长度过短，会导致控制流分组负载长度序列中过多的数据被截断，不能送入神经网络进行训练或预测。表 11.8 给出了 LS-CNN 模型在不同长度序列下的分类性能，当序列长度为 5 时，模型的分类精确率可达到 93.3%。随着序列长度的增加，精确率也会增加。当序列长度超过 20 时，模型的分类精确率大于 96%，当序列长度为 100 时，分类精确率可达到 97.7%。这说明只需检测控制流中很少的数据分组就可以达到很高的识别精度。

表 11.8　不同序列长度下 LS-CNN 模型的分类性能

序号	序列长度	Precision(%)	Recall(%)	F1-score(%)
1	5	93.3	93.2	93.2
2	10	95.8	95.8	95.8
3	20	96.4	96.4	96.4
4	30	96.8	96.8	96.7
5	40	96.9	96.8	96.8
6	50	97.0	97.0	97.0
7	60	96.8	96.7	96.7
8	70	96.4	96.3	96.3

（续表）

序号	序列长度	Precision(%)	Recall(%)	F1-score(%)
9	80	96.8	96.8	96.8
10	90	96.5	96.4	96.4
11	100	97.7	97.6	97.6
12	110	97.6	97.5	97.6

11.4.5 与类似工作的比较

为了验证本章提出的方法，将本章方法与类似工作进行了比较。

由于数据采集较为方便，微信的行为识别相对来说研究成果较多。文献[3]中，Hou 等人研究了微信使用的 MMTLS 协议，并且分析对比了不同行为所触发的不同协议流量，使用上下行数据量、数据分组长度分布等作为特征，进行了用户行为识别的分析。

图 11.12 显示了使用文献[3]的方法对本章 WhatsApp 用户数据集进行识别的结果。在整体上文献[3]提出的方法识别准确率较低，特别是文本状态更新的识别精确率仅为 65%。显然，使用该方法无法有效区分不同类型的文本行为，例如发送/接收文本、文本状态更新；此外，由于数据集中的一些被动行为仅传输了缩略图而没有传输完整数据，因此文件传输和

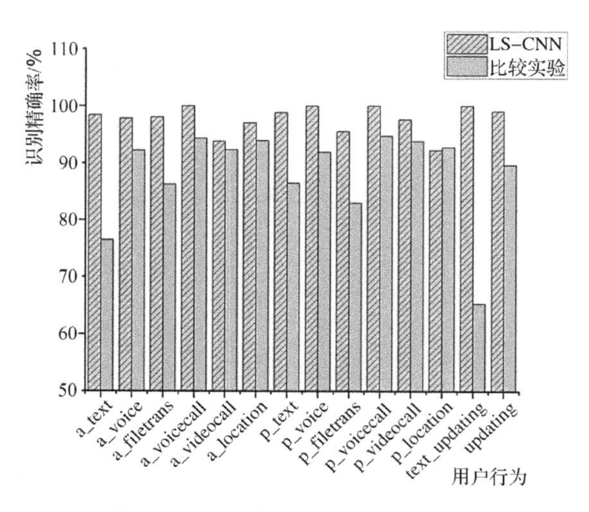

图 11.12　两种方法识别结果的比较

部分被动行为的识别精准度较低；同时文件缓存的存在使某些文件传输行为传输的数据大大减少，造成使用传输数据量作为特征的方法的识别性能降低。

从识别的原理分析，由于参考文献[3]提出的方法使用的数据是每流的上行、下行的数据量和数据包长度分布，这些数据会受到网络丢包和重传的影响，在不同的数据传输环境中会有很大的波动，这导致了该方法的结果不稳定，整体识别准确率低。此外，该方法要求处理的流量中不包含背景流量。相比之下，本章的方法是从全部数据中提取出控制流，背景流量的存在与否对本章方法的影响很小。

根据以上比较结果可见，本章提出的方法只需要对包含少量分组的序列进行检测，就能够实现更高精度的用户行为识别，而且不受背景流量的影响。

11.5 本章小结

本章提出了面向加密流量的社交软件用户行为识别方法，并以 WhatsApp 为例进行了验证。该方法综合服务频次和服务传输特征从 WhatsApp 流量数据中提取控制流，通过分析控制流分组负载长度序列的特征，设计了 LS-CNN 和 LS-LSTM 2 种神经网络模型，识别 WhatsApp 用户行为达到精确率 97.7%、召回率 97.6%、F1-score 97.6%。综合与其他方法比较的结果，本章的方法不仅识别的精准度高，而且需要分析的流量数据少。

本章方法结合应用软件的服务架构特点对数据进行了提取，然后使用深度学习进行了分类，使得方法具有以下优点：

1）网络环境的波动对识别结果的影响较小，同时识别准确度较高；

2）该方法只需少量的控制流数据分组就能实现较高的准确率。可以区分主、被动行为，具有细粒度的行为识别能力。

参考文献

[1] Wu H, Wu Q Y, Cheng G, et al. SFIM: Identify User Behavior Based on Stable Features[J]. Peer-to-Peer Networking and Applications. 2021, 14(6): 3674-3687.

[2] Globalwebindex. GWI's flagship report on the latest trends in social media[R/OL]. (2021-3-25)[2024-01-25]. https://www.globalwebindex.com/reports/social.

[3] Hou C S, Shi J Z, Kang C C, et al. Classifying user activities in the encrypted wechat traffic [C/OL]//Proc of the 37th Int Performance Computing and Communications Conf (IPCCC). Piscataway, NJ: IEEE, 2018 [2023-09-26]. https://ieeexplore.ieee.org/abstract/document/8711267.